美丽中国·生态中国丛书

主编 范恒山 陶良虎

美丽中国

生态文明建设的理论与实践

MEILI ZHONGGUO

SHENGTAI WENMING JIANSHE DE LILUN YU SHIJIAN

陶良虎 刘光远 肖卫康 主编

人民出版社

美丽中国·生态中国丛书

目　录

前　言

中国迈向社会主义生态文明新时代

“建设生态文明，是关系人民福祉、关乎民族未来的长远大计。”党的十八大强调要把生态文明建设放在突出位置，融入经济建设、政治建设、文化建设、社会建设各个方面和全过程，努力建设美丽中国，实现中华民族永续发展。“建设美丽中国”这一命题的提出，深切回应了人民群众对美好生活的新期待，标志着我们党对经济社会发展规律的认识达到新高度、新境界，也充分表明了以习近平为总书记的党中央高度重视生态文明建设，正团结带领全国各族人民迈向社会主义生态文明新时代。

一

生态文明是人类文明发展到一定阶段的产物，是反映人与自然和谐程度的新型文明形态，体现了人类文明发展理念的重大进步。我们常讲“生态文明”，就是要以资源环境承载能力为基础，以自然规律为准则，以可持续发展、人与自然和谐为目标，建设生产发展、生活富裕、生态良好的文明社会。生态文明不仅延续了人类社会原始文明、农业文明、工业文明的历史血脉，而且承载了物质文明、精神文明、政治文明的建设成果。生态文明的崛起是人类文明在新的历史条件下遭遇困境的主动选择。

当今之世界，正处于大发展、大变革、大调整时期，今日之中国，同样也正步入增长速度换挡期、结构调整阵痛期叠加阶段。我们用几十年的时间走过了西方国家几百年的发展历程，在经济社会发展取得巨大成就的同时，各种矛盾和问题也开始集中显现。为此，迫切需要我们准确把握国内外发展形势，全面认识我国生态文明建设的成就和问题，科学构建中国特色社会主义生态文明理论体系，进一步坚定推动生态文明和美丽中国建设的信心与决心。

推进生态文明、建设美丽中国，是我们党把握发展规律、审时度势作出的战略决策，对建设中国特色社会主义具有重大现实意义和深远历史意义。一直以来，人口多、底子薄、发展不平衡是我国基本国情。经过30多年快速发展，我国经济社会取得了举世瞩目的成绩，但同样也面临着资源、生态和环境等突出问题，粗放的发展方式已难以为继。我们党在正确认识资源、生态、环境等内在经济规律，深刻反思传统经济发展模式、全面总结我国可持续发展宝贵经验的基础上，作出了建设社会主义生态文明的重大战略决策。一方面，这是对中国特色社会主义事业“五位一体”总体布局的有益补充和中国特色社会主义理论体系的丰富完善，成为中华民族伟大复兴的中国梦的重要组成部分，具有重大的理论创新价值。另一方面，这是推动绿色发展、循环发展、低碳发展，加快我国发展战略转型的迫切需要，是对人民群众希望喝上干净的水、呼吸上清新的空气、吃上安全放心的食品，拥有天蓝、地绿、水净的美好家园的强力回应，也是实现中华民族永续发展的必然选择，具有划时代意义。基于此，我们需要进一步加强对中国特色社会主义生态文明理论研究与创新，扩展研究领域、确定理论内核、搭建理论体系，进一步把建设美丽中国的重大意义阐释好、把主要内容梳理好、把建设路径设计好，为加快推进生态文明、建设美丽中国、美丽城市、美丽乡村贡献力量。

推进生态文明、建设美丽中国，是我们党把握发展形势、立足全局作出的顺势之举，对进一步深化巩固我国生态文明建设的成果具有重大影响。当前气候变化已成为全球面临的重大挑战，维护生态安全日益成为全人类的共同任务。一方面，生态环境保护已成为各国追求可持续发展的重要内容，绿色发展已成为全球可持续发展的大趋势。另一方面，生态环境保护已成为国际竞争的重要手段。各国对生态环境的关注和对自然资源的争夺日趋激烈，一些发达国家为维护既得利益，通过设置环境技术壁垒，打生态牌，要求发展中国家承担超越其发展阶段的生态环境责任。中国已与世界紧密联系在一起，我们必须要顺应国内外发展大势，同国际社会一道积极应对气候变化，大力推进生态文明建设，紧紧围绕建设美丽中国深化生态文明体制改革，加快建立健全中国特色生态文明制度体系。基于此，我们需要进一步深入研究国际生态环境保护的新态势、新特征，全面总结世界各国特别是发达国家在生态文明建设方面的典型模式，充分借鉴其成功经验，为加快推进我国生态文明建议，谱写美丽中国新篇章营造良好的国际环境。

推进生态文明、建设美丽中国，是我们党针对发展瓶颈、运用底线思维作出的突围行动，有效地遏制扭转和改善我国生态危机刻不容缓。正确认识新时期我国生态文明建设面临的形势，就必须清醒地看到当前我国生态环境总体恶化的趋势尚未根本扭转。能源资源约束趋紧，人多地少、水资源缺乏的问题日益突出；环境污染比较严重，相当部分的城市达不到新的空气质量标准；生态系统退化问题突出，水土流失、沙漠化土地面积比较大；国土开发格局不够合理，生产空间偏多、生态生活空间偏少；环境问题带来的社会影响凸显，群众和社会反响比较大。我国生态环境存在的问题，有着历史的、自然的原因和过程，是在发展过程中遇到的矛盾和问题，也与我们思想认识和工作不够到位、体制不够健全有关。我国仍处于并将长期处于社会主义初级阶段，发展仍是解决我国所有问题的关键，而我国底子不厚、财力不强、技术水平不高一时难以改变。基于此，我们需要进一步强化发展是第一要务的战略思想，树立底线思维，加快生态环境污染治理，在推进美丽中国，打造美丽城乡的征途中，既要坚定信心，也不能急于求成，既要打攻坚战，也要打持久战，需要统一思想认识，坚定不移地积极稳妥推进。

二

伟大的实践呼唤伟大的理论，创新的理论又必将推进新的伟大实践。我们党历来高度重视生态文明实践探索与理论创新。以毛泽东同志为核心的党的第一代中央领导集体，提出了“全面规划、合理布局，综合利用、化害为利、依靠群众、大家动手，保护环境、造福人民”的32字环保方针。以邓小平为核心的党的第二代中央领导集体，把环境保护确定为基本国策，强调要在资源开发利用中重视生态环境保护。以江泽民为核心的党的第三代中央领导集体，把可持续发展确定为国家发展战略，提出推动整个社会走上生产发展、生活富裕、生态良好的文明发展道路。以胡锦涛为总书记的党中央，把节约资源作为基本国策，把建设生态文明建设纳入中国特色社会主义事业五位一体总布局。以习近平为总书记的新一届中央领导集体，明确提出建设生态文明是关系人民福祉关乎民族未来的大计，是实现中华民族伟大复兴的中国梦的重要内容。习近平创造性地提出了绿水青山就是金山银山、良好生态环境是最普惠的民生福祉、保护生态环境就是保护生产力、以系统工程思路抓生态建设、实行最严格的生态环境保护制度等一系列新思想新观点新思路新举措，是推进生态文明建设的思想引领和行动遵循。党的十八届三中全会通过的《中共中央关于全面深化改革若干重大问题的决定》明确提出，要围绕建设美丽中国深化生态文明体制改革，加快建立生态文明制度。在一代又一代的接力探索中，我国生态文明建设实践不断发展，具有中国特色社会主义生态文明理论不断完善，已成为中国特色社会主义理论的重要组成部分。

从2010年开始，中共湖北省委党校与中国管理科学研究院、武汉理工大学经济学院联合组建课题组，对我国生态文明建设的理论与实践、经验与教训等进行系统疏理与总结，对生态文明的概念、科学发展观与生态文明、建设生态文明的道路、国外生态文明建设的经验教训、社会主义生态文明与物质文明、政治文明和精神文明的相互关系等问题进行深入的研究。党的十八大召开之后，随着生态文明建设纳入“五位一体”的总布局中，我们研究的视野得到了进一步拓展与延伸，同时，我国理论界和社会大众也对生态文明和美丽中国产生了浓厚的研究兴趣与期盼憧景。基于此，人民出版社与课题组决定联合编辑出版一套“美丽中国·生态中国丛书”，以便汇集关于推进生态文明、建设美丽中国的若干重要研究成果。我们编委会以“美丽中国·生态中国”这一富有诗意的词汇来命名该书系，就是希望通过这套丛书的出版，进一步推动我国学术界对生态文明的研究，促进中国特色生态文明建设，也寄托了汇集中国力量去实现拥有天蓝、地绿、水净的美好家园的梦想。

“美丽中国·生态中国丛书”由《美丽中国》、《美丽城市》和《美丽乡村》等三部著作组成。这三本书既各自独立成册，又相互联系支撑。其中，《美丽中国》属于总论部分，共有10章，主要结合党的十八大精神，阐述了生态文明建设的理论渊源与时代意义，尝试构建了中国特色社会主义生态文明理论体系，提出了推进生态文明建设主要任务与基本路径，剖析了打造天蓝、地绿、水净的美丽中国的典型案例与方法经验。《美丽城市》和《美丽乡村》分别阐述了建设生态文明的方法论。《美丽城市》侧重从生态城市发展的角度，系统研究了推进美丽城市建设的基本理论、路径选择、规划方法、政策保障、治理体系、评价标准和国内外典型范例等重大问题，《美丽乡村》系统研究了美丽乡村的理论依据、科学规划、评价体系、典型案例，着眼于实现美丽乡村的梦想，提出了具有民族特色与地域风情的美丽乡村治理路径和制度安排。相较于国内外其他生态文明研究著作，本书系的最大特色就是将生态文明理论、生态文明建设实践与生态文明建设典型案例有机结合，可读性强，可供党政干部、高校师生以及该领域的研究人士学习参考。

三

本丛书是由中共湖北省委党校、武汉理工大学、中国管理科学研究院有关专家学者共同撰写完成的，是集体合作的产物，更是所有为中国特色社会主义生态文明理论与实践做出贡献的人们集体智慧的结晶。全丛书由范恒山、陶良虎教授负责体系设计、内容安排和统修定稿。《美丽中国》由陶良虎、刘光远、肖卫康等编著，《美丽城市》由陶良虎、张继久、孙抱朴等编著，《美丽乡村》由陶良虎、陈为、卢继传等编著。

本丛书在编撰过程中，研究并参考了不少学界前辈和同行们的理论研究成果，没有他们的研究成果是难以成书的，对此我们表示真诚的感谢。对于书中所引用观点和资料我们在编辑时尽可能在脚注和参考文献中一一列出，但在浩瀚的历史文献及论著中，有些观点的出处确实难以准确标明，更有一些可能被遗漏，在此我们表示歉意。在本书出版过程中，得到了国家出版基金的资助和人民出版社的支持，人民出版社编审张文勇，副编审史伟，编辑高寅、于璐，中共湖北省委党校杨维多同志给予了真诚而及时的帮助，提出了许多建设性意见，在此我们表示衷心感谢！

第一章 美丽中国：奏响生态文明新乐章

党的十八大报告提出："要把生态文明建设放在突出地位，融入经济建设、政治建设、文化建设、社会建设各方面和全过程，努力建设美丽中国，实现中华民族永续发展。"建设美丽中国，作为全新的理念，是浪漫主义和现实主义完美结合的典范，描绘出一幅山清水秀人美的如诗画卷，标志着我们党执政理念的重大提升，承载着一代又一代中国共产党人对未来发展的美好愿景，预示着生态文明的中国觉醒已经到来，奏响了新的时代乐章。

一、生态文明建设的时代背景

党的十八大报告把生态文明建设与经济建设、政治建设、文化建设、社会建设列为"五位一体"总体布局，标志着中国现代化转型进入一个新的阶段。倡导生态文明，不仅是中国经济社会可持续发展的必然要求，也是中华民族对全球关注的、日益严峻的资源与环境问题作出的庄严承诺，有着深厚的时代背景。

（一）人类进入生态文明新时代

文明是人类改造世界的物质和精神成果的总和，是人类社会进步的标志。人类文明的发展历程，既是以物质资料生产为基础的经济、政治、文化等要素相互促进的社会进步过程，也是人类不断认识自然、利用自然、改造自然的过程。人类文明的发展，从一定意义上说，就是一部人与自然的关系史，其发展与变化折射和反映了人类文明的更替和变迁。

在原始文明时期，社会生产力水平极其低下，人类完全依赖自然界生存；在农业文明阶段，随着生产力的逐步发展，人类对自然界的依附性减弱，但二者仍处于较低水平的平衡状态；在工业文明阶段，科学技术不断发展，生产力水平大幅提高，人类试图成为自然界的主宰，以牺牲自然为代价，在积累巨大物质财富的同时，人与自然的矛盾迅速激化，出现了全球性的环境问题。特别是20世纪60年代以来，人口激增、资源短缺、环境污染、生态破坏等问题日益突出，直接威胁到整个人类自身的生存与发展。在这些问题面前，人们日益认识到，人类只有一个地球，不能一味地向自然索取，必须尊重自然、顺应自然、保护自然，维持生态平衡。

几乎所有的资本主义工业大国，都经历了资源高消耗、环境高污染的阶段。这种代价高昂的发展模式导致了自然的异化，也是造成全球性生态危机的根本原因。比利时马斯河谷事件、美国多诺拉事件、日本水俣病事件、印度博帕尔事件、前苏联切尔诺贝利核泄漏事件等等，震惊世界，至今仍令人不寒而栗。这些惨痛的教训，深刻暴露出了传统工业文明给生态环境带来的严重破坏，使人类自身发展陷于困境，也促使人们重新思考人类与自然的关系。在“生态环境的可持续发展”的共同话题下，生态文明成为人类文明演进的必然选择。

1962年，美国生物学家蕾切尔·卡逊出版《寂静的春天》，在世界范围内引起了人们对野生动物的关注。她那惊世骇俗的关于农药危害人类环境的调查，将环境保护问题推到了各国政府面前。1972年，环境保护运动的先驱组织、著名的罗马俱乐部提出第一份研究报告《增长的极限》预言：在未来一个世纪中，人口和经济需求的增长，将导致地球资源耗竭、生态破坏和环境污染；除非人类自觉限制人口增长和工业发展，否则这一悲剧将无法避免。1972年6月5日，联合国在斯德哥尔摩召开了有史以来第一次“人类与环境会议”，讨论并通过了著名的《人类环境宣言》，郑重声明“只有一个地球”，人类在开发利用自然的同时，也承担着维护自然的义务，从而拉开了全人类共同保护环境的序幕，也意味着环保运动由群众性活动上升到了政府行为。①

随着人们对全球性环境问题认识的不断深入，可持续发展的思想逐渐形成。1983年11月，联合国成立了世界环境与发展委员会。1987年该委员会在长篇报告《我们共同的未来》中，第一次提出了可持续发展的理念。1992年在巴西里约热内卢召开的联合国环境与发展大会通过的《21世纪议程》，更是高度凝结了当代人对可持续发展理论的认识。人与自然、人与生态，不再是征服与被征服的关系，而是共存共荣。2012年6月，联合国可持续发展大会发表的《我们憧憬

① 丁吉林：《生态文明——构筑人类共同的家园》，《财经界》2012年第3期。

的未来》报告，标志着可持续发展已成为时代潮流，绿色、循环、低碳发展正成为当今世界新的趋向。①

在这种大背景和时代潮流之下，世界发达国家在经济社会发展过程中，高度重视生态技术的研发和应用。德国、美国、日本、丹麦等国家在这方面走在了世界的前列。德国政府运用税收政策促进了风能、水能、生物能、太阳能等可再生能源的开发和利用。德国的许多城市建立生态村，并正在打造世界级的可持续发展的生态城市。美国在污水处理技术、河流生态恢复工程技术、新一代转基因技术方面处于世界领先水平。日本在利用水资源、生态材料、垃圾处理、防止温室效应等方面拥有许多先进技术。丹麦的风能发电已经占该国总发电量的20%。这些国家的生态技术创新与运用，对我国具有重要的借鉴价值。

与此同时，一些国家和地区在经历工业化带来的生态挑战，在大量创新和运用生态技术的基础上，积极采取有效措施，逐步缓解和消除生态危机，实现人与自然和谐共生。德国政府把生态环境保护纳入政治决策、法制建设、国民教育的体系之中，从政府到非政府组织、从企业到公众都有浓厚的环保意识和切实的环保行动，为保护生态环境营造了良好的社会氛围。在法制建设方面，关于环境保护的法律规定有2000多项，其环境标准十分严格，甚至高于欧盟的标准。在德国21世纪环保发展纲要中，将生态作为经济发展和创造就业的重点，并通过税收手段、许可证制度、经济资助和政策性订单等手段扶持环境友好型企业的发展。与此同时，德国还建立了全面环保教育体系，从幼儿园开始就教导儿童了解并保护环境。德国有370多个森林幼儿园，让儿童生活在自然环境中，从小感悟自然的神奇，并意识到自己有保护自然的责任。小学生人手一本环保记事本，记录自己的环保活动，在日常生活中养成环保习惯。在大学开设环保教育和环境科学方面的课程，建立起了人人对环境负责、相互监督的观念。

近代以来人类文明的实践进一步昭示，生态文明是对现有文明的超越，是人与自然、人与人、人与社会和谐共生、全面持续发展的文化伦理形态，是人类文明发展理念、发展道路和发展模式的重大进步。

（二）中国传统发展模式亟待转型

中国正处于工业化和城镇化加速发展的重要阶段，发达国家两三百年间逐步出现的环境问题在中国集中显现，呈现出结构型、压缩型、复合型特点，环

① 王玉玲:《生态文明的背景、内涵及实现途径》,《经济与社会发展》2008年第9期。

境总体恶化的趋势尚未根本改变，压力甚至还在持续加大①。从十七大报告指出“经济增长的资源环境代价过大”，到十八大报告警示“资源约束趋紧、环境污染严重、生态系统退化”，再到国际社会在环境问题上不断向我国施压，解决我国传统发展模式的困境已经到了刻不容缓的地步。

1. 资源约束日益加剧

近年来，能源问题日益成为国家生活乃至全社会关注的焦点，成为制约经济社会可持续发展的瓶颈。一方面，我国能源资源短缺，化石能源可持续供应能力不足。油气人均剩余可采储量仅为世界平均水平的6%，石油年产量仅能维持在2亿吨左右，天然气新增产量仅能满足新增需求的30%左右，煤炭也在超强度开采中趋于枯竭。另一方面，我国能源需求过快增长，对外依存度高。石油对外依存度从21世纪初的26%上升至2012年的58%。与此同时，我国油气进口来源相对集中，进口通道受制于人，远洋自主运输能力不足，金融支撑体系亟待加强，能源储备应急体系不健全，应对国际市场波动和突发事件能力不足，能源安全保障压力巨大。②此外，资源利用率低，单位能耗过高。据相关统计，我国每万美元的GDP增量，所消耗的矿产资源是日本的7.1倍，是印度的2.5倍，能源消耗量是世界平均水平的3倍。

2. 环境约束进一步凸显

一是水体污染严重。环保部数据表明，2012年，我国的废水排放总量高达684.6亿吨，一半以上城市市区地下水污染严重，全国198个城市4929个监测点显示较差—极差水质的比例为57.3%。③

七大水系除长江、珠江水质状况良好外，海河劣V类水质断面比例为31.1%，为重度污染，其余河流为中度或轻度污染。湖泊水体富营养化严重，全国75%的湖泊（水库）出现不同程度的富营养化，“三湖”（太湖、巢湖、滇池）湖体水质分别为Ⅳ类、V类、劣V类。9个重要海湾中，除黄河口和北部湾水质良好，其余都为水质差和水质极差。④

---

① 《李克强副总理在第七次全国环境保护大会上的讲话》，2012年1月4日，见http://news.xinhuanet.com/environment/2012-01/04/c_122533293.htm。

② 国务院：《能源发展“十二五”规划》，http://www.gov.cn/zwgk/2013-01/23/content_2318554.htm。

③ 环保部：《2012年中国环境状况公报》，http://jcs.mep.gov.cn/hjzl/zkgb/2012zkgb/。

④ 环保部：《2012年中国环境状况公报》，http://jcs.mep.gov.cn/hjzl/zkgb/2012zkgb/。

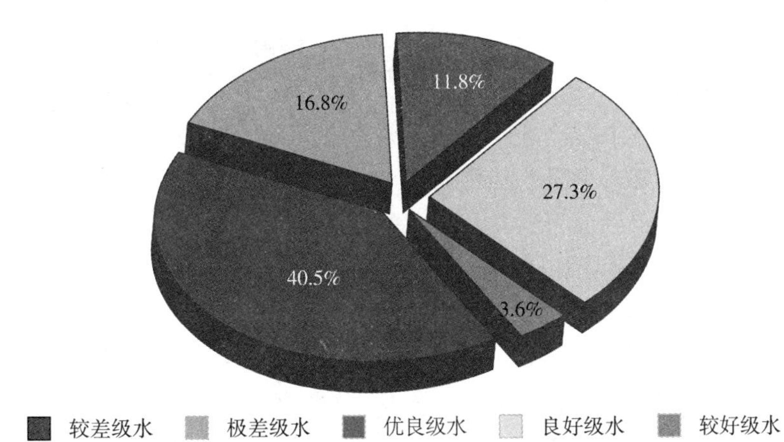

图 1—1　2012 年全国地下水水质状况

二是大气污染严重。《迈向环境可持续的未来——中华人民共和国国家环境分析》报告指出，全国 500 个城市中，只有不到 1% 达到了世界卫生组织推荐的空气质量标准；世界上污染最严重的 10 个城市之中，有 7 个在中国。2012 年，325 个地级及以上城市（含部分地、州、盟所在地和省辖市）中，达到国家空气质量一级标准的城市只占 3.4%，超标城市占 8.6%。①

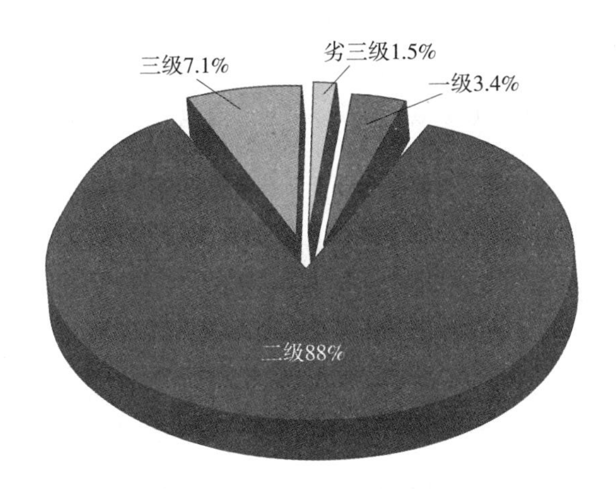

图 1—2　2012 年地级以上城市环境空气质量级别比例

我国排放的各种废气已经超过自然界的自净能力。2012 年，全国废气中二氧化硫排放总量 2117.6 万吨，氮氧化物排放总量 2337.8 万吨。监测的 466 个市

① 环保部:《2012 年中国环境状况公报》，http://jcs.mep.gov.cn/hjzl/zkgb/2012zkgb/。

（县）中，出现酸雨的市（县）215 个，占 46.1%；酸雨频率在 25% 以上的 133 个，占 28.5%；酸雨频率在 75% 以上的 56 个，占 12.0%。①

三是固体废弃物污染严重。固体废弃物是指人类在生产、消费、生活和其他活动中产生的固态、半固态废弃物质，通俗地说，就是“垃圾”。我国固体废弃物产出量惊人，已经成为危害生态的重要污染源。目前，“废物山”重重包围国内许多大中城市的现象比较普遍；在大量城市工业企业郊区化过程中，各类固体污染物遗留在土壤中影响居民的身体健康；大量生产生活中的危险废物未得到有效无害化处置，医疗废物混入生活垃圾，甚至被非法再利用，等等，严重污染了环境，对人民群众身心健康造成了伤害。2012 年，全国工业固体废物产生量为 329046 万吨，综合利用量（含利用往年贮存量）为 202384 万吨，综合利用率为 60.9%。

四是土壤污染和土地生态退化问题严重。由中国国土资源部土地整治中心和社科文献出版社发布的 2014 年《土地整治蓝皮书》显示，中国耕地受到中、重度污染的面积约 5000 万亩，很多地区土壤污染严重，特别是大城市周边、交通主干线及江河沿岸的耕地重金属和有机污染物严重超标，造成食品安全等一系列问题。据测算，当前每年受重金属污染的粮食高达 1200 万吨，相当于 4000 万人一年的口粮。此外，中国土地盐碱化、沙化面积达 20.25 亿亩，水土流失面积达 53.4 亿亩。因生产建设和自然灾害损毁的土地约 1.12 亿亩，每年仅矿山开采损毁土地约 300 万亩，新增损毁土地的 60% 以上是耕地。蓝皮书测算，中国城市平均容积率只有 0.3，40% 以上土地属低效用地，5% 土地处于闲置状态，城镇建设用地至少还有 40% 挖掘潜力，大量土地粗放利用，进一步加剧了建设用地供需矛盾。②

五是生物多样性减少。环境的不断恶化，对生物多样化带来了巨大灾难。据统计，目前中国共有濒危或接近濒危的高等植物 4000—5000 种，占我国高等植物总数的 15%—20%，已确认有 258 种野生动物濒临灭绝。在《国际濒危物种贸易公约》列出的 640 种世界性濒危物种中，中国有 156 种，约占总数的 1/4。③最新统计，入侵中国的外来生物已达 500 种左右，近十年对中国造成严重危害的入侵物种至少 29 种，平均年递增 2—3 种。初步估计外来物种入侵每年对中国造

① 环保部:《2012 年中国环境状况公报》，http://jcs.mep.gov.cn/hjzl/zkgb/2012zkgb/。

② 毛志红:《节约集约：土地整治担重任——我国首部土地整治蓝皮书解读》，《国土资源报》2014 年 6 月 20 日。

③ 蔡守秋:《论生物安全法》，《河南省政法管理干部学院学报》2002 年第 2 期。

成的直接或间接损失达 1198.8 亿元。[①]

此外，全国森林覆盖率仅为 20.36%，不及世界 30% 的平均水平；水土流失面积356.92万平方千米，占国土总面积的37.2%[②]。土地荒漠化、天然草原退化、耕地数量减少等系列问题，使得我国生态安全问题越来越成为社会各界关注的焦点。

3. 国际责任和压力不断增大

环境问题是一个涉及经济、政治、社会、文化、科技多层次多维度的复杂体，是全球面临的共同挑战。作为国际社会中的一员，作为世界上最大的发展中国家，我国有责任也有义务解决好国内的环境问题，促进国际环境领域的交流与合作，为世界环境问题的解决做出贡献。

一方面，全球环境问题的改善与解决对中国提出了越来越高的要求。2002 年南非约翰内斯堡峰会将全球环境问题聚焦在水资源、能源、健康、农业和生物多样性 5 个方面，而在这 5 个方面，中国今天都面临巨大的挑战。[③] 虽然各国不遗余力推进环境治理，但宏观趋势的复杂性以及各国对自身利益的考量，使以全球可持续发展为目标的《二十一世纪议程》等重要文件的执行情况远未达到预期，全球生态危机不仅没有根本扭转，一些新的环境问题也层出不穷。与此同时，输入性环境问题，譬如物种入侵、危险废弃物转移、气候变化等负面影响持续显现，气候变化—粮食安全—能源安全—海洋的复合效应也越来越突出，内外交织情况越来越普遍，对我国提出的挑战也越来越多。

另一方面，全球经贸摩擦和对绿色经济的重视给中国带来的压力日益增大。在世界科技和产业调整变革中，绿色经济、环境技术扮演越来越重要的角色。一些国家开始频繁使用环境保护手段达到保护本国产业与市场，维护和增强其竞争力的目的。利用环境保护增强竞争力的本质就是提高本国市场门槛、增加外国产品成本，进而形成本国的竞争优势。商务部调查显示，中国有 90%的农业及食品出口企业受到国外环境保护等技术性贸易壁垒的影响，造成每年损失约 90 亿美元。另据统计，中国 2010 年出口产品遭受美国、日本、欧盟的绿色壁垒，占到所有绿色壁垒的 98%。

---

① 环保部:《2012 年中国环境状况公报》，见 http://jcs.mep.gov.cn/hjzl/zkgb/2012zkgb/。

② 环保部:《2012 年中国环境状况公报》，见 http://jcs.mep.gov.cn/hjzl/zkgb/2012zkgb/。

③ 王荣华:《生态文明解读》,《文汇报》2012 年 12 月 3 日。

二、生态文明建设的历史机遇

综观国内外经济发展历程和生态文明建设实践，中国推进生态文明建设面临多重历史机遇。用好这些历史机遇，必将加快生态文明建设的进程，为子孙后代留下天蓝、地绿、水净的美好家园。

（一）民众节能环保意识普遍提高

100多年前，马克思、恩格斯曾指出，“我们这个世界面临的两大变革，即人同自然的和解以及人同本身的和解”①。但这一宝贵思想没有受到应有的关注。在很长一段时间里，人们坚持“人类中心”论，把人置于自然之上，一味地征服和改造自然，无止境地攫取各种自然资源为眼前利益服务。在对自然规律缺乏足够认识和应有尊重的情况下，毁林开荒、毁草种粮、围湖造田、围垦湿地、污染物排放行为屡见不鲜。虽然在短期内取得了直接的经济效益，但由此导致生态破坏、环境污染、资源过度消耗，打破了生态系统的内在平衡，生存环境日趋恶化，很快就招致了大自然的报复。一方面，各国政府、社会团体、新闻媒体率先担起重任，通过行之有效的经常性的宣传教育凝聚共识，引导公众增强生态环境危机意识；另一方面，人们也在反思自己的行径，民众节约资源能源、保护生态环境的意识逐步觉醒，并逐渐转化为自觉行动。

学术界的嗅觉往往比较灵敏。民众节能环保意识的觉醒，较早地体现在了学术界。1985年2月18日《光明日报》在国外研究动态栏目中，介绍了前苏联《莫斯科大学学报·科学社会主义》1984年第2期发表的署名文章《在成熟社会主义条件下培养个人生态文明的途径》。文章认为：“培养生态文明是共产主义教育的内容和结果之一。生态文明是社会对个人进行一定影响的结果，是从现代生态要求角度看社会与自然相互作用的特性。”在1987年召开的全国生态农业研讨会上，西南农业大学的叶谦吉教授提出“大力提倡生态文明建设”的主张。随后，刘思华教授等专家学者在各自著述中，对生态文明建设进行深度阐述，奠定

---

①《马克思恩格斯全集》第1卷，人民出版社1961年版，第603页。

了生态文明建设的理论基础。①

从实践上来看，公众节能环保意识的普遍觉醒，为生态文明建设带来了巨大的机遇与动力。“地球一小时”活动首次于2007年3月31日当地20时在澳大利亚悉尼市展开。当晚，悉尼约有超过220万户的家庭和企业关闭灯源和电器一小时。事后统计，熄灯一小时节省下来的电足够20万台电视机用1小时，5万辆车跑1小时。当天晚上能看到的星星比平时多了几倍。令人惊讶的是，仅仅一年之后，“地球一小时”活动就成为一项全球性并持续发展壮大的活动。2008年3月29日，有35个国家多达5000万民众参与其中，并证明了个人的行动凝聚在一起真的可以改变世界。2009年，“地球一小时”活动来到中国。2009年3月28日20：30至21：30，北京、上海、大连、南京、顺德、杭州、长沙、长春、香港、澳门等城市共同行动，熄灯一小时。全球有80多个国家和地区3000多个城市的公众共同创造这个美丽的“黑暗时刻”，共同为地球的明天做出贡献。

在中国，植树造林成为人们保护森林资源的重要举措，有越来越多的人参与到植树活动中去。根据全国绿化委员会办公室发布的2012年中国国土绿化状况公报显示，截至2012年底，全国参加义务植树人数累计达139亿人次，义务植树640亿株。与此同时，越来越多的人加入低碳生活行列，从节水、节电、节气、垃圾分类处理、健康购物、同不良生活习惯做斗争等做起，把低碳生活理念渗透到现代生活方式中。

民众节能环保意识的觉醒，推开了生态技术创新的大门，为生态技术广泛运用提供了广阔的空间。生态技术是生态文明的技术形态，是生态文明建设的技术支撑。生态技术是环境友好、资源节约与经济高效、充满人文关爱的技术，具有无公害性、系统性、层次性和动态性的特征，可划分为末端治理技术、源头预防技术、清洁生产技术和绿色产品四大类型。资源约束趋紧、环境污染严重、生态系统退化是制约我国经济与社会发展的瓶颈，只有大力推进生态技术创新，加大生态技术、产品的运用，提高资源利用率，降低物耗和能耗，才能减轻或消除发展对生态环境的压力，突破瓶颈，实现我国经济社会可持续发展。

近年来，我国在生态技术方面进行了深入探索，除了引用、引进和借鉴国内外的先进生态技术外，还形成了大量的具有自主知识产权的生态技术。如我国具有中高空间分辨率、高时间分辨率、高光谱分辨率、宽观测带宽、综合运用可见光、红外与微波遥感等观测手段的先进的对地观测系统环境一号卫星，已被广

---

① 李龙强、李桂丽：《生态文明概念形成过程及背景探析》，《山东理工大学学报》（社会科学版）2011年第11期。

泛运用于秸秆焚烧、沙尘天气、水华等环境问题的遥感监测，为环境污染早发现、早治理奠定了基础。再如，武汉科技大学研发的“高钛型高炉渣资源化综合利用”技术，可处理攀钢投产40年以来所积存的6000万吨高炉尾渣，使尾渣中钛的回收率超过90%，炉渣的综合利用率达到95%以上，为降低物耗、能耗，实现资源循环利用提供了现实路径。又如，江苏的有机废气净化装置、四川的印染污水处理、北京的循环水加氧控制设备、湖北的BL水循环工艺环境技术等等，在实际运用中达到了降耗、节能、高效、环保的效果。国内外已有的相对成熟的生态技术，不仅为生态文明建设带来了新的机遇，而且能够起到四两拨千斤的效果，加快生态文明建设的进程。

与此同时，一些地区在开展生态技术创新的基础上，积极探索生态文明建设的有效形式，取得了较好的成果，积累了一定的经验。重庆北碚区面积755平方公里，人口70万，是重庆乃至西部地区有名的科教文化区和生态产业区。北碚区将树立科学发展理念作为生态文明建设的先导，积极推行生态经济发展战略，全力打造江东生态高效农业走廊、国道212生态工业走廊、缙云山生态人文走廊等“三条生态产业走廊”，着力构建“生态高效农业、生态工业、生态旅游和生态城镇”四大生态体系，同时建立完善了法规保障、生态环境整治、招商项目环保准入、生态建设投入补偿、党政干部环保考评等五大机制，走出了一条独具特色的生态文明之路。北碚区先后获得中国最佳人居环境范例奖、国家环保模范城区、全国生态示范区、迪拜国际改善人居环境良好范例奖等称号。

湖北黄冈市黄州区路口镇谢家小湾村是潜流式“人工湿地”示范点，居民的生活污水从地下排水管流到村头的“美人蕉花园”，美人蕉下面建有一个集沉淀、生化、清水功能于一体的三格池，池里填充一定深度的吸附和降解材料，污水以潜流方式进入铺设有高吸附性生态填料和砾石的净化区，被反复吸附和净化。池子上方根系发达的美人蕉等花草植物，又有效吸收污水中分解的有机物，使污水变成清流。这一“人工湿地”生物净化技术操作简单，管理方便，运营费用低，既净化水体又美化环境，正在大力推广中。

（二）我国进入转变经济发展方式的新阶段

实践证明，环境问题的产生和加剧，与传统的经济发展模式和发展战略密切相关，环境问题的根源恰恰来自近代以来工业文明自身的缺陷。20世纪下半叶以来，日趋严重的环境问题正是近代以来工业文明对人类生存环境加大破坏的结果，不变革这种传统发展方式，单靠事后性、补救性的治理，环境问题不可能得到根本解决。

转变经济发展方式，就是要推动经济发展方式由粗放型增长到集约型增长，从低级、失衡的经济结构到高级、优化的经济结构，从单纯的经济增长向全面协调可持续的经济发展转变。转方式不仅包括经济增长方式的转变，同时涉及环境保护、可持续发展、消费行为等各个方面。从西方一些发达国家所走过的历程看，工业化发展到一定阶段必然要转型发展，否则就难以实现可持续发展，难以实现生态系统的相对平衡。从我国实际来看，自然资源的有限性和环境容量的有限性，导致过度依赖低成本资源和要素及高强度投入的传统发展方式难以为继，转变发展方式已刻不容缓。

党的十七大在清醒分析我国经济发展面临的困境的基础上，提出“加快转变经济发展方式，推动产业结构优化升级”，拉开了我国全面转变发展方式的序幕，标志着我国进入转变经济发展方式的新阶段。2010 年 2 月，中央举办省部级主要领导干部深入贯彻落实科学发展观加快经济发展方式转变专题研讨班，对转变发展方式作了全面动员和部署。党的十八大对转变经济发展方式提出新的要求，强调以科学发展为主题，以加快转变经济发展方式为主线，是关系我国发展全局的战略抉择。转变发展方式要更多依靠现代服务业和战略性新兴产业带动，更多依靠科技进步、劳动者素质提高、管理创新驱动，更多依靠节约资源和循环经济推动，更多依靠城乡区域发展协调互动，不断增强长期发展后劲。

十八大提出大力推进生态文明建设，强调了加快转变经济发展方式的战略任务，实际上表明了以发展方式变革推进生态文明建设的总体思路。加快转变经济发展方式，不仅是经济建设的迫切需要，而且是生态文明建设的迫切需要，同时也为进一步推进生态文明建设注入了强劲动力。

首先，转变经济发展方式，要以建设生态文明为方向标。改革开放以来，我国实现了经济社会发展的历史性跨越，但也付出了生态环境等方面的代价。生态文明为经济发展方式的转变提供了思想理念、价值取向、评判标准、目标方向、路径选择。科学的发展方式必须体现生态文明的精神，有利于保护生态环境，有利于节约、集约利用资源，有利于建立人与自然的和谐相处关系和实现可持续发展，有利于实现人民群众经济政治文化权益与生态权益的有机统一。

其次，转变经济发展方式，要以建设生态文明为着力点。建设生态文明蕴藏新的经济增长点。建设生态文明拓展了新兴产业的成长空间、经济社会发展的承载空间、突破贸易壁垒的国际市场空间。建设生态文明是扩内需、稳增长的重要途径，通过加大对生态环境整治项目、新能源开发项目、农村环境基础设施项目的投入，既能拉动当前经济增长，又能增强可持续发展后劲，无论对眼前还是长远，都具有重要意义[①]。

第三，转变经济发展方式，要以生态文明建设的成效为重要成果。经济发展方式转变的成效，可用经济发展质量、生态环境质量和人的生活生命质量三大标准来检验衡量，归根到底反映生态文明建设水平的高低。经济发展方式实现了根本转变，产业结构实现了转型升级，经济发展从粗放增长转变为集约增长，从主要依靠物质资源的消耗向主要依靠科技进步、劳动者素质提高、管理创新转变，生态农业、生态工业和现代服务业得到了发展，绿色经济、循环经济、低碳经济不断壮大，必然表现为资源节约、环境友好、人与自然和谐相处，凝结为生态文明的建设成果。可以这样说，经济发展方式转变到什么程度，生态文明建设水平就会提高到什么层次。没有经济增长方式的根本转变，就不可能有真正意义上的生态文明建设成就。

近年来，各地按照中央部署，积极转变发展方式，调整经济结构，推进节能减排，开展污染防治，取得积极成效，促进了生态文明建设。2012 年，我国二氧化硫排放总量为 2 117.6 万吨，与上年相比下降 4.52%；氮氧化物排放总量为 2 337.8 万吨，与上年相比下降 2.77%。2012 年，中央层面用于水土保持重点治理的投资达 54.66 亿元，比上年翻了近一番，地方和各类企事业单位投入达 87.66 亿元，较“十一五”年均水平均有大幅增长。全国共完成水土流失综合防治 7.9 万平方千米，治理小流域 3 400 条。全国累计有 1 250 个县出台封禁政策，国家水土保持重点治理区全面实施了封育保护，全国累计实施封育保护面积达 75 万平方千米，其中 47 万平方千米的生态得到初步修复，水土流失面积和强度持续下降。

（三）国家生态战略逐步升级

随着我们党和政府对生态文明建设的认识不断深入，政策思路也逐渐成熟。1978 年，中共中央批准国务院环境保护领导小组《环境保护工作汇报要点》指出：“消除污染，保护环境，是进行社会主义建设、实现四个现代化的一个重要组成部分……我们绝不能走先污染、后治理的弯路。”这是我们党历史上第一次以党中央名义对环境保护作出的重要指示。1979 年 9 月，第五届全国人大第十一次常委会通过《环境保护法（试行）》，规定国务院设立环境保护机构，各

---

① 周国富：《坚持以生态文明建设为导引　加快推进经济发展方式转变》，《政策瞭望》2010 年第 6 期。

省、自治区、直辖市设立环境保护局。1983年，第二次全国环保会议宣布将环境保护确定为基本国策。1984年5月，国务院决定成立环境保护委员会，专门负责协调各部门间的环保问题。1988年，国家环境保护局成立，1998年升格为国家环境保护总局。1997年，党的十五大，将可持续发展战略与科技兴国战略一起写进了党代会报告。2003年，十六届三中全会旗帜鲜明地提出“坚持以人为本，树立全面、协调、可持续的发展观，促进经济社会和人全面发展”。十六届四中全会上提出“努力构建社会主义和谐社会，实现人、社会和自然的和谐发展”。十六届六中全会通过《中共中央关于构建社会主义和谐社会若干重大问题的决定》。2007年，党的十七大报告首次提出建设生态文明，标志着我国确立了生态文明发展战略。2008年，中华人民共和国环境保护部成立。在这期间，《海洋环境保护法》、《大气污染防治法》、《水污染防治法》等法律相继颁布，初步形成了环境保护的法律体系框架。

2012年11月8日，中国共产党第十八次全国代表大会召开。胡锦涛同志在报告中将生态文明建设用专章进行论述，从优化国土空间开发格局、全面促进资源节约、加大自然生态系统和环境保护力度、加强生态文明制度建设4个方面作出全面部署，使生态文明建设上升到党的意志和国家意志的战略高度，标志着我们党从更广视角、更宽领域来审视和推进生态文明建设。从“尊重自然、顺应自然、保护自然”的理念，到“从源头上扭转生态环境恶化趋势”的决心，到“融入经济建设、政治建设、文化建设、社会建设各方面和全过程”的指引，到“绿色发展、低碳发展、循环发展”的路径，再到“给子孙后代留下天蓝、地绿、水净的美好家园”的目标，十八大规划的生态文明，早已超越了单纯的节能减排、节约资源、保护环境等问题，而是上升到实现人与自然、人与社会和谐共生高度，体现为工作部署、发展目标、制度设计，涌动着与时俱进、改革创新的生态文明浪潮。

2013年11月9日，党的十八届三中全会召开。全会进一步明确了全面深化生态文明体制改革的发展目标、主攻方向、战略重点、推进方式等，提出必须紧紧围绕建设美丽中国深化生态文明体制改革，加快建立系统完整的生态文明制度体系，用制度保护生态环境。三中全会通过的《决定》中，更是把“资源产权、用途管制、生态红线、有偿使用、生态补偿、管理体制”等内容充实到生态文明制度体系中来，推动形成人与自然和谐发展的现代化建设新格局。全会对在新的历史起点上如何系统、有效推进生态文明建设作出了战略部署，实现了生态文明建设理论和政策的一系列新的重大突破，必将对生态文明建设产生重大而深远的影响。

为加快生态文明建设的步伐，实现经济社会可持续发展，不断提高经济发展质量，增强经济发展后劲，我国先后推出新农村建设、新型城镇化等一系列重大举措，为在新的起点上推进生态文明建设蓄积了正能量。

首先，新农村建设为生态文明建设提供了有效载体。我们党从全面建设小康社会的全局出发，作出建设社会主义新农村的重大决策。这一决策集中体现了新阶段我们党“三农”工作的新理念、新思路，是统筹城乡发展的根本措施，是实现科学发展的重大战略部署。新农村建设的总体要求是生产发展、生活宽裕、乡风文明、村容整洁、管理民主。这五项要求即从经济、政治、文化、社会以及生态文明建设的角度指明了新农村建设的目标。

在新农村建设中，只有处理好人与自然的关系，加强生态文明建设，才能够实现农村经济持续健康发展，才能全面实现社会主义新农村建设五大目标。当前，我国农村粗放的发展方式没有得到根本改变，资源环境约束日益趋紧，土壤和水体污染、水土流失、土地沙化、生态功能退化等环境问题日益凸显，正在阻碍甚至破坏着农村经济社会的健康发展，迫切需要在新农村建设中全力推进生态文明建设。

在实践中，一些地区将生态文明建设贯穿于新农村建设始终，在推进农村经济发展的同时，有效促进了生态文明建设。如浙江省义乌市何斯路村坚持经济与生态双重价值取向，由生态保护转向生态经营，发展乡村生态经济，成立村集体经济组织——“何斯路公司”，对村集体和村民手中的土地、水域、林园、古林木、古民居等资源进行专项评估测价，折算成股份，以原始股方式入股公司，即“一草一木皆股份、男女老幼皆股东”。通过公司化运作，把村民的利益整合在了一起。在此基础上，“何斯路公司”注重点、线、面相结合加强生态布局规划，形成“背靠森林公园、依托交通优势、环形景观轴线，四大功能区块，三个特色基地，七星北斗布局”的空间格局，将农田、荒坡地变成生态园、观光园，为何斯路自然生态系统增添了新的元素，做到了农作物经济化与生态化的有机统一，赋予了农作物经济与生态的双重价值。① 从规划设计到建设运行，“何斯路公司”遵从环保、低碳、经济原则，坚持以最低的经济投入、最小的环境代价换取最大的效益，在提高人民生活水平的同时，也推进了生态文明建设。

其次，新型城镇化建设为生态文明建设提供了新契机。我国持续30年的快速城镇化，在显著改善人民生活水平的同时，也出现了“摊大饼”、热岛效应、

① 徐应红:《生态文明背景下新农村建设的新着力点——以浙江省义乌市何斯路村生态经济建设为例》,《理论观察》2010年第10期。

雾霾天气、交通拥堵、"城市看海"等环境问题。这种粗放式的城镇化带来的严重问题，逐渐被各级政府和社会公众认知，进而被新型城镇化所代替。新型城镇化"新"在发展理念、发展方式上，由过去片面注重追求城市规模扩大、空间扩张，改变为以提升城市的文化、生态环境、公共服务等内涵为中心，真正使城镇成为具有较高品质的适宜人居之地。在城市环境保护方面注重从末端治理向"污染防治—清洁生产—生态产业—生态基础设施—生态小区"五同步的生态文明建设转型。

2013 年中央经济工作会议提出，要把生态文明理念和原则全面融入城镇化全过程，走集约、智能、绿色、低碳的新型城镇化道路。集约包括对资源特别是土地、水、生物资源的集约规划、集约建设和集约管理。智能需要将与人民生活密切相关的科学技术融入规划、建设与管理中。绿色需要循环生产、低碳生活、城镇绿化等方面同步。低碳需要加强化石能源的清洁、高效、生态利用和可再生能源合理开发、有机替代，以及资源循环再生等等。走集约、智能、绿色、低碳的新型城镇化道路，必然需要改变现有的观念、体制和行为，强化城市和区域生态规划，推进产业生态转型，加强生态基础设施和宜居生态工程建设，注重生态技术创新与运用，做到人口、经济、资源和环境相协调。这些都是生态文明建设的内在要求。2013 年中央城镇化工作会议进一步明确提出，城镇建设，要依托现有山水脉络等独特风光，让城市融入大自然，让居民望得见山、看得见水、记得住乡愁；在促进城乡一体化发展中，要注意保留村庄原始风貌，慎砍树、不填湖、少拆房，尽可能在原有村庄形态上改善居民生活条件。

全国各地按照新型城镇化建设的原则、要求，制定了相应的规划，出台了相关政策，引进了一批专业人才，加大了对领导干部专业方面的培训，形成了多种新型城镇化建设模式，为新型城镇化建设奠定了基础。如湖北在省委党校等地举办 5 期新型城镇化建设专题研讨班，组织全省市（州）、县（市、区）、省直各单位主要负责人参加培训，着力提高各级领导干部推进新型城镇化建设的能力和水平。伴随着新型城镇化的加速推进，必然为生态文明建设蓄积更多的正能量。

再次，城乡一体化建设为生态文明建设提供了有效途径。城乡一体化　是我国现代化和城市化发展的一个新阶段，就是要把工业与农业、城市与乡村、城镇居民与农村居民作为一个整体，统筹谋划、综合研究，通过体制改革和政策调整，促进城乡在规划建设、产业发展、市场信息、政策措施、生态环境保护、社会事业发展的一体化，改变长期形成的城乡二元经济结构。

城乡一体化的思想早在 20 世纪就已经产生了。改革开放以来，由于历史上形成的城乡之间隔离发展，各种经济社会矛盾不断出现，城乡一体化思想逐渐受到重视。十六大报告强调，要把“统筹城乡经济社会发展，建设现代农业，发展农村经济，增加农民收入”作为全面建设小康社会的重大任务。十七大报告首次提出，要统筹城乡发展，建立以工促农、以城带乡长效机制，形成城乡经济社会发展一体化新格局。十八大报告更是明确指出：解决好农业农村农民问题是全党工作重中之重，城乡发展一体化是解决“三农”问题的根本途径。近十年来，我国农业和农村发展取得了举世瞩目的成就，从减轻农民负担到增加农业投入，从推进户籍制度、征地制度改革到提高农村教育、科学、文化和卫生水平，城乡之间的经济社会关系开始发生积极变化，尤其是连续出现了农民人均纯收入增幅高于城镇居民人均可支配收入增幅的可喜局面，城乡居民的收入差距有所缩小，城乡一体化步入黄金发展期。

随着城乡一体化的加快，尤其是生态文明在城乡发展进程中战略地位的不断提升，人们开始逐渐跳出“城乡一体化就是城乡一样化”、“城乡一体化就是以新农村建设替代化”、“城乡一体化就是农村城市化”等认识和实践误区，不再以牺牲环境、消灭农村为代价推进城乡一体化，而是越来越把城乡一体化进程与生态化进程合二为一，把生态文明建设作为城乡一体发展的目标来追求，把城市和农村的生态文明建设放在一起来加以规范，用生态文明建设的理念、思路和途径来指导城乡一体化的发展，真正使城乡经济不断繁荣的同时建立绿色环保的家园，在城市中感受农村的绿色、自然，在农村中享受城市生活的现代文明。

例如，湖北省正在鄂西圈农村腹地开展的“绿色幸福村”示范建设，就是一场以生态文明理念推进城乡一体化建设的生动实践。2012 年 11 月 8 日，湖北省正式启动鄂西圈“绿色幸福村”建设示范工程，并纳入湖北省政府批准的鄂西圈三年行动计划。本着试点先行，科学示范，分类指导，有序推进的原则，省直部门和地方政府通力合作，遴选出了首批 10 个“绿色幸福村”示范，旨在探索在城镇化进程加快的大背景下保护农村优秀历史文化元素、发展农村生态文明的有效途径，通过建设“风貌自然、功能现代、产业绿色、文明质朴”的村庄，带动当地经济发展，实现以“绿色幸福村”来促进城乡和谐发展的内在实践价值。

“绿色幸福村”采取分工合作的实施模式，“双主体协同推进”的工作机制，协调整合的资金筹措方式和自主组织助理的村庄运作经营模式，经过实践探索，分别在偏远山区、都市外围和城区周边形成了不同的发展模式，取得了较为明显的成效。如谷城县五山镇堰河村利用特色生态农业，大力发展农业生态旅游，建成了偏远山区的“生态农家”；广水市武胜关镇桃园村恢复古村落原始风貌，发挥交通优势，推广绿色农业，以淳味乡村吸引着城乡居民，成为远近闻名的“世外桃源”；郧县茶店镇樱桃沟村借势城区近郊，以优势果林产业为主，成为湖北旅游名村，等等。同时，省发改委充分与高校和社会公益组织合作，发挥专家团队的作用，对“绿色幸福村”的建设提供具体的指导与设计，并持续进行跟踪服务和研究。从 2012 年起，连续几年安排专项资金实行“以奖代补”，力求在试点探索的基础上，在鄂西圈内较大范围内复制试点模式，使更多的“绿色幸福村”成为鄂西圈生态文化旅游优势特色的重要载体。按照“十二五”规划，到 2015 年鄂西圈将建成“绿色幸福村”30 个。“绿色幸福村”示范建设，是发展农村产业、弥合城乡差距的创新之路，是传承农业文明、保护乡村生态的长远之举，对于建设生态文明、推进城乡一体化具有一定的启示和借鉴意义。

三、生态文明建设的重大意义

加强生态文明建设，树立尊重自然、顺应自然、保护自然的生态文明理念，实现绿色、低碳、循环发展，对于全面贯彻落实科学发展观，从根本上解决经济社会发展与生态环境之间的矛盾，加快建设美丽中国，实现民族复兴“中国梦”，具有重大而深远的意义。

（一）科学发展观的内在要求

建设生态文明与坚持科学发展观在本质上是一致的。它们都是以尊重和维护生态环境为出发点，强调人与自然、人与人以及经济与社会的协调发展、可持续发展，以生产发展、生活富裕、生态良好为基本原则，以人的全面发展为最终目标。无数事实告诉我们，没有文明的生态，生产力的发展就不可能持续，人的发展就不可能全面。只有坚持走资源节约型、环境保护型的发展道路，建设人与自然高度和谐的生态文明，才能够真正实现科学发展、可持续发展。

科学发展观强调把发展、以人为本、全面协调可持续、统筹兼顾内在地统一起来，强调社会经济的发展必须与自然生态的保护相协调，在社会经济的发展中努力实现人与自然之间的和谐。科学发展观把保护自然环境、维护生态安全、实现可持续发展这些要求视为发展的基本要素，其目标就是通过发展去真正实现人与自然的和谐以及社会环境与生态环境的平衡。换言之，建设生态文明、维护和改善人的生存发展条件，这是从根本上坚持科学发展观、坚持以人为本。

一个“执政为民”、“以人为本”的政党，就应该根据发展阶段和人民需求的变化，对战略部署和政策作出调整，这也是我们党贯彻落实科学发展观的具体体现。经过改革开放三十多年的发展，我国基本解决了温饱问题，总体上实现了小康。当前，人民群众对环境质量的要求越来越高，良好的生态环境已成为公共“必需品”，蓝天碧水、健康安全的食品、清洁新鲜的空气等等，都成为人民群众的新期盼。特别是随着人民群众权利意识、公民意识的不断增强，人们对生态环境越来越重视，参与越来越深入，由环保问题引发的反应越来越强烈。习近平总书记强调，“人民对美好生活的向往，就是我们的奋斗目标”。面对人民群众的新期待，我们党将生态文明建设纳入中国特色社会主义事业总布局，将其提升到前所未有的战略高度，并提出“要实施重大生态修复工程，增强生态产品生产能力，推进荒漠化、石漠化、水土流失综合治理，扩大森林、湖泊、湿地面积，保护生物多样性。加快水利建设，增强城乡防洪抗旱排涝能力。加强防灾减灾体系建设，提高气象、地质、地震灾害防御能力。坚持预防为主、综合治理，以解决损害群众健康突出环境问题为重点，强化水、大气、土壤等污染防治。”这些举措不仅回应了人民群众的呼声，能让人民群众喝上干净的水、呼吸新鲜的空气、吃上放心的食物、过上幸福美满的日子，而且也考虑到子孙后代发展的需要，能给后人留下良好的环境，较好地体现了科学发展观的要求。

因此，建设生态文明，既是科学发展观的内在要求，也是贯彻落实科学发展观的具体体现。只有正确处理快速发展和可持续发展的关系，坚持走资源节约型、环境保护型的发展道路，建设人与自然高度和谐的生态文明，才能在生机盎然的山清水秀中持续地追求并享有幸福，才能实现科学发展，才能让人民满意、使人民受益。

（二）“中国梦”题中应有之义

2012 年 11 月 29 日，习近平总书记带领新一届中央领导集体到国家博物馆参观《复兴之路》展览时，首次提出“中国梦”的概念。习近平总书记指出：“实现中华民族的伟大复兴，就是中华民族近代以来最伟大的梦想。”“中国梦”的本质内涵是实现国家富强、民族振兴、人民幸福。

生态文明建设是实现国家富强、民族振兴、人民幸福的基础。国家富强，必须以经济社会持续健康快速发展为保证，而正确的生态理念和良好的生态环境是实现经济社会可持续发展的关键；民族振兴，不仅是经济、文化、科技、国防等跻身世界前列，而且要促使物质文明、政治文明、精神文明、生态文明高度发展，为人类作出更大的贡献；人民幸福，既体现在“衣食住行、业教保医”八字经上，也体现在老百姓周围的生态环境上。

生态文明建设不仅是实现“中国梦”的必要条件，而且是“中国梦”的重要内容。习近平总书记强调：“走向生态文明新时代，建设美丽中国，是实现中华民族伟大复兴的中国梦的重要内容。”党的十八大将生态文明建设纳入中国特色社会主义事业总体布局，作为中国特色社会主义事业的重要组成部分，使生态文明建设的战略地位更加明确，有利于全面推进中国特色社会主义，更快地实现“中国梦”。未来的中国，应该既是经济发达、政治民主、文化先进、社会和谐的社会，也是生态环境良好的社会。

生态文明建设是实现“中国梦”的重大抉择。从国内来看，改革开放以来，我国经济以平均每年超过 9% 的速度高速增长，在世界经济史上创造了一个奇迹，民族振兴“中国梦”离我们越来越近。但这种高速增长是建立在高能耗、高投入基础上的。我们在取得巨大成就的同时，也付出了资源过度消耗、生态环境遭受破坏的沉重代价，经济发展面临不可持续的问题。我们党在清醒认识我国当前生态现状，准确把握世界发展新趋向的基础上，深刻反思传统工业文明发展模式的不足，认真总结落实科学发展、转变经济发展方式实践经验，提出并大力推进生态文明建设，要求从文明进步的新高度认识和解决资源短缺、环境污染等问题，致力于在更高层次上实现人与自然、经济与环境、人与社会的和谐，为推动我国经济社会发展提供了更科学的理念和方法论指导，是着眼未来发展、实现“中国梦”的重大战略抉择。

从国际上看，随着生态文明时代的到来，生态经济、低碳经济，正成为全球经济发展的新趋势和未来各主要国家角力的竞技场。世界各主要国家尽管围绕碳排放问题就其各自的权利和责任竞相讨价还价，但都纷纷走上了低碳经济之路。这不仅是应对全球环境问题的重要举措，更是各大国基于相互之间进行战略力量竞争的现实考虑。特别是在 2008 年全球金融危机爆发后，美国、欧盟和日本推出前所未有的大规模经济刺激计划，都将低碳领域作为投资的重点。同时，这些主要国家和地区凭借低碳领域的技术和制度创新优势，制定和实施低碳经济发展的中长期战略规划，竭力推动传统经济向低碳经济转型，培育壮大全球碳交易市场，力图在新一轮的世界经济增长中获得强有力的竞争优势。在传统经济发展道路上，我国和发达国家之间仍有较大差距。但在低碳经济发展的道路上，我国和发达国家几乎站在同一条起跑线上，关键要看谁起跑得更快。面对世界经济发展潮流和新的竞争领域，加快推进生态文明建设，有利于促使人们树立现代的发展理念和消费观念，推动工农业生产和技术创新沿着节约资源、保护环境、循环发展的方向迈进，更好地促进我国低碳经济的发展，在未来国际竞争中抢占制高点，为实现伟大“中国梦”奠定坚实基础。

四、实现美丽中国的必由之路

美丽中国，是时代之美、社会之美、生活之美、百姓之美、环境之美的总和。实现美丽中国，经济持续健康发展是重要前提，人民民主不断扩大是根本要求，文化软实力日益增强是强大支撑，和谐社会人人共享是基本特征，生态环境优美宜居是显著标志。应当说，这些方面是建设美丽中国的必备条件，缺少任一要件都是不美丽的。其中，优美宜居的生态环境最为重要。优美的生态环境，有利于增强人民群众的幸福感，有利于增进社会的和谐度，有利于拓展发展空间提升发展质量，从而实现国家的永续发展和民族的伟大复兴。

从这个意义上来讲，美丽中国是生态文明建设的目标指向，建设生态文明是实现美丽中国的必由之路。试想一下，如果人们的价值取向不能从物质的富足功利向社会的健康文明转化，如果生产方式不能从资源掠夺型向保护环境再生型转轨，如果消费行为不能从高能耗、高消费向低能耗、适度消费转变，美丽中国终将是纸上谈兵。

建设美丽中国，已经奏响生态文明的新乐章。我们必须大力推进生态文明建设，通过形成资源节约和环境保护的空间格局、产业结构、生产方式、生活方式，构建全社会共同参与大格局，加快推进资源节约型、环境友好型社会建设，实现经济繁荣、生态良好、人民幸福，给自然留下更多修复空间，给农业留下更多良田，给子孙后代留下天蓝、地绿、水清的美好家园。

第二章　美丽中国：汲取人类生态文明思想精髓

生态思想是世界观的一种表现形式，属于哲学范畴，它是建立在对生态系统结构的认识基础之上的对人与环境外部关系的考察和整体把握。① 生态思想在人类文明的滥觞期就已具备其最初的形式。它的近代历史始于 18 世纪，当时它是以一种更为复杂的观察地球的生命结构的方式出现的，即致力于把地球上活着的有机体描述为一个有着内在联系的整体。② 资本主义的全球扩张在世界范围内导致了自然环境的深刻变化，加剧了人与自然的紧张关系。进入 20 世纪后，生态问题获得日益广泛的关注。工业化与城市化的生产生活方式的反生态本质与不可持续性特征已暴露无遗，而同样清楚的是，除非能从根本上改变当代物质主义生存方式的现代化思维模式，人类的未来难以逆料。因此，戴维·佩珀在《生态社会主义：从深生态学到社会正义》中指出，人类需要挖掘与展现我们的理论反思潜能：通过重新思考我们与周围自然世界的关系，特别是人类作为其中一部分而不是主宰者所应担当的角色，来重新构建一种可以使得人类长久生存的经济、政治、社会与文化。中国共产党第十八次全国代表大会上提出要建设生态文明，显然是要在中国特色社会主义的旗帜下，探索出一条重建人与自然关系的道路。这是一项造福中华民族乃至全人类的事业，需要持久的努力才能完成。人类历史上关于生态问题的探索，是一笔宝贵的思想财富，值得我们认真地进行梳理与分析，以为中国生态文明建设提供有益的借鉴。

历史上的生态思想十分丰富，要一一枚举与讨论，无疑是困难的。服务于中国特色社会主义生态文明建设这一现实目标，可以着重探讨以下三个方面的内容：一是中国古代生态文明思想，二是西方生态文明思想；三是马克思主义生态

---

① 刘增惠：《马克思主义生态思想及实践研究》，北京师范大学出版社 2010 年版，第 2 页。

② ［美］唐纳德·沃斯特：《自然的经济体系：生态思想史》，商务印书馆 1999 年版，第 14 页。

文明思想。

一、中国古代生态文明思想

“天人关系”在中国古代思想史中占有极为重要的地位。尽管这里的“天”具有多重含义，但“自然之天”无疑是题中之意。所以，天人关系的一个核心内容就是人与自然的关系。对人与自然关系的探索，形成了内涵丰富的中国古代生态文明思想。简而言之，中国古代生态文明思想可以概括为三个方面：天人合一的生态世界观，厚德载物的生态伦理观，顺应时中的生态实践观。①

（一）天人合一的生态世界观

儒家把天地的自然演化当成一个生生不息的自然过程。它认为，天道刚健流行，是原始的创造力之源，统摄万物，维持整个世界的正常秩序。人是自然界生生不息的产物，是自然有机整体的一部分。人与万物都源于天地，它们之间存在着息息相通的有机联系。②

《易传·文言》说：“夫大人者，与天地合其德，与日月合其明，与四时合其序，与鬼神合其吉凶。先天下而天弗违，后天而奉天时。天且弗违，而况於人乎？况於鬼神乎？”③《易传》提出了人与自然界、人与人、人与鬼神的关系，阐明了协调这些关系的基本原则，即“天人合一”，这是衡量大人能否成为大人的一把尺子，也是儒家对于生态世界的价值立场：天地之生与人类之生相互促进相互协同的天人合德、共生共荣。④

《易传·系辞上》说：“与天地相似，故不违。知周乎万物而道济天下，故不过。旁行而不流，乐天知命，故不忧。安土敦乎仁，故能爱。范围天地之化而不过，曲成万物而不遗，通乎昼夜之道而知，故神无方而易无体。”⑤自然的美好原则就是阴阳对立统一接续不息生生不已，自然的美好性质就是阴阳变化造成万物。《易》道囊括天地自然变化规律而不违背规律，促成万物而不遗弃万物，揭

① 董根洪：《“十一观论”——儒家大生态主义的生态思想体系》，《浙江学刊》2011年第6期。
② 佘正荣：《中国传统生态思想的理论特质》，《孔子研究》2001年第5期。
③ 《易传·乾·文言》。
④ 董根洪：《“十一观论”——儒家大生态主义的生态思想体系》，《浙江学刊》2011年第6期。
⑤ 《易传·系辞上传·第四章》。

示了昼夜更替的道理，因而能够推知天下万物兴衰变化的道理。所以神无方所，“易”无定体，均因其变动无居所致。① 圣人所要做的一切就是要与天地、日月、四时“合”，与天地万物和谐一致。②

《中庸》有云：“惟天下至诚，为能尽其性；能尽其性，则能尽人之性；能尽人之性，则能尽物之性；能尽物之性，则可以赞天地之化育；可以赞天地之化育，则可以与天地参矣”。也就说，人要用极其虔诚的态度去发挥自己的本性，以帮助天地培育万物。③

《中庸》还说：“仲尼祖述尧舜，宪章文武。上律天时，下袭水土。……万物并育而不相害，道并行而不相悖；小德川流，大德敦化，此天地之所以为大也。”所谓“律天时、袭水土”，就是遵循天地自然规律，以达到“天人合一”，也就是“与天地参”,④ 以使万物共同生长却不互相妨碍，天地之道同时运行却不互相违背。⑤

儒家虽然是以人类为中心考察生态问题，但是并没有将人类凌驾于自然之上的意味，而且要求人类应该以平等的态度对待自然，并尽其所能地促进大自然的繁荣。

道家从自然和人类的有机统一，以及整观宇宙的视野去把握天人关系，表现出深刻的生态智慧。⑥

老子认为“道”是宇宙万物的本原。“有物混成，先天地生，寂兮寥兮，独立不改，周行而不殆，可以为天下母。吾不知其名，字之曰道”。⑦ 道创生万物，德畜养万物，二者是事物不可分割的两个方面，是整体和局部的关系。“道生之，德畜之，物形之，势成之。是以万物莫不尊道而贵德。道之尊，德之贵，夫莫之命常自然”。⑧ 老子既强调“道”在天地万物之先，亦认为“道”在天地万物之中，既体现其超越性，又显示其内在性。老子认为所有宇宙万物都源于道，又复归于道，“道”先于天地存在，并以它的本性为原则创生万物，所谓“道生一,一

---

① 邓球柏:《白话易经》，岳麓书社 1994 年版，第 406—407 页。
② 乐爱国:《儒家生态思想初探》,《自然辩证法研究》2003 年第 12 期。
③ 乐爱国:《儒家生态思想初探》,《自然辩证法研究》2003 年第 12 期。
④ 乐爱国:《儒家生态思想初探》,《自然辩证法研究》2003 年第 12 期。
⑤ 徐寒主编:《四书五经精注全译》，线装书局 2006 年版，第 199 页。
⑥ 佘正荣:《老庄生态思想及其对当代的启示》,《青海社会科学》1994 年第 2 期。
⑦《老子·第二十五章》。
⑧《老子·第五十一章》。

生二,二生三,三生万物"。[①]

老子说:"故道大、天大、地大、人亦大。域中有四大,而人居其一焉。人法地,地法天,天法道,道法自然。"[②]人虽然也同为四大之一,但在宇宙中的地位并不比其他三者更大。人源出于自然并统一于自然,且必须在自然给予的条件下才能生存,也必须遵循自然的法则才能求得发展。[③]

庄子也肯定了人的一切皆得之于天地自然。庄子说:"天地有大美而不言,四时有明法而不议,万物有成理而不说。圣人者,原天地之美而达万物之理,是故至人无为,大圣不作,观于天地之谓也。""天下莫不沈浮,终身不故;阴阳四时运行,各得其序。惛然若亡而存,油然不形而神,万物畜而不知。此之谓本根,可以观于天矣。"[④]万物都在天道的养育中而不自知,天地万物都各有功德与秩序,但是它们都不会言说。圣人明白了天道的伟大,所以效法天地而无为。

庄子说:"汝身非汝有也,……孰有之哉?曰:是天地之委形也。生非汝有,是天地之委和也;性命非汝有,是天地之委顺也;子孙非汝有,是天地之委蜕也。"[⑤]既然人的身体、生命、禀赋、子孙皆不为人类自身所拥有,而是大自然和顺之气的凝聚物,那么人类就应当尊重天地自然,尊重一切生命,与所有的生物为友,与人类居住的自然环境和谐相处。[⑥]

庄子说:"以道观之,物无贵贱;以物观之,自贵而相贱;以俗观之,贵贱不在己。以差观之,因其所大而大之,则万物莫不大;因其所小而小之,则万物莫不小。知天地之为稊米也,知毫末之为丘山也,则差数睹矣。以功观之,因其所有而有之,则万物莫不有;因其所无而无之,则万物莫不无。知东西之相反而不可以相无,则功分定矣。"[⑦]事物的差别都是相对的。如果从它大的方面来说(即与小的相比较)万物都可以说是大的;反之,万物都可以说是小的。明白了万物齐一的道理,人们就不会恃强凌弱,贵己贱物。

通过理性批判,道家揭示出宇宙万物的本原是道,宇宙是一个有秩序有结构有演化趋势的有机生态系统,万物是这个有机生态系统的内在要素。道、宇宙及其内在要素都有其内在本性,都严格遵循由道所赋予的本性存在和发展。道和

---

① 毛丽娅:《〈道德经〉的生态思想及其当代启示》,《求索》2008年第3期。

② 《老子·第二十五章》。

③ 佘正荣:《老庄生态思想及其对当代的启示》,《青海社会科学》1994年第2期。

④ 《庄子·知北游第二十二》。

⑤ 《庄子·知北游第二十二》。

⑥ 佘正荣:《老庄生态思想及其对当代的启示》,《青海社会科学》1994年第2期。

⑦ 《庄子·秋水第十七》。

道性规定了宇宙万物的发展秩序和趋势。道演生宇宙万物的基本存在方式则是“无为而无不为”，即无目的的合目的性。因而，大道无私，万物平等，尊道贵性，养性重生，就构成其生态宇宙观的基本价值原则。道家的基本价值取向就是要人们尊重自然、顺应自然、效法自然，在无意识水平上达到与自然生命和价值的统一。返璞归真，是道家最高的知行合一、天人合一的境界。[①]

（二）厚德载物的生态伦理观

儒家生态伦理观的核心是仁。孔子说：“仁者，爱人。”而根据人“与天地参”的原则，对于人的仁心也应该给予万物。

《孟子·尽心上》说：“君子之于物也，爱之而弗仁；于民也，仁之而弗亲。亲亲而仁民，仁民而爱物。”君子对于万事万物的用心虽然一致，但表达方式却因对象的亲疏远近而有所不同。君子对于万物，爱惜却不仁爱；对于民众，仁爱却不亲近。由亲近亲人而仁爱民众，由仁爱民众而爱惜万物。[②]

董仲舒在《春秋繁露·仁义法》中写道：“质于爱民，以下至于鸟兽昆虫莫不爱，不爱，奚足以为人？”诚信地爱护子民，以下至于鸟兽昆虫没有不爱护的，不爱护，怎么足以称得上“仁”呢？因此，儒家的“仁”也包括爱自然、爱动物植物。[③]

张载在《正蒙·乾称篇》写道：“乾称父，坤称母；予兹藐焉，乃混然中处。故天地之塞，吾其体；天地之帅，吾其性。民吾同胞，物吾与也。”张载把人与万物都比喻为由乾父坤母的阴阳二气聚合所生的子女，把所有的人都当成同胞来看待，把万物都当成人类的朋友。人与人的关系是同胞关系，而人与物的关系是伙伴关系。人既是社会共同体的成员，也是自然共同体中的成员。因此，人类之间不仅应当相亲相爱，而且应该爱及万物，这就把人对自然的道德关系推向了一个至高的境界，是对人与自然的亲缘关系与和谐相处状态最深切的表达。[④]

儒家讲究内圣而外王，成己并成物，将人性的完善与万物的繁衍联系起来，认为在人性得到完善的同时，万物也将顺着其自然禀性而生生不息。

道家则进一步要求人类跳出自我中心主义的圈子站在更高层次上理解、对

① 白才儒：《试析〈庄子〉深层生态思想》，《宗教学研究》2003 年第 4 期。
② 金良年：《孟子译注》，上海古籍出版社 1995 年版，第 293 页。
③ 乐爱国：《儒家生态思想初探》，《自然辩证法研究》2003 年第 12 期。
④ 佘正荣：《中国传统生态思想的理论特质》，《孔子研究》2001 年第 5 期。

待自然生态环境中诸存在物，认为那种出于人的主观偏好来理解和对待自然事物的方式是对自然的损害。①

庄子指出，万事万物都是齐一的，根本就不存在什么大小、贵贱、是非的差别。鉴于此，人类应该顺其自然，听天由命，以便回复到天真的境界。他首先区分了自然和人为。“曰：‘何谓天？何谓人？’北海若曰：‘牛马四足，是谓天；络马首、宰牛鼻，是谓人。”②出于万物之天然本性而非关人事的就叫作自然。出于人意之所为的则叫作人为。他还提出了主张自然、反对人为的理由：“天在内，人在外，德在乎天。”③庄子说：“无以人灭天，无以故灭命，无以得殉名。谨守而勿失，是谓反其真。”④人们不应为了追逐虚名而“以人灭天”，“以故灭命”，而应“知天人之行，本乎天，位乎德”，恪守自然之本性而不迷失，以求返璞归真。⑤庄子说：“天地与我并生，万物与我为一。”⑥“民湿寝则腰疾偏死，鳅然乎哉？木处则惴栗恂惧，猿猴然乎哉？三者孰知正处？民食刍豢，麋鹿食荐，蝍蛆甘带，鸱鸦耆鼠，四者孰知正味？猿猵狙以为雌，麋与鹿交，鳅与鱼游。毛嫱丽姬，人之所美也；鱼见之深入，鸟见之高飞，麋鹿见之决骤，四者孰知正色？”⑦人与动物对居住条件、美食美色的要求各不相同，崇尚的标准也就大相径庭，所以，任何的是非都是相对的，人不能以自己的标准去强求自然界的其他物种。

道教虽然推崇神灵，但又主张道为神之源，神以道为本，尊道与敬神具有一致性，对道家思想有广泛的继承。在生态伦理上，道教坚持道物依成论，认为道化生元气，元气生万物，万物之中皆有道。道教的主要经典《太平经》说：“夫天道恶杀而好生，蠕动之属皆有知，无轻杀伤用之也。”《太上感应篇》列举了一百多种恶行，其中包括多项不敬大自然行为，如“怨天尤人，呵风骂雨”、“埋蛊厌人，用药杀树”、“射飞逐走，发蛰惊栖，填穴覆巢，伤胎破卵”、“春月燎猎，对北恶骂，无故杀龟打蛇”等。所列举的26种善行中就有“积累功德，慈心于物”、“昆虫草木，犹不可伤”等。《太上感应篇图说》注：“隐恻矜恤于物，谓之仁。如钓而不网、弋不射宿、启蛰不杀、方长不折之类。”所谓“慈心于物”

① 蒋朝君：《道教生态伦理思想研究》，东方出版社2006年版，第156页。

② 《庄子·秋水第十七》。

③ 《庄子·秋水第十七》。

④ 曹础基：《庄子浅注》，中华书局1982年版，第248—249页。

⑤ 佘正荣：《老庄生态思想及其对当代的启示》，《青海社会科学》1994年第2期。

⑥ 《庄子·齐物论第二》。

⑦ 《庄子·齐物论第二》。

就是要关爱和爱护动植物、施仁于动植物。魏晋时期的葛洪说："欲求长生者，必欲积善立功，慈心于物，恕己及人，仁逮昆虫"，而不可"弹射飞鸟，刳胎破卵，春夏燎猎"。①

（三）顺应时代的生态实践观

儒家要求人类社会的生产实践要顺应自然规律，人类生产与自然的承载力要相适应，人类活动要与自然节律相协调，以使天人和谐，相得益彰，"备物致用"又不废万物。

《易传·象传·无妄卦》说："天下雷行，物与无妄。先王以茂对时，育万物。"雷行于天下，阴阳交和，振发萌芽，产生万物，各秉其性命，没有差错妄乱。先王据此茂对天时，养育万物，使各得其所。②

《论语·述而》说："子钓而不纲、弋不射宿。"孔子钓鱼而不用网具断流捕鱼，射鸟而不猎击归巢之鸟。孔子如此行事，旧注多以仁爱释之。朱熹在注释本章时就引洪氏语曰："孔子少贫贱，为养与祭，或不得已而钓弋，如猎较是也。然尽物取之，出其不意，亦不为也。此可见仁人之本心矣。待物如此，待人可知；小者如此，大者可知。"此解虽不够全面，却并不十分牵强。《史记·孔子世家》记孔子的话说："丘闻之也，刳胎杀夭则麒麟不至郊，竭泽涸渔则蛟龙不合阴阳，覆巢毁卵则凤皇不翔。何则？君子讳伤其类也。夫鸟兽之于不义也尚知辟之，而况乎丘哉！"将剖腹取胎、竭泽而渔和覆巢毁卵视为不义之举，就明显来自道德视域。以此解读孔子的"钓而不纲，弋不射宿"，既可见其对猎取动物的矛盾心理，又表明了不尽物取之的节制态度。③

《孟子·梁惠王上》说："不违农时，谷不可胜食也；数罟不入洿池，鱼鳖不可胜食也；斧斤以时入山林，材木不可胜用也；谷与鱼鳖不可胜食，材木不可胜用，是使民养生丧死无憾也；养生丧死无憾，王道之始也"。所有利用自然的生产实践必须以保证生态系统的良性循环为前提，只有这样，人们才能从利用自然的实践中获得丰厚的馈赠。

《荀子·天论》说："不为而成，不求而得，夫是之谓天职。如是者，虽深，其人不加虑焉；虽大，不加能焉；虽精，不加察焉，夫是之谓不与天争职。天有

---

① 任俊华：《〈太上感应篇〉的生态伦理思想》，《学习时报》2012年6月18日。

② 邓球柏：《白话易经》，岳麓书社1994年版，第352页。

③ 王恩来：《弋不射宿——孔子的生态伦理意识》，《光明日报》（理论版）2012年6月18日。

其时，地有其财，人有其治，夫是之谓能参。”在荀子看来，自然界变化有其自身的规律，人不可将自己的主观意志和愿望强加于自然界，但是，人可以按照自然规律而“有其治”，这就是“能参”，也就是天、地、人三者各行其职，和谐共处。①

《中庸》说：“天命之谓性，率性之谓道。”“中也者，天下之大本也；和也者，天下之达道也。致中和，天地位焉，万物育焉。”达到中和的境地，天地就各居其位了，万物也就生长了。②

《礼记·祭义》说：“曾子曰：树木以时伐焉，禽兽以时杀焉。夫子曰：‘断一树，杀一兽，不以其时，非孝也。’”《礼记·王制》又说：“无事而不田曰不敬，田不以礼曰暴天物。天子不合围，诸侯不掩群。天子杀则下大绥，诸侯杀则下小绥，大夫杀则止佐车。佐车止，则百姓田猎。獭祭鱼，然后虞人入泽梁，豺祭兽，然后田猎；鸠化为鹰，然后设罻罗；草木零落，然后入山林。昆虫未蛰，不以火田。不麛、不卵，不杀胎，不殀夭，不覆巢。”《礼记》颇为详尽地阐述了农业生产活动所应遵循的原则，充分体现了古人对自然生态的尊重与维护。

道家讲爱护动植物，不是盲目的爱护，而是要依照“道”的原则。人要依靠动植物作为生活资料的来源，要开发利用自然资源，这是天经地义的，但是必须按照自然之“道”行事，合理地开发和利用。《太上感应篇》说：“是道则进，非道则退。”就是要按照自然之道合理地开发利用自然之物。《太上感应篇》讲戒杀，但不是绝对的不杀，而是指“钓而不网、弋不射宿、启蛰不杀、方长不折”。《太上感应篇集注》在注释“春月燎猎”时说：“春为万物发生之候，纵猎不已，已伤生生之仁。乃复以纵之火，则草木由之而枯焦，百蛰因之而煨烬。是天方生之我辄戕之，罪斯大矣！”认为“春月燎猎”之罪在于违背了天道。③

二、西方生态文明思想

西方生态思想的演进过程，可以分为四个阶段，即机械论生态模式的形成、浪漫主义生态学的产生、生态伦理学的构建与生态政治学的形成。

---

① 乐爱国：《儒家生态思想初探》，《自然辩证法研究》2003年第12期。

② 徐寒主编：《四书五经精注全译》，线装书局2006年版，第183页。

③ 任俊华：《〈太上感应篇〉的生态伦理思想》，《学习时报》2012年6月18日。

（一）机械论生态模式的形成

西方科学从其开始，就深刻地受到了传统基督教对待自然的态度的影响。基督教通过推翻异端的万灵论使人们有可能以这种超然的客观态度对待自然，因为有了这个对异端自然观的早期胜利，西方科学才能把地球作为一个完全世俗的和可分析的客观对象来研究。[①]否定了异端的万灵论之后，基督教把人类关于自然的概念简化到一种机械的人工装置状态。[②]

在培根看来，世界就是一个人造乐园。这个乐园通过科学和人类的管理而变得丰饶。培根预言道，在那个乌托邦乐园里，人类将恢复一种尊贵和崇高的地位，并且重新得到他一度在伊甸园中所享有的高于一切其他动物的权利。在培根的意识中，基督教传统中的耶稣基督变成了一个科学家和技师。科学为建造一个更好的羊圈和开辟一个更绿的广场提供了工具。[③]

牛顿力学则将自然界、宇宙设想成一架处于自然之外的神操纵的庞大机器，甚至人也是机器。人与自然是分离对立的，人处于自然之外，是与自然不同的存在者。自然的任何事物、任何运动最终都可以用机械运动来解释说明。无论是人类社会、人、动物还是其他事物，都可以还原为机械运动，宇宙万物的千变万化无非是位置的移动，其组成由原子数量多少和空间位置的变化来决定。[④]

卡尔·冯·林耐是18世纪瑞典一位杰出的植物学家。其代表作《自然系统》，展示了一幅完全静态的有关地球生物相互作用的画面：季节的转换，一个人的出生和老化，一天的过程，真正的岩石形成和磨损。在这个转动着的生存周期中，一切都在进化着，但任何东西都不发生改变。[⑤]人是自然的经济体系中心，所有的东西生来都是为人服务的，人们有权去享受那些能使他的生活舒适愉快的

---

① ［美］唐纳德·沃斯特：《自然的经济体系：生态思想史》，商务印书馆1999年版，第48—49页。

② ［美］唐纳德·沃斯特：《自然的经济体系：生态思想史》，商务印书馆1999年版，第49页。

③ ［美］唐纳德·沃斯特：《自然的经济体系：生态思想史》，商务印书馆1999年版，第50—51页。

④ 李世雁：《哲学历程中的生态思想轨迹—从古希腊到科学革命》，《自然辨证法研究》2010年第11期。

⑤ ［美］唐纳德·沃斯特：《自然的经济体系：生态思想史》，商务印书馆1999年版，第55—56页。

一切东西。[①] 上帝是这架宇宙机器后面的原动力，是需要使其秩序完美和正常的一种不可解释的力量源泉。[②]

林耐学派确信，上帝要使整个世界，最重要的是人，在地球上过得幸福；而幸福的含义就是物质上的舒适。自然的经济体系是由上帝出来使生产和效率最大化的。因此，林耐学派的生态模式谈得更多的是人类进行开发的使命，而不是进行保护的使命。[③]

（二）浪漫主义生态学的产生

浪漫主义生态学产生于英国工业革命时期诞生的生态文学作品中。吉尔伯特·怀特（Gilbert White，1720—1793）的《塞耳彭自然史》是一部具有代表性的作品。

在工业革命的推动下，英国传统的农村公社被彻底破坏。公地系统被废除，土地被整理成棋盘状，大量的失地农民涌入城市，成为工业无产阶级的一部分。

怀特的故乡塞耳彭也面临着一种时代的变迁。怀特的一生，大部分是在塞耳彭村度过的。这个村庄还保存着古老的传统，民风淳厚，宁静平和。怀特在《塞耳彭自然史》中，详细描述了塞耳彭村自然生态的变迁，为人们展现了一个复杂的处在变换中的统一生态体，并通过对塞耳彭自然史的研究，率先表达了他对生态环境问题的忧思。[④]

亨利·D. 梭罗是美国 19 世纪浪漫主义生态思想的代表人物。梭罗的作品，尤其是《瓦尔登湖》，既是生态主义思想的代表作，同时又是文学名著。他认为，在自然的每一事物中存在着“超灵”（oversoul）或神圣的道德力。凡物，活的总比死的好；人、鹿、松树，莫不如此。因此，我们要对自然中所有的生命怀有尊重。[⑤] 对梭罗来说，世界不再是一个机械规则的体系，而是一种有能力把所有的

① ［美］唐纳德·沃斯特：《自然的经济体系：生态思想史》，商务印书馆 1999 年版，第 57—58 页。

② ［美］唐纳德·沃斯特：《自然的经济体系：生态思想史》，商务印书馆 1999 年版，第 63—64 页。

③ ［美］唐纳德·沃斯特：《自然的经济体系：生态思想史》，商务印书馆 1999 年版，第 76—77 页。

④ 于文杰、毛杰：《论西方生态思想演进的历史形态》，《史学月刊》2010 年第 11 期。

⑤ 于文杰、毛杰：《论西方生态思想演进的历史形态》，《史学月刊》2010 年第 11 期。

东西都结合成一个有生气的宇宙的流动的能量。①

怀特和梭罗的作品代表了早期生态思想家对自然问题的思考。他们对工业革命所带来的影响进行批判和反思，对逝去的农业时代满怀眷恋。他们从古代文化中吸取语言修辞和情感智慧，用一种寂寞的、恬静的、优美的文笔表达了对生态环境的忧思。②

（三）生态伦理学的构建

西方思想家通过对人类中心主义的批判，通过对道德关怀边界的拓展，建构起生态伦理思想。他们认为，自然界作为一种存在形式，应该和人类一样受到关怀和尊重。穆尔（J.Muir）是19世纪美国环境伦理学家，他认为，上帝所创造的联合体由大自然和人类组成。因此，与人类一样，大自然也是“神的精神的显现”。从这个意义上来看，大自然就是人类的教堂，是人类与上帝沟通的地方。因此，尊重大自然是人类宗教信仰的核心内容。伊文斯（E.P. Evans）批评了基督教的人类中心主义性质。他认为，人只是大自然的一部分，是大自然的产物，不能把人类从大自然中孤立出来。③

在生态伦理学内部，存在着动物权利中心论、生物中心论和生态中心论的差别。

边沁可以说是西方动物权利论的先驱，他认为，不能以推理或说话的能力作为根据，在道德上区别对待人与其他生命形式。因为动物的痛苦与人类的痛苦其实并无本质差异，所以人类对动物施加暴力是不道德的。

塞尔特（H. S.Salt）继承和拓展了边沁的思想，认为，动物和人类一样，也拥有天赋的生存权和自由权。人类和动物之间最终应该也能够组成一个共同的政府，完善民主制度，将人和动物都从残酷和不公正的境遇中解放出来。因此，要扩展道德联合体（moralCommunity）的范围，弭平人和动物之间“道德鸿沟”。④

1975年，澳大利亚和美国著名伦理学家彼得·辛格出版《动物解放论》。辛

① ［美］唐纳德·沃斯特：《自然的经济体系：生态思想史》，商务印书馆1999年版，第108页。

② 于文杰、毛杰：《论西方生态思想演进的历史形态》，《史学月刊》2010年第11期。

③ 杨通进：《动物权利论与生物中心论——西方环境伦理学的两大流派》，《自然辩证法研究》1993年第8期。

④ 杨通进：《动物权利论与生物中心论——西方环境伦理学的两大流派》，《自然辩证法研究》1993年第8期。

格明确指出：如果一个存在物能够感受到苦乐，那么拒绝关心它的苦乐就没有道德上的合理性。既然动物有感受能力，存在内在价值，也就拥有利益，即不受痛苦和享受快乐的利益。那么人类对于动物就有义务，即保护动物的利益不受侵害，停止一切使它们遭受不应有之痛苦的行为。①

汤姆·雷根在《动物权利研究》中也指出，动物是生命主体，有着自身的内在价值。这种以自身存在为目的的，无差别的价值应该得到人类的尊重。一种恰当的道德观应该禁止以能够给他人带来好处的名义伤害无辜者。②

在生物中心论者看来，道德哲学不能仅仅关注动物权利问题，自然群落——生态系统或大自然——也应得到伦理关怀。③

1830年，历史地理学家查尔斯·莱尔的《地质学原理》出版。莱尔指出，有机物会跨越陆地和海洋不断迁移。莱尔的这本书成为达尔文生态思想的重要来源。④

1859年，《物种起源》出版。达尔文的核心思想是，地球上的一切幸存者都是由社会决定的。自然界是“一个复杂的关系网”，而且没有一种个体有机物或物种能够独立地生活在这个网络之外。即使是最微不足道的物种的利益也是很重要的；至少在某些地方，它们是“社会的成员，或许先前的某个时刻可能就已是如此了”。这个经济体系总在其抽象的形象上维持着稳定性，但是由于其成员总是在变化，所以它从来不是完全相同的。就进化而言，存在着两种新物种得以出现和生存的途径。第一个途径是，新的变异有机体证明在竞争中是比较成功的，并且取代了某种另外生物的位置；第二种途径是，有一个位置不知道为什么恰好是空的，于是一个变异的物种取代了它。⑤

达尔文坚持生物中心论。按照他的观点，一种同忧共乐的体验能够在人类和所有其他的生命形式建立起一种情结。虽然达尔文认同文明与野蛮之间的差别，但他也认为人与其他物种间没有不可逾越的鸿沟。达尔文说，文明人不可能切断他与生物学历史的联系。尽管自然界并不完全是一个欢悦或幸福的地方，人

---

① 赖萱萱：《动物解放何以可能——彼得·辛格的动物解放论析略》，《企业家天地》。

② 李有秩：《汤姆·雷根动物权利思想研究》，硕士学位论文，福建师范大学2008年。

③ 杨通进：《动物权利论与生物中心论—西方环境伦理学的两大流派》，《自然辩证法研究》1993年第8期。

④ [美]唐纳德·沃斯特：《自然的经济体系：生态思想史》，商务印书馆1999年版，第172—175页。

⑤ [美]唐纳德·沃斯特：《自然的经济体系：生态思想史》，商务印书馆1999年版，第193—197页。

类不能因此就否定自然界，或者感到自己优越于自然界。在人类和人类事务之外，存在着一个活的生物共同体，它永远都是人类的家和亲族。①

在20世纪上半叶，弗雷德里克·克莱门茨的植物研究产生了一个连贯而有精细的生态学理论体系，对这个新学科产生了卓绝的影响。两个内在联系的主题贯穿在克莱门茨的著作中：植被群落的生态演替动态学和植被结构的有机特性。自然的过程并非是一种无目的地来回游荡，而是一种可以被科学家准确地标出位置的趋向有规律的流动。在任何一个既有的栖息地，都发生着一个清晰的"演替系列"的演进。一个发展阶段的体系，发端于一种原始的固有的不平衡的植物聚焦，而以一种复杂的、相对持久地与周围条件相平衡的、能够使自己永远存在下去的顶级结构告终。颠倒或偏离这个过程，大自然最终还是会发现一条返回轨道的途径。在竞争的结构中，气候决定着哪种"复杂的有机物"将在生存斗争中幸存，而失败者将分崩离析和消失。一旦履行了这种选择，一种内在的不能压制的有机生长活力便占据了上风。只有在偶然的极不正常的情况下，这个过程才会落入一种发展的亚顶极水平，一种发展受阻的状态。② 克莱门茨的超顶极状态概念，为自然保护主义者反对机器和农场主的公案提供了一个科学的依据。③

保罗·泰勒是西方环境伦理学界持生物中心主义观点的主要代表人物之一。他的环境伦理学思想主要体现在他的《尊重自然》一书中。他在"生物中心主义"的道德观点的基础上，提出要把"尊重自然"当作一种终极的道德态度。泰勒的生命中心自然观具有若干基本信念，就是人类与其他生物都是地球生命社区的成员，人类并不超越其它生物，而且人类与其他生物构成互相依赖的系统。由于每个生物体内的功能与外表的活动都是目的导向，具有恒定的趋势来维持个体的生命与种族的生存。泰勒认为"尊重自然的态度"必须在日常生活的实践中通过一系列相应的道德规范和准则表现出来。④

在生态中心论者看来，生物中心论仍有理论缺陷，如果仅强调生命为中心，那么非生命的存在物是否就可以肆意破坏和损害呢？因此，应从整个生态系统来俯瞰人与非人存在物的关系。生态中心论的基本观点是，人作为地球上的一个

---

① ［美］唐纳德·沃斯特：《自然的经济体系：生态思想史》，商务印书馆1999年版，第220—229页。

② ［美］唐纳德·沃斯特：《自然的经济体系：生态思想史》，商务印书馆1999年版，第253—256页。

③ ［美］唐纳德·沃斯特：《自然的经济体系：生态思想史》，商务印书馆1999年版，第298页。

④ 汪琼：《一种生物中心主义的环境伦理学体系——从泰勒的〈尊重自然〉一书看其环境伦理学思想》，《浙江学刊》2001年第2期。

物种，要遵循自然生态系统共生共荣、维持平衡的规律，如果违背这种规律，就会干扰、破坏这种平衡，甚至导致生态系统的崩溃。① 现代生态中心论的代表人物有利奥波德、罗尔斯顿等。

1949 年，美国环境主义者奥尔多·利奥波德的《沙乡年鉴》出版。这是一套乡村自然历史随笔。对一个现代的、管理过分的世界的失望，是这些文章所坚持的主题。② 利奥波德认为，在现今这个荒野难以拯救的时代，由于人类对土地大规模地开发利用，伦理关系已经由人与人转向人与土地，也就是人与自然的关系。③ 人类并非地球的主人，而只是地球的普通成员。从另一方面看，人类世界并不是一个只有自己的孤岛。因此，在人类社会发展出来的合作意识要扩大到所有生命。④ 人类应该限制其物质享受，⑤ 对地球这一共同体表达出自己的忠诚热爱之情。

20 世纪 80 年代，美国科罗拉多州立大学教授、国际著名环境伦理学家霍尔姆斯·罗尔斯顿先后出版了《哲学走向荒野》、《环境伦理学》等著作。罗尔斯顿的思想以自然价值论为理论核心。他认为，自然价值由自然物自身的属性和生态系统的功能性结构确定，并不会因为人的主观感受发生变化。⑥ 另外，生态系统的形成是一个充满创造性的过程，生活这一共同体中成员持续地相互作用，维持着共同体的完整和稳定。⑦ 罗尔斯顿指出，自然生态系统（自然物）拥有内在价值，它不仅全力通过对环境的主动适应来求得自己的生存和发展，而且他们彼此之间相互依赖、相互竞争的协同进化使得自然生命朝着复杂性多样化和精致化的方向进化。大自然不仅创造出了各种各样的价值，而且创造出了具有评价能力的人。因此，维护和促进具有内在价值的生态系统的完整和稳定是人所负有的一种客观义务。

（四）生态政治学的形成

二战以后，关于生态环境问题的讨论与社会政治的联系与互动密切起来，

---

① 徐宗良：《为何要构建人与自然的道德关系》，《道德与文明》2005 年第 6 期。
② ［美］唐纳德·沃斯特：《自然的经济体系：生态思想史》，商务印书馆 1999 年版，第 336 页。
③ 于文杰、毛杰：《论西方生态思想演进的历史形态》，《史学月刊》2010 年第 11 期。
④ ［美］唐纳德·沃斯特：《自然的经济体系：生态思想史》，商务印书馆 1999 年版，第 338 页。
⑤ ［美］唐纳德·沃斯特：《自然的经济体系：生态思想史》，商务印书馆 1999 年版，第 336 页。
⑥ 于文杰、毛杰：《论西方生态思想演进的历史形态》，《史学月刊》2010 年第 11 期。
⑦ 于文杰、毛杰：《论西方生态思想演进的历史形态》，《史学月刊》2010 年第 11 期。

促进了生态政治学的形成。在生态政治学的形成过程中，蕾切尔·卡森堪称里程碑式的人物。

1962 年《纽约人》杂志开始连载卡森的《寂静的春天》。卡森这部著作把生命的情感与严肃的现实紧密地联系在一起，深刻地批判了现代人征服自然、控制自然的观念和狂妄的科学态度，提出应让土地伦理和生态理想在现代文明的历史进程中发挥效用。她所代表的那种科学意识，已经成了生态运动的最重要信条：一幅生命统一体的美景，以及一种有道德的与自然界的所有成员协调地生活的理想。①

以《寂静的春天》为起始，西方生态思想走进了绿色政治时代，即不满足于仅仅对生态环境的人文关怀，开始诉诸群众运动和建立政党政治，试图通过对国家政治的参与来有效地改善生态环境。②

1968 年 4 月，罗马俱乐部成立并出版了一份影响广泛的研究报告——《增长的极限》，表达了对人类未来命运的深切忧虑和关怀。③ 丹尼斯 . 米都斯预言："如果在世界人口、工业化、污染、粮食生产和资源消耗方面现在的趋势继续下去，这个行星上增长的极限有朝一日将在今后 100 年中发生。最可能的结果将是人口和工业生产力双方有相当突然的和不可控制的衰退。"

1972 年，《只有一个地球》发表，报告写道："在人类不断城市化的过程中应当提醒其注意，所有的生物品种都是敏感的和脆弱的，无论是树木和花草，还是禽兽和昆虫，都是如此；人类需要和这些生物共存在这个小小的星球上。"④

关于生态政治学的著作都在重复一种语言，即担心发达的工业文明作为一个整体可能正走向衰竭。根据作者们的观点，呈几何速率膨胀的经济发展，正消耗着更多的能源、土地、矿产和水资源，最终必然会超过地球所能承受的极限。如果把环境看作是一种持续不断的相互依赖关系而不是商品储存室，那么环境也就不只是一些可以用完耗尽的东西了。⑤

到了 20 世纪 50、60 年代后期，控制污染源的呼吁开始在政治生活中产生明显效果。

---

① ［美］唐纳德·沃斯特：《自然的经济体系：生态思想史》，商务印书馆 1999 年版，第 44 页。

② 于文杰、毛杰：《论西方生态思想演进的历史形态》，《史学月刊》2010 年第 11 期。

③ 于文杰、毛杰：《论西方生态思想演进的历史形态》，《史学月刊》2010 年第 11 期。

④ ［美］芭芭拉·沃德、勒内·杜勒斯：《只有一个地球——对一个小小行星的关怀和维护》，吉林人民出版社 1997 年版，第 137 页。

⑤ ［美］唐纳德·沃斯特：《自然的经济体系：生态思想史》，商务印书馆 1999 年版，第 409—410 页。

1956 年，英国出台空气净化法。法律规定，生产厂家若不设法降低污染，就禁止使用煤炭。另外，还将一些地区划定为无烟区。法律规定，在无烟区内，不能使用没有经过无烟处理的煤炭。英国的空气治理工作成效显著。虽然能量消费仍然大幅增长，空气中烟尘和二氧化硫的含量却在减少，伦敦中心区冬季日照量增加了 50%。①

1969 年美国国会通过《国家环境政策法》，1974 年英国下院通过《控制污染法》，表明人们对环境问题的忧虑在不断地转化为实际行动。②

1972 年，联合国发表《人类环境宣言》。《宣言》明确宣布："按照联合国宪章和国际法原则，各国具有按照其环境政策开发起资源的主权权利，同时亦负有责任，确保在他管辖或控制范围内的活动，不致对其他国家的环境或其本国管辖范围以外地区的环境引起损害。""有关保护和改善环境的国际问题，应当由所有国家，不论大小在平等的基础上本着合作精神来加以处理。"

1987 年，联合国通过世界环境与发展委员会报告——《我们共同的未来》。报告提出了"可持续发展"的概念。报告深刻指出，在过去，我们关心的是经济发展对生态环境带来的影响，而现在，我们正迫切地感到生态的压力对经济发展所带来的重大影响。因此，我们需要有一条新的发展道路，这条道路不是一条仅能在若干年内、在若干地方支持人类进步的道路，而是一直到遥远的未来都能支持全球人类进步的道路。

联合国环境与发展会议于 1992 年 6 月 3 日至 14 日在里约热内卢召开，会议通过了《环境与发展宣言》，重申了 1972 年 6 月 16 日在斯德哥尔摩通过的联合国人类环境会议的宣言。会议还通过了《21 世纪议程》，该文件着重阐明了人类在环境保护与可持续之间应作出的选择和行动方案，提供了 21 世纪的行动蓝图，涉及与地球持续发展有关的所有领域，是"世界范围内可持续发展行动计划。

2002 年，联合国可持续发展大会在南非约翰内斯堡召开，研究落实实施可持续发展战略，会议通过了《可持续发展执行计划》。2010 年，"千年发展目标高级别会议"在美国纽约召开，通过了《进一步执行 21 世纪议程》。2012 年，联合国可持续发展大会在巴西里约热内卢召开。世界各国领导人将再次聚集在里

---

① ［美］芭芭拉·沃德、勒内·杜勒斯：《只有一个地球——对一个小小行星的关怀和维护》，吉林人民出版社 1997 年版，第 74 页。

② ［美］唐纳德·沃斯特：《自然的经济体系：生态思想史》，商务印书馆 1999 年版，第 410—411 页。

约热内卢，达成新的可持续发展政治承诺；对现有的承诺评估进展情况和实施方面的差距。联合国的希望是在2015年以后，将此前的21世纪议程、千年发展目标（MDGs）等，能逐步整合到可持续发展目标（SDGs）中。

三、马克思主义生态文明思想

马克思主义生态文明思想在马克思恩格斯的著作中已有深刻论述。此后，苏俄马克思主义者对马克思主义生态思想进行了深入的探讨。通过中国马克思主义者的探索，马克思主义生态文明思想体系最终得以形成。

（一）马克思主义经典作家的生态思想

我国的生态建设是中国特色社会主义建设的组成部分，必须以马克思主义作为指导。那么，在马克思主义经典作家那里，能不能找到建设生态文明的理论依据呢？

马克思主义是研究自然、社会和人类思维发展规律的理论体系，理所当然地包含了生态思想。① 美国当代马克思主义生态学者约翰·贝拉米·福斯特指出，虽然指责马克思缺少生态意识已有很长的历史，但经过数十年的争论，现在已十分清楚的是这种观点与证据完全不相符合。马克思在现代资产阶级意识形态诞生之前，就开始指责对自然的掠夺行为。以此为起点，马克思关于人类劳动异化的概念就与一种人类对自然异化的理解联系起来。②

帕森斯也认为，马克思和恩格斯“有一个明确（尽管不是十分详细）的生态立场。由于劳动者和自然都受阶级统治的剥削，因而，他们将随着从阶级统治中解放出来而获得自由”。马克思和恩格斯的生态立场来自他们的关于社会与自然相互依赖以及通过劳动，人与自然相互转变的著述，还来自他们对技术、前资本主义社会与自然的关系、自然与人的资本主义毁坏以及在共产主义条件下自然与人的关系转变的观点。③

① 朱炳元：《关于〈资本论〉中的生态思想》，《马克思主义研究》2009年第1期。

② ［美］约翰·贝拉米·福斯特：《马克思的生态学——唯物主义与自然》，高等教育出版社2006年版，第11页。

③ ［美］戴维·佩珀：《生态社会主义：从深生态学到社会正义》，山东大学出版社2012年版，第73页。

马克思、恩格斯对生态问题的关注在不同时期侧重点有所不同。① 维兰科特（J.G. Vaillancourt）分析了马克思、恩格斯的一系列著作:《政治经济学手稿》、《资本论》、《反杜林论》和《自然辩证法》。他总结说，马克思和恩格斯是人类的、政治的和社会生态学的先驱。他们的唯物主义使他们敏锐地意识到自然环境作为生产力一部分的重要性，同时，他们的人本主义突出了社会经济对自然的影响。他们赞成在自然界中进行积极的和有计划的干预，但不是对它的自我陶醉和从根本上的非理性破坏。②

马克思在其以伊壁鸠鲁为研究对象的博士论文中，对超自然的、目的论及决定论的原则进行了批判，认为对自然的认识要以自然为依归。③

在《1844年经济学—哲学手稿》中，马克思对人与自然的关系进行了深刻论述。在这部著作中，马克思提出了劳动异化理论。劳动异化包括与劳动对象的异化，与劳动过程的异化，与自己的本质（即人类之所以成为人类的特有的改造世界的创造性活动）的异化，以及与劳动者之间的异化。④ 马克思认为，上述这些异化现象都和人对自然的异化相联系。人类与自然有天然的统一关系，因为人的劳动对象、劳动工具本都是是自然的一部分。但是在资本主义制度下，人与自然的关系异化成为索取与被索取的关系，直接导致了生态环境的恶化。只有消灭资本主义制度，才能消除人与人、人与自然之间的异化问题，实现人同自然界的统一。⑤

在《英国工人阶级状况》一文中，恩格斯则用活生生的事例告诉人们，资本主义生产是如何污染环境并引致公共健康问题的。他通过对人口统计数据的分析，得出死亡率与社会地位成反比关系的结论。他描述道，工人房子的通风不好，毒性物质不能充分流走，燃烧和呼吸产生的碳酸气仍然滞留在房屋中。由于没有垃圾的处理系统，大量垃圾堆积在公寓、院子、街道上，严重污染了水和空

---

① 叶海涛、陈培永:《马克思生态思想的发展轨迹与理论视域》,《云南社会科学》2009年第4期。

② ［美］戴维·佩珀:《生态社会主义：从深生态学到社会正义》，山东大学出版社2012年版，第73—74页。

③ 叶海涛、陈培永:《马克思生态思想的发展轨迹与理论视域》,《云南社会科学》2009年第4期。

④ ［美］约翰·贝拉米·福斯特:《马克思的生态学——唯物主义与自然》，山东大学出版社2012年版，第82页。

⑤ 叶海涛、陈培永:《马克思生态思想的发展轨迹与理论视域》,《云南社会科学》2009年第4期。

气，导致各种疾病的传播，使死亡率高居不下。①

戴维·佩珀评论道，在19世纪和20世纪初的英国，成千上万的人都经历过环境危机。比如，特里塞尔（Tressell）的《衣衫褴褛的慈善家》和格林伍德（Greenwood）的《施舍的爱》等，都在很大程度上是关于环境抗议的书籍，而工会运动在本质上就是一种环境抗议运动。工人阶级为了健康和安全而斗争，实际上就是为了环境而斗争。工会运动对环境质量产生的积极影响远在其他社会运动之上。②

在《关于费尔巴哈的提纲》和《德意志意识形态》中，马克思借助实践唯物主义理论，将人与自然关系的认识提高到一个新的层次。《关于费尔巴哈的提纲》表明，马克思主义哲学视野中的自然，不是外在于人类，与人类活动没有任何联系的自然，而是在人类社会的生产过程中形成的自然，人类生产实践改造的对象。在《德意志意识形态》中，马克思在时间上将自然界区分为人类历史未发生前的自然界和人类社会形成后的自然界。人类社会形成后，通过人类的生产实践活动，自在自然逐渐转化为"人化自然"。③ 显然，只有"人化自然"才是对人类具有实际意义的自然界。

在《共产党宣言》的结尾处，马克思和恩格斯明确地把生态问题看作一个同时超越了资产阶级社会视野和无产阶级运动直接目标的问题，认为需要通过行动来解决自然的异化问题，以便创造一个可持续的社会。从这种意义上讲，他们的分析不仅源于他们的唯物主义历史观，也源于他们更加深刻的唯物主义自然观。它因此为马克思成熟的生态观念的诞生创造了条件。④

马克思在《资本论》中提出了"物质变换"这一重要概念。这一概念包含两层含义：第一层含义是"物质变换"一词在德语里的本来含义，即"新陈代谢"；第二层含义是马克思在原来意义上的创造与引申，指商品的交换过程。在"物质交换"两种含义的基础上，形成了两个循环圈。在自然生态含义的基础上形成了一个生态循环圈；在社会经济含义的基础上，形成了一个商品循环圈。马

---

① ［美］约翰·贝拉米·福斯特:《马克思的生态学——唯物主义与自然》，山东大学出版社2012年版，第122页。

② ［美］戴维·佩珀:《生态社会主义：从深生态学到社会正义》，山东大学出版社2012年版，第75页。

③ 叶海涛、陈培永:《马克思生态思想的发展轨迹与理论视域》，《云南社会科学》2009年第4期。

④ ［美］约翰·贝拉米·福斯特:《马克思的生态学——唯物主义与自然》，山东大学出版社2012年版，第156页。

克思通过严密的分析，将两个圈联系起来。马克思意在说明：生态循环圈出现了危机，原因应该到商品循环圈上去找。在资本主义商品生产过程中，由于剩余价值的存在，违反了归还规律。对剩余价值的攫取导致了资本主义生产唯利是图，最终形成生态问题。所以，要解决生态危机，必须消灭资本主义制度，实行社会主义制度。这样，马克思就把解决生态问题的出路和社会主义前途联系起来。这构成了当代生态社会主义的核心理论和开端。①

马克思将资本主义转变过程中使大部分人们从土地上的脱离视为一个从自然中的脱离与异化，这在很大程度上也是生态中心论的一个推论。资本主义农业代替封建农业，不仅为了追求短期利润而破坏了土地的长期肥沃，而且形成了如下一种心理状况：人们不再欣赏土地与他们每天消费的东西之间的联系，不再把乡村看作是从事生产和存在权力关系的地方，而喜欢通过浪漫眼镜把它当作一个田园风光的所在。② 尽管在马克思看来，自然的价值相对人而言是工具性的，但这种工具性价值不仅意味着经济或物质价值，它还是审美、科学和道德价值的源泉。③

（二）苏俄马克思主义者的生态思想

马克思、恩格斯的生态思想为后来的马克思主义者所进一步继承和发展。在苏俄马克思主义者中，普列汉诺夫、列宁、布哈林等对生态问题给予了关注，他们的著述，进一步丰富了马克思主义生态思想。

普列汉诺夫反复探讨了地理环境在人类历史中的决定作用，在把马克思主义地理环境理论系统化的同时提出了许多独到的见解。普列汉诺夫指出，在一定的生产技术水平下，地理环境对社会发展会产生深刻影响。地理环境直接作用于生产力，通过生产力作用于其他社会因素，影响社会发展。地理环境对社会发生作用的性质、方面、范围、速度、程度等都是由生产力的性质和水平制约的。同样的地理环境，在生产发展的不同阶段上，它所起的作用是不同的。④

---

① 时青昊：《“物质变化”与马克思的生态思想》，《科学社会主义》2007 年第 5 期。

② ［美］戴维·佩珀：《生态社会主义：从深生态学到社会正义》，山东大学出版社 2012 年版，第 85 页。

③ ［美］戴维·佩珀：《生态社会主义：从深生态学到社会正义》，山东大学出版社 2012 年版，第 76 页。

④ 杜秀娟：《马克思主义生态哲学思想历史发展研究》，北京师范大学出版社 2011 年版，第 68—73 页。

列宁对于马克思、恩格斯的生态思想给予过高度重视，列宁坚持马克思恩格斯关于人与自然关系的辩证观点。他指出，外部世界、自然界的规律，乃是人的有目的活动的基础。人类必须认识自然规律，并根据自然规律来进行生产实践活动。①

布哈林进一步发挥了列宁的生态思想。布哈林提出，合乎自然规律的人类生产实践活动，就是要保持社会与自然之间的平衡。布哈林认为，平衡是一种普遍现象，不仅存在于自然界，存在于人类社会，也存在于社会与自然之间。布哈林在讨论"社会与自然之间的平衡"问题时，始终坚持马克思主义关于人与自然的辩证的基本观点。在布哈林看来，人与自然的关系是辩证的，一方面人使自己适应自然界，同时又使这个自然界适应自己。自然界的一部分——环境，即我们这里称之为外部自然界的东西，与另一部分——人类社会相对立。是人的劳动过程把人与自然界结成为统一的整体。尽管在他的自然与社会之间平衡分析中，有时还常常在人类对自然的关系上表现出一个"必胜主义者"的观点，但布哈林还是很好地意识到了人与自然之间在共同进化中的复杂的互反的关系，意识到了生态退化的可能性，批判了那种不考虑自然物理环境之存在的激进的社会建构主义。②

在《哲学的沉思》中，布哈林力图根据辩证唯物主义和科学发展的立场对哲学进行再评价。他的目标是以马克思的实践唯物主义为基础，建构一种在哲学上更先进、更人道的马克思主义，以便超越机械唯物主义中一些不完善的因素，同时为反对唯我论和独裁主义提供武器。布哈林认为，唯物主义的最终基础是在生态学中找到的。③

（三）中国马克思主义者的生态思想

经过中国马克思主义近百年探索，马克思主义生态思想体系臻于完善。中国马克思主义生态思想主要由以下几个方面构成，即毛泽东提出的"绿化祖国"的思想主张，邓小平提出的保护环境的方针政策，江泽民提出的可持续发展战

---

① 杜秀娟:《马克思主义生态哲学思想历史发展研究》，北京师范大学出版社 2011 年版，第 73—74 页。

② 杜秀娟:《马克思主义生态哲学思想历史发展研究》，北京师范大学出版社 2011 年版，第 79—80 页。

③ 杜秀娟:《马克思主义生态哲学思想历史发展研究》，北京师范大学出版社 2011 年版，第 81 页。

略，胡锦涛提出的科学发展观，[①]以及习近平提出的建设“美丽中国”的战略构想。

早在革命战争年代，毛泽东等人就已经认识到生态环境与农业生产的天然联系，认识到生态环境恶化对农业经济的影响，提出要把生态环境保护和建设作为发展农业经济的重要内容。1944年5月，毛泽东在延安大学的开学典礼上指出，要大力植树，改变陕北穷山恶水的面貌。鉴于对黄土高原缺乏植被导致水土流失问题的认识，在新中国成立后，毛泽东就立即发出“植树造林，绿化祖国”的号召。1950年，毛泽东在关于军队参加生产建设工作的指示中要求，必须注意水土保持工作。1955年，毛泽东提出，要从1956年开始，用12年的时间，对祖国的河山实行绿化。[②]

在20世纪60年代特别是在“文化大革命”中，环境问题被忽视。20世纪70年代初，随着环境状况的恶化，环境问题再次引起中央领导的重视。周恩来总理利用各种机会，一再强调环境保护的重大意义。1973年8月5日至20日，第一次全国环境保护会议在北京召开。会议根据周恩来的指示，制定了环境保护的总方针，并通过了保护环境的多条政策措施。[③]

邓小平十分重视生产发展与环境保护之间的紧密关系。他指出，发展农业的同时，不要忘记要保护环境，要及时制止因大面积开荒而破坏植被的传统耕作模式，要科学计量农业开垦与环境成本之间的收支关系，吸收因盲目开发导致生态破坏的深刻教训。1978年邓小平与黑龙江省有关领导人谈话时指出：“韩丁对我国大面积开荒提出过一些宝贵意见，他列举世界上一些国家由于开荒带来风沙等自然环境恶化的例子，推出搞大面积开荒得不偿失，很危险。我看很有道理，开荒要非常慎重。黑龙江本来降雨量就少。你们要搞调查研究，科学地处理这个问题。”邓小平提出要通过植树造林加强我国生态安全，强调要植树造林，绿化祖国。邓小平十分注意旅游业发展中的环境保护问题。1973年邓小平陪同外国领导人参观桂林时，发现桂林的环境污染严重。于是，他告诫桂林领导人，发展生产不能破坏环境。1978年10月，邓小平指出：“桂林漓江的水污染得很厉害，要下决心把它治理好。造成水污染的工厂要关掉。‘桂林山水甲天下’，水不干

① 杜秀娟：《马克思主义生态哲学思想历史发展研究》，北京师范大学出版社2011年版，第156—157页。

② 杜秀娟：《马克思主义生态哲学思想历史发展研究》，北京师范大学出版社2011年版，第125—126页。

③ 杜秀娟：《马克思主义生态哲学思想历史发展研究》，北京师范大学出版社2011年版，第126—127页。

净怎么行？”

邓小平的思想中蕴含着人与自然协调发展的思想。他认为，我国在经济发展中必须保护环境，走人与自然协调发展的道路。他说：“这个事情耽误了，要充分发挥林业的多种效益。”1983年，他在游览杭州时说：“杭州的绿化不错，给美丽的西湖风景添了色。你们一定要保护好西湖名胜，发展旅游业。”

邓小平主张通过转变经济增长方式来解决经济发展与生态保护间的紧张关系。邓小平指出：“重视提高经济效益，不要片面追求产值、产量的增长”。邓小平认为，经济发展不能盲目地关注经济指标，而要注重经济发展的质量和效益，要区分经济发展和经济增长之间的重大差异，深刻揭示如果不提高效益、增产不增收，无疑会给生态环境带来沉重的压力。因此，一定要转变经济的增长方式，着力解决我国生态问题。邓小平特别强调要加强环境保护法制建设。邓小平强调应当建立健全我国的生态立法，同时要做好我国生态法制的普及工作，要加强我国生态法制的执行工作。①

以江泽民为核心的党的第三代中央领导集体，提出可持续发展理论，这是对马克思主义生态理论的创造性发展。江泽民多次强调“在现代化建设中，必须把实现可持续发展作为一个重大战略。要把控制人口、节约资源、保护环境放到重要位置，使人口增长与社会生产力发展相适应，使经济建设与资源、环境相协调，实现良性循环”。江泽民在第四次全国环境保护会议上指出，“环境保护很重要，是关系我国长远发展的全局性战略问题。在社会主义现代化建设中，必须把贯彻实施可持续发展战略始终作为一件大事来抓。可持续发展的思想最早源于环境保护，现在已成为世界许多国家指导经济社会发展的总体战略”。江泽民指出：“实现可持续发展，越来越成为各国推进经济社会发展的战略选择。我国有十二亿多人口，资源相对不足，在发展进程中面临的人口、资源、环境压力越来越大。我们绝不能走人口增长失控、过度消耗资源、破坏生态环境的发展道路，这样的发展不仅不能持久，而且最终会给我们带来很多难以解决的难题。我们既要保持经济持续快速健康发展的良好势头，又要抓紧解决人口、资源、环境工作面临的突出问题，着眼于未来，确保实现可持续发展的目标”。②

2003年10月，党的十六届三中全会提出“坚持以人为本，树立全面、协调、可持续的发展观，促进经济社会和人的全面发展”的科学发展观。党的十八大将科学发展观写入党章，标志着科学发展观正式成为建设中国特色社会主义理论的

① 秦书生等：《邓小平生态思想探析》，《党政干部学刊》2013年第5期。

② 周彦霞、秦书生：《江泽民生态思想探析》，《学术论坛》2012年第9期。

一个重要组成部分。科学发展观蕴含着深厚的生态哲学意蕴，是对马克思主义生态文明理论的继承和创新。首先，科学发展观坚持了马克思主义的以人为本的社会发展取向，摒弃了非人类中心主义的偏见；其次，科学发展观坚持了全面发展，体现了物质文明、政治文明、精神文明和生态文明的统一；第三，科学发展观体现了人与人和谐与人与自然和谐的统一。①

以习近平为核心的新一届领导集体提出保护生态环境，建设美丽中国的战略构想。习近平指出，生态环境保护是功在当代、利在千秋的事业。要清醒认识保护生态环境、治理环境污染的紧迫性和艰巨性，清醒认识加强生态文明建设的重要性和必要性，以对人民群众、对子孙后代高度负责的态度和责任，真正下决心把环境污染治理好、把生态环境建设好，努力走向社会主义生态文明新时代，为人民创造良好生产生活环境。

习近平总书记关于生态文明的论述，主要体现在2013年4月在海南考察、5月在中央政治局第六次集体学习、7月考察湖北等几次讲话中，以及7月总书记向生态文明贵阳国际论坛2013年年会的贺信和9月在访问中亚四国时在纳扎尔巴耶夫大学的演讲等文献中。习近平总书记关于生态文明建设的重要讲话，包括很多重要的论断，形成了一个完整的体系，是我们党关于生态文明建设的最新理论成果，是中国特色社会主义生态文明建设理论的重要组成部分。

一是在生态文明建设和人类文明的发展关系上，习总书记深刻揭示了生态决定文明兴衰的客观规律。他指出，"生态兴则文明兴，生态衰则文明衰"。这一论断是对人类文明史的科学总结。古巴比伦、古埃及、古印度等文明古国无不起源于水量丰沛、森林茂密、生态良好的大河平原，也无不是因为生态遭到严重破坏而导致了文明衰落，或者文明中心的转移。

二是在生态文明与中国梦的关系上，习总书记提出了生态文明是实现中华民族伟大复兴中国梦的重要内容的科学论断。他强调"走向生态文明新时代，建设美丽中国，是实现中华民族伟大复兴的中国梦的重要内容"。这一论断，大大丰富了社会主义现代化的内涵，也丰富了中国梦的内涵。中华民族伟大复兴的中国梦的实现，一定是在社会主义现代化基础上的文明高度进步状态，是既引领人类文明方向，又超越传统中华文明的新的文明发展阶段，是人与自然、人与人、人与社会和谐共生、良性循环、全面发展、持续繁荣为基本宗旨的文化伦理形态与文明进步状态。

---

① 杜秀娟:《马克思主义生态哲学思想历史发展研究》，北京师范大学出版社2011年版，第144—149页。

三是在生态环境与生产力的关系上，习总书记阐述了生态环境就是生产力的战略思想。他强调，保护生态环境就是保护生产力，改善生态环境就是发展生产力。他指出，“在发展中既要金山银山，更要绿水青山，说到底绿水青山是最好的金山银山。”这一论断大大丰富和升华了党关于发展的思想。要求我们在推进发展中，自觉统筹人与自然的和谐发展，把发展与生态保护紧密联系起来，在保护环境的前提下谋发展，在发展的基础上改善生态环境。

四是在生态环境和民生的关系上，习总书记提出了生态环境就是民生福祉的科学论断。他指出，良好生态环境是最公平的公共产品，是最普惠的民生福祉。这一论断既是对生态文明理论和民生理论的创新，又是对人民群众对当前生态环境问题强烈关注的自觉回应。“生态产品是最普惠的民生福祉”理念的提出，已经大大超出了农业文明和工业文明时代的物质主义价值观，不再为单纯的物质追求所束缚，而是更关注当代人之间的公平和当代人与后代人之间的公平。自然界是属于全人类的，当代人及后代人都应公平的享有自然界的资源和环境，共同承担起在生态系统中生存和发展的道德责任，从而创造高度生的态文明。

五是在生态保护的策略上，习总书记强调保护生态环境的根本之策是节约资源。他指出，要大力节约集约利用资源，推动资源利用方式根本转变，加强全过程节约管理，大幅降低能源、水、土地消耗强度，大力发展循环经济，促进生产、流通、消费过程的减量化、再利用、资源化。

六是在生态文明制度上，习总书记提出了法治是生态文明建设根本保障的科学论断。他指出：“只有实行最严格的制度、最严密的法治，才能为生态文明建设提供可靠保障”。同时强调，要用法治的方式建立领导干部责任追究制度，对那些不顾生态环境盲目决策、造成严重后果的人，必须追究其责任，而且应该终身追究。

生态思想作为马克思主义的重要组成部分，贯穿整个马克思主义理论体系。在马克思的时代，生态问题没有像今天这样突出和严峻，但他们仍然以强烈的使命感和前瞻意识关注和研究了这一问题，既唯物又辩证地阐明了人与自然之间的关系、科学地剖析了资本主义社会生态危机的社会根源，提出了人类发展与生态持续相统一的可持续发展观念，并且还从生产方式和社会制度方面提出了解决人与自然矛盾，实现人与自然和谐发展的途径。生态文明理论在马克思主义发展史上薪火相传，直到科学发展观形成和建设美丽中国战略的提出。①

---

① 杜秀娟：《马克思主义生态哲学思想历史发展研究》，北京师范大学出版社2011年版，第156—157页。

综上所述，天人关系是中国古代思想史的一个核心范畴，人与环境关系则是天人关系的一个重要方面。对天人关系的思考铸就了中国古代生态文明思想，其主要内容包括天人合一的生态世界观，民胞物与的生态伦理观，顺应时中的生态实践观。从古希腊直到当代，西方生态文明思想经历了从将人与自然割裂和对立向建立人与自然有机联系的转变，这一思想变迁过程大致可以分为四个阶段，即机械论生态思想形成阶段，浪漫主义生态思想形成阶段，生态伦理学的形成阶段，生态政治学的构建阶段。马克思主义生态文明思想在马克思主义经典著作中已有深刻阐述，此后的马克思主义者对这一问题进行了不懈的探索。以科学发展观和建设美丽中国战略构想的提出为标志，马克思主义生态文明思想体系得以确立。上述三大生态文明思想，各有其生成的历史条件。中国古代生态文明思想产生于前工业化时期的传统农业社会中，其天人合一的思想主张，代表着人与自然关系的一种低水平的均衡。西方生态文明思想也经历了古代向近现代史的转换。尽管从思想史的角度来看，人与自然关系在西方一开始就呈现出不同的特质。不过，人与自然紧张关系是由资本主义生产方式所导致的。进入近代以后，已有一些思想家开始反省西方社会的生态问题，但是，由资本主义发展所导致的生态问题是不可能在资本主义生产方式中得到解决的。

在现代西方社会，人们对生态问题的看法常常各执一端：要么经济一点不增长，要么全面增长；要么人口一点不增加，要么无限制地增加；要么不要市场经济，要么不要计划经济；要么毫无希望，要么全无问题。

马克思主义深入地批判了资本主义生产方式，从而揭示了现代生态问题的根源所在。马克思主义认为，只有改变资本主义生产方式，才能在现代社会建立起人与人、人与自然的理想关系。科学发展观和建设美丽中国战略构想，标志着马克思主义生态文明思想体系的形成。这一思想体系强调，保护生态和发展经济，偏执于任何一端，都是得不到平衡的。只有认真统筹生态保护和经济发展问题，才有前进的可能。

中国特色社会主义生态文明建设必须以马克思主义生态文明思想为指导，对中国古代生态文明思想和西方生态文明思想也要批判继承，兼收并蓄。

第三章　美丽中国：中国特色生态文明理论体系

习近平总书记在2013年8月全国宣传思想工作会议上指出："宣传阐释中国特色，要讲清楚每个国家和民族的历史传统、文化积淀、基本国情不同，其发展道路必然有着自己的特色。"本着这个基本思想，本章首先通过考察中国特色生态文明理论体系的形成过程，揭示出中国特色生态文明理论体系是建立在对中国国情的准确把握，在应对和解决发展不平衡、不可持续问题的基础上，不断概括、总结和完善，逐步形成理论体系；其次通过考察中国特色生态文明理论体系的哲学基础，揭示出中国特色生态文明理论体系是在马克思主义哲学的普遍真理指导下，不断进行实践和理论创新的基础上逐步形成的，具有独特的哲学基础；再次通过考察"两型社会"与中国特色生态文明建设的关系，揭示出中国特色生态文明理论体系，主张以建设资源节约型、环境友好型社会为主题，实现人与自然和谐相处、人与社会和谐发展的目标；最后通过对中国特色生态文明理论体系内容的考察，揭示出建设中国特色生态文明理论体系，必须搞好中国特色社会主义生态精神文明、生态物质文明、生态政治文明和生态和谐社会的建设。通过对以上四个方面的考察，揭示出中国特色生态文明理论体系与西方生态文明理论在历史传统、文化积淀、理论指导、基本国情和主要内容上都有本质的区别。

一、中国特色生态文明理论形成过程

改革开放三十多年来，我党对生态文明理论的探索，经历了一个从尝试、摸索走向成熟、完善的过程。

（一）可持续发展理论：生态文明建设的理论依据

我国常年饱受沙灾、旱灾和水灾的困扰，20世纪80—90年代，随着我国经济迅速发展，生态环境破坏程度较大，“三害”更加突出，对我国生态安全构成了严重威胁，给人民群众的生产生活带来了巨大损失。以江泽民为首的党中央领导集体对生态问题特别重视，先后实施了退耕还林工程和西部大开发战略，并且提出和形成了可持续发展理论。

在实施退耕还林工程的实践中，一方面，通过大力促进绿化工作，极大改善生态环境，树立起生态文明观念；另一方面，通过优化农村产业结构来增加农民收入，实现了生态保护和实现农民增收的“双赢”局面，成为生态文明建设一个有效的和成功的实践活动。

在实施西部大开发战略的实践中，特别强调要从西部比较脆弱的生态环境出发，重点需要解决好发展与保护的关系问题，提出保护和改善生态环境，就是保护和发展生产力的思想，坚持对开发建设进行严格的环境监督管理，走出一条又好又快发展的正路。

同时，我党又借鉴和吸收国际上生态文明理论的合理内核，形成了可持续发展观念。如1980年由世界自然保护联盟、联合国环境规划署、野生动物基金会共同发表的《世界自然保护大纲》提出：“必须研究自然的、社会的、生态的、经济的以及利用自然资源过程中的基本关系，以确保全球的可持续发展。”1987年，世界环境与发展委员会发表题为《我们共同的未来》研究报告，正式提出了“既满足当代人需求，又不对后代人满足其需求能力构成危害的发展”的可持续发展概念。1992年6月，联合国在里约热内卢召开的“环境与发展大会”，通过了《里约环境与发展宣言》、《21世纪议程》等文件，使可持续发展从理念走向战略和实践，并进一步明确了保护自然资源环境为基础，以激励经济发展为条件，以改善和提高人类生活质量为目标的发展理论和战略。

在可持续发展观念的指导下，1992年党的十四大报告深入透彻地分析了人口、资源、环境和经济的关系，要求实现可持续的发展；1994年中国政府发布了《中国21世纪人口、资源、环境与发展白皮书》，从中国具体国情出发，首次把可持续发展战略纳入经济和社会发展的长远规划。1995年，党的十四届五中全会第一次把可持续发展战略纳入《中华人民共和国国民经济和社会发展“九五”计划和2010年远景目标刚要》。1997年，党的十五大报告再次强调可持续发展战略是中国发展的战略选择，要求全党必须深刻认识到“建设和保护良好的生态环境，是功在当代，惠及子孙的伟大事业”，必须把贯彻实施可持续发展战略作为一件大事来抓。

从退耕还林工程，到西部大开发战略，再到可持续发展战略的提出，标志着我党对生态文明理论的认识，实现了从零星到系统、从现象到本质的飞跃。

（二）科学发展观与和谐社会思想：生态文明建设的思想基础

进入新世纪以来，为了彻底解决环境保护与人与社会发展的矛盾，我党在可持续发展理论的基础上，提出了科学发展观与和谐社会的思想，为生态文明理论奠定了思想基础。

2002年中共十六大把“可持续发展能力不断增强，生态环境得到改善，资源利用效率显著提高，促进人与自然和谐，推动整个社会生产发展、生活宽裕、生态良好的文明发展之路”列为全面建设小康社会的四大目标之一，明确将可持续发展能力纳入全面建设小康社会奋斗目标。

在2003年党的十六届三中全会《关于进一步深化经济体制改革的若干问题的决定》中，第一次明确提出了“以人为本、树立全面、协调、可持续的发展观，促进经济社会和人的全面发展”的科学发展观。

2004年9月19日，中国共产党十六届四中全会上正式提出了“构建社会主义和谐社会”的概念。

2006年，党十六届六中全会通过了《中共中央关于构建社会主义和谐社会若干重大问题的决定》，明确指出：“我们要构建的社会主义和谐社会，是在中国特色社会主义道路上，中国共产党领导全体人民共同建设、共同享有的和谐社会。”和谐社会的主要内容包括：“民主法治、公平正义、诚信友爱、充满活力、安定有序、人与自然和谐相处”是和谐社会的主要内容。

科学发展观与和谐社会思想的提出，为生态文明理论奠定了思想基础。

第一，科学发展观与和谐社会所要求的发展，本质上就是追求人与自然和谐发展，也是生态文明理论的核心思想。全面协调可持续发展是科学发展观的基本要求，也就是要实现经济社会又好又快发展。全面，也就是指发展要具有全面性，是系统的发展和整体的发展，而不仅仅只是经济或某个方面的发展；协调，是指发展的协调性和均衡性，也就是要求人与自然、人与社会、人与人之间的发展是和谐的发展，是相互促进的发展；可持续，也就是发展的连续性和持久性。坚持科学发展观与和谐社会，就是要走一条生产发展、生活富裕、生态良好的文明社会发展道路，而这些正是生态文明理论的核心思想。

第二，科学发展观与和谐社会所蕴含的科学精神、原则和方法，为生态文明理论奠定了方法论基础。和谐社会与科学发展观的核心都是要坚持以人为本。以人为本继承和发扬“人民群众是历史的创造者”这个唯物史观的基本原理，强调“一切依靠人民，一切为了人民，发展的成果由人民共享”。把依靠人民当作发展的主体力量，尊重人民的主体地位，发挥人民的首创精神，调动人民生产的积极性、主动性和创造性；把为了人民作为发展的根本目的，切实实现好、维护好、发展好最广大人民的根本利益作为党和国家一切工作的出发点和落脚点；要让人民来共享发展的成果，追求共同富裕，促进人的自由而全面发展，这些也是生态文明理论的基本要求所在。

第三，科学发展观与和谐社会也指明了中国生态文明建设的基本路径，即主要依靠自己的力量推进生态文明建设，立足本国国情发展和完善生态文明理论。和谐社会与科学发展观都强调要通过自主创新、充分培育和发挥国内市场来实现发展，为中国生态文明建设指明了方向。即不能走西方某些大国依靠对外生态扩张和生态输出来保护国内生态环境的路径，而是要立足于中国特殊的自然生态环境、人口素质状况、经济文化发展水平和社会政治条件，建设具有中国特色的生态文明；同时要把建设社会主义生态文明的目标，与社会主义现代化建设的其他远景发展目标有机地结合起来，使得生态文明的建设与小康社会、和谐社会、节约型社会的建设有机地整合起来，互相协调，整体推进。

（三）中国特色生态文明理论的初步形成

2007年，党的十七大报告中第一次提出了生态文明命题，把“建设生态文明”作为中国实现全面建设小康社会奋斗目标的新要求之一，并明确提出：“建设生态文明，基本形成节约能源资源和保护生态环境的产业结构、增长方式、消费方式；循环经济形成较大规模，可再生能源比重显著上升；主要污染物排放得到有效控制，生态环境质量明显改善；生态文明观念在全社会牢固树立。”

一是明确了生态文明的基本内涵，即遵循人与自然和谐发展规律，推进人与自然、人与人和谐共生与共同可持续发为基本宗旨的文明形态。生态文明命题的正式提出，是党在执政理念、执政方法、执政模式上的跨越式进步，在党对生态文明建设的探索中具有里程碑的意义。

二是明确了生态文明建设的目标，深化了我们对科学发展观与和谐社会的理解，从理论上基本理清生态不和谐现象及其根源，使我们对和谐社会建设有了较为全面而深入的认识和把握，对构建和谐社会的制度有了更明确的启示。

三是明确了生态文明观念在全社会牢固树立的基本路径。胡锦涛总书记2012年7月在省部级主要领导干部专题研讨班开班式上的重要讲话中指出："推进生态文明建设，是涉及生产方式和生活方式根本性变革的战略任务，必须把生态文明建设的理念、原则、目标等深刻融入和全面贯穿到我国经济、政治、文化、社会建设的各方面和全过程。"建设生态文明关系到中华民族的根本利益、长远利益和全局利益，是中国特色社会主义事业总体布局的重大战略决策。对生态文明建设的基本内涵和基本要求进行了科学界定，明确了建设的目标和基本路径，标志着生态文明建设理论的提出和初步形成。

党的十七大报告明确指出建设生态文明的目标，经由建设"资源节约型、环境友好型社会"的"两型"社会试验示范实践，体现可持续发展战略的新理念，包括生态文明、和谐社会，低碳发展、循环发展和绿色发展的理念逐渐深入人心，不断地被地方政府、企业和公众接受，"两型社会"成为中国特色生态文明建设的主题。

党的十八大报告及十八大党章修正案从治国理政的理念和国家建设与发展的理论与实践需求出发，再次与时俱进地将生态文明建设纳入中国特色社会主义事业"五位一体"的总体布局中。"五位一体"战略总布局是相辅相成的有机整体，要求把生态文明建设的理念、原则和目标深刻融入和贯穿到经济、政治、文化、社会建设的每个方面和全过程，实现全面推进现代化进程，努力建设美丽中国，实现中华民族永续发展的奋斗目标。

十八大报告首次独立成篇集中论述生态文明建设，同时将其写入《党章》，强调把生态文明建设放在突出地位，使生态文明建设的地位更加凸显；这是对中国特色社会主义理论体系的进一步深化，对中国特色社会主义"五位一体"总体布局的进一步拓展，对生态文明建设的认识更加全面；从产业结构、增长方式和消费方式等发展到"生态经济、生态政治、生态文化和生态社会建设的全过程等"，建设生态文明的路径更加清晰，标志着对我党对生态文明建设理论的全面深化。

党的十八届三中全会进一步认识到，建设生态文明，必须建立系统完整的生态文明制度体制，用制度保护生态环境。这次会议提出，紧紧围绕建设美丽中国深化生态文明体制改革，加快建立生态文明制度，尤其要健全自然资源资产产权制度和用途管制制度，划定生态保护红线，实行资源有偿使用制度和生态补偿制度，进一步丰富和完善了生态文明理论的内涵。

二、中国特色生态文明理论哲学基础

任何理论体系都可以找到其哲学基础，中国特色生态文明理论也是在马克思主义哲学的指导下形成和建立起来的，辩证唯物主义和历史唯物主义就是中国特色生态文明理论的哲学基础，唯心主义、形而上学是导致生态破坏的罪魁祸首。

（一）世界观和方法论基础

世界观是人们对世界总的根本的看法，方法论是人们认识世界、改造世界的一般方法。辩证唯物主义的世界观和方法论要求中国特色生态文明建设理论，一是必须从实际出发，立足于中国国情，既不照搬照抄西方的生态文明建设理论，也不脱离实际，打造“空中楼阁”；二是辩证看待人与自然的关系，既要促进人类社会的进步与发展，又要注重人与自然的和谐；三是充分尊重自然规律，在正确认识和把握生态文明建设规律的前提下，按规律办事；四是用全面和系统的眼光认识人与自然的关系，形成解决实际问题的一系列科学方法。

综观人类文明发展史，人对自然及其规律的认知，经历了农业文明、工业文明和现代生态文明 3 个时期。

在农业文明时期，由于人们生产力水平和科技水平都很低，对自然和自然规律的认识只停留在直观的、经验的、启蒙的程度，盲目地崇拜自然、敬畏自然，主张顺天应时，春耕秋收，日出而作，日落而息。虽然人类为了自身的生存与发展，开始了大面积开荒屯田等征服和改造自然的过程，引发了自然界以旱灾、涝灾、山洪、风沙等形式对人类进行了报复，但从总体上而言，并没有对人类造成毁灭性打击。这个阶段只是人对自然规律的自发认识和运用阶段，人们处于只是被动地依赖自然、畏惧自然，受自然规律支配的自发阶段。在这个时期，人们对自然的破坏非常微弱，处于能够顺应自然，但人的自我意识和自我解放都还处于萌芽时期的人与自然关系的肯定阶段。

在工业文明时期，由于生产力和科技水平的巨大解放，人们对自然的改造能力被迅速释放，极大地刺激了人的征服自然的欲望和扩张了人改造自然的能力，开始对自然资源、能源毁灭性的开发。随着物质财富的不断创造和增加，人的能力和作用被无限膨胀，认为人可以通过自己的力量来征服自然，甚至认为可以利用各种科技手段来改变自然规律，达到任意支配自然的目的。这种观念导致人们对自然规律长期漠视，对自然界进行无穷无尽的掠夺，导致大量生物在地球上绝迹，生物链遭到严重破坏；自然环境遭到严重污染，各种与人们生活密切相关的自然资源面临枯竭的危险；日益膨胀的世界人口等严重后果。出现了全球性的人口危机、资源危机、能源危机、环境危机等等，使人类处于生死存亡的紧急关头。这个阶段是人片面夸大自身能力，违背自然规律的阶段，成为人类征服自然、背离自然的人与自然关系的否定阶段。

为了从根本上解决这些全球遇到的普遍性问题，迫使人类重新审视人与自然的关系。20 世纪 50 年代起，人们深刻反思“黄色文明”（农业文明）、“黑色文明”（工业文明）给自然环境带来了极大的破坏，为了缓和这种人与自然的紧张关系，进行了各种实验的尝试：掀起了以保护环境为主题的“绿色运动”，呼唤保护植被、耕地、空气和水资源，倡导“农、林、牧、副、渔”综合发展的生态农业，为生态文明的兴起奠定了深厚的实践基础。同时，生态科学与环境科学飞速发展，为生态文明的建立作了大量的科学和理论准备。在这种实践和理论的充分准备的前提下，形成了生态文明思想，使人们越来越清楚认识到，必须在自觉认识和尊重自然规律的基础上，打破“人类中心主义”和“自然中心主义”的藩篱，协调自然与社会的关系，追求和谐发展。

生态文明是人们在改造客观物质世界的同时，不断地认识和尊重自然规律，积极改善和优化人与自然、人与人的关系，充分顺应和利用自然规律，遵循人、自然与社会和谐发展的客观规律而取得的物质、精神和制度成果的总和；是以尊重自然为前提，以人与人、人与自然、人与社会和谐共生、良性循环、全面发展、持续繁荣为基本宗旨的文化伦理形态。

生态文明阶段，处于人们对自然规律认识的自觉时期，要求适应自然、保护自然，是人与自然关系的否定之否定阶段，实现了对自然规律由自发到自觉认识，由被动适应到主动利用的质的飞跃。

中国特色生态文明理论，就是在树立了对自然规律的自觉认识和尊重的世界观和方法论的基础上提出的。尊重自然，就是要强调自然与人处于对等的地位，在处理人与自然的关系时，既不把人的主体性绝对化，不能够违背自然规律；也不无限夸大自然对人的控制性，认为自然规律是神秘的，不可认识和利用的。而是以认识和把握自然规律为前提，尊重资源环境的承载能力，转变经济发展方式，追求人与自然、环境与经济、人与社会和谐共生，建设资源节约型、环境友好型社会。

（二）认识论基础

实践与认识的辩证关系，为中国特色生态文明理论提供了认识论指导。实践决定认识，认识反作用于实践，不仅是辩证唯物主义认识论的基本观点，也为中国特色生态文明理论提供了认识论的指导。无论是在农业文明时期，还是在工业文明时期，都是由于认识与实践相背离，认识严重脱离实践，导致人在自然面前要么妄自菲薄，要么妄自尊大。生态文明理论则要求把认识与实践有机结合起来，要求顺应自然，一方面强调人类在活动中要正确认识和运用自然规律，受自然规律的支配；另一方面，人应在按自然规律办事的前提下充分发挥主观能动性和创造性，合理有效地利用自然，达到认识与实践的高度统一。

工业文明时期，由于人们片面夸大人在自然和社会发展中的主导作用，产生了严重的资源危机、环境危机和人口危机。在各种严重的危机挑战下，一是出现了悲观主义思想，他们认为人类之所以出现这样严重的危机，就是因为人类的认识能力是有限的，不可能认识和把握自然的本质和内在规律，也不可能靠自己的力量扭转形势，化解危机。二是出现了盲目乐观主义思想，认为人类可以依靠科技的力量，可以依靠人类本身的能力解决所有问题。其实，无论是悲观主义思想，还是盲目乐观主义思想，其错误实质都在于没有实现认识与实践的有机统一。悲观主义夸大了问题的严重性，忽略了人的主观能动性，轻视正确思想的指导性；盲目乐观主义则夸大了人的作用，忽视了问题的严重性。

我国经过30多年持续快速发展，也是由于认识与实践出现了严重偏差，出现了片面追求经济利益、忽视社会利益，片面追求局部利益、忽视整体利益，片面追求眼前利益、忽视长远利益的发展观，导致目前我国生态环境面临着严峻的形势：一是生态环境脆弱，由于过度砍伐和发展畜牧业，导致森林覆盖率不高，草地退化，土地沙化速度加快，水土流失严重，直接引发各种水灾、旱灾等自然灾害；二是空气、耕地和水源污染严重，直接影响到人民生活的安全问题；三是人口数量基数大，受教育程度低，日益老龄化等问题形势严峻；四是资源尤其是能源危机凸显，关系到国计民生的重要资源人均占有量低，资源消耗大等等。

面对这样的形势，只有明确生态文明建设的战略地位，树立尊重自然、顺应自然、保护自然的生态文明理念，才能建设美丽中国，实现中华民族永续发展。从明确推进经济、政治、文化建设，到强调加强社会建设，再到提出生态文明建设，表明我们党对社会主义建设规律在实践和认识上的不断深化。深刻把握五位一体总布局，当代中国必定会得到全面发展、全面进步，中国特色社会主义事业必定会展现新的勃勃生机。

从国际和国内两个方面的经验上看，所有生态问题的出现都是由于认识上出现了错误，导致实践中出现了严重危机。因此，要克服这种由于认识上的错误而产生的生态危机，必须坚持以辩证唯物主义认识论为指导，在顺应自然的前提下，充分发挥人的主观能动作用，正确运用现代科学技术来解决生态问题。生态问题的根本解决，只能依靠实践与认识、科学的结合，两者的分离是一条死路。

（三）价值观和道德观基础

价值观是社会成员用来评价行为、事物以及从各种可能的目标中选择自己合意目标的准则。价值观通过人们的行为取向及对事物的评价、态度反映出来，是世界观的核心，是驱使人们行为的内部动力。它支配和调节一切社会行为，涉及社会生活的各个领域。

人类中心主义把人视为自然界最高主宰，把人的利益和需求作为衡量自然万物的根本价值尺度，疯狂地进行毁灭性的开发和利用自然资源，以满足人们日益增长的物质需求。随着科学技术的日益发展，人类对自然破坏能力的逐步加强，对大自然不计后果的开发和掠夺，导致严重的资源短缺和环境污染，引发严重的生态问题。

作为与人类中心主义相对立的价值观，自然中心主义认为人类中心主义是生态问题产生的价值根源，要求承认自然的内在价值，主张“动物解放论和动物权利论”、“生物中心论”，“生态中心主义”等等，强调自然界是一个相互依赖的系统，所有有机个体都是生命的目的和中心，表明人类生态意识的觉醒，引发了对人与自然关系的新的价值思考。但是，自然中心主义把人和动物完全等同，忽视和贬低了人的社会性和能动性，没有看到人才是保护生态平衡与环境优化的主体和主导力量。

所以，人类中心主义和自然中心主义都只看到人与自然的某个侧面的地位和作用，都存在着形而上学的片面性，不能成为解决生态问题的价值导向。

马克思认为，由于人具有主体性和主观能动性，在改造和利用自然实现人的目的和满足人的欲望时，如果能够按规律办事，合乎自然的要求，就能够实现人与自然和谐发展；如果人的欲望无限膨胀，一旦超出了自然界的承受能力，就会遭到自然规律的惩罚。必须严格限制欲望的非理性和尤其导致对自然的破坏性。

恩格斯也指出：“动物仅仅利用外部自然界，简单地通过自身的存在在自然界中引起变化；而人则通过他所作出的改变来使自然界为自己的目的服务，来支配自然界。”恩格斯接着说：“但是我们不要过分陶醉于我们人类对自然界的胜利。对于每一次这样的胜利，自然界都对我们进行报复。每一次胜利，起初确实取得了我们预期的结果，但往后和再往后却发生完全不同的、出乎预料的影响，常常把最初的结果又取消了。”①

中国特色生态文明理论的生态价值观，就是一种在尊重自然、爱护生态、保护环境的基础上发展社会生产力，满足人的需要，实现人与自然协调和谐的发展观。它是在继承了人类中心主义肯定人的物质文化生活需要，强调主体能动性、创造性的发挥等合理因素，批判其否定自然规律，不重视自然环境和资源对人的活动的限制性等不合理性因素；同时继承生态中心主义强调自然和环境的重要作用，批判其否定人的活动尤其是社会生产力决定作用的错误观点，建立人与自然和谐发展的价值观。

中国特色生态文明价值观，要求我们在价值取向上，必须树立符合自然生态规律的价值需求、价值规范和价值目标；在生产方式上，转变高投入、高消耗、高污染，低产出、低效益、低质量的传统工业化生产方式，使生态产业在产业结构中居于主导地位，以生态技术为基础实现社会物质生产的生态化；在生活方式上，倡导科学、合理、适度消费，大力促进节能减排，使绿色消费成为人类生活的新目标、新时尚；在社会层面上，使生态建设渗入到经济建设、政治建设、文化建设和社会建设之中，实现人类与自然更加和谐发展。生态价值观的提出，意味着我国的经济建设进入了一个崭新的阶段和境界，所谓发展，已经不是过去所讲单纯的经济发展，单纯国内生产总值的增加，而是指包括生态环境的“绿色发展”，是“金山银山”与“清山秀水”相统一的可持续发展，是经济、政治、社会、文化与生态“五位一体”的综合发展。

价值观决定着道德观，道德观是价值观的重要表现。受生态价值观的决定，生态道德观是人在对自然界的行为中应该遵守的基本行为准则。它是规范人与自然关系，使人类学会尊重自然、善待自然，自觉充当维护自然稳定与和谐的调节者，中国特色生态文明理论追求的是生态和谐论的道德观。

从现阶段而言，生态道德观必须奉行尊重自然、顺应自然、保护自然的原则。

一是尊重自然，就是要求就是要重新审视人与自然的关系，在发展理念上牢固树立人与自然对等互惠的思想。人是自然之子，要对自然保持必要的尊重，

① 《马克思恩格斯选集》第4卷，人民出版社1995年版，第383页。

既不能走向人与自然的尖锐对立，更不能肆无忌惮地把自己凌驾在自然之上，任意索取和掠夺，强调地球生物、生态和环境多样性的平衡关系应该受到最大程度的保护，神圣不可侵犯。

二是顺应自然，就是要正确认识理论与实践的关系，认为人与自然和谐是人类生存和发展的前提条件，要求在发展决策上恪守遵循和顺应自然规律的方针。在决策中尊重自然规律，按规律办事，反对一切违背规律的举动和行为，使人的实践活动具有可持续性。

三是保护自然，要求在发展中，维护和优化自然环境，保持生态平衡，彻底抛弃重经济轻环境、重增长轻保护的“先污染后治理”发展模式。只有通过保护环境，才能为人类经济和社会发展提供优美环境、广阔空间和强大资源基础。

三、“两型社会”：中国特色生态文明理论体系的主题

建设资源节约型、环境友好型社会，是中国特色生态文明理论体系的主题，是实现人与自然和谐相处、人与社会和谐发展目标的主要方法和途径。

（一）什么是“两型社会”

改革开放以来，我国经济社会发展取得了举世瞩目的成就，连续 32 年的年均经济增长速度接近 10%。但是，经济的快速发展也付出了资源环境遭到严重破坏的极其昂贵的代价。如果再不改变经济发展方式，还按原来的老路继续走下去，已经恶化了的生态环境和严重短缺的资源，越来越会严重制约经济发展和社会进步。也就是说，资源环境问题已经成为经济社会健康发展的瓶颈约束。建设资源节约型、环境友好型社会，成为现实发展的必然要求，是中国特色生态文明理论的主题。

“两型社会”是指资源节约型、环境友好型社会。节约，具有节减、节省、简约之义。节约不是简单的抵制或限制消费，而是提倡健康消费、文明消费。资源节约型社会就是要反对资源浪费、资源过度使用，节约资源是建设节约型社会的核心，它包括形成资源节约型主体、观念，建立资源节约型制度、体制和机制等，具体而言，就是要做好深化经济体制改革、完善产权制度、加快国家创新体系建设、实施可持续发展战略、发展循环经济、加强法制建设等方面工作。资源节约型社会是指整个社会经济的发展必须建立在节约资源的基础上，即在生产、

交换、流通和消费等各领域各环节，通过不断提高节约意识和理念，不断加强和提高环境保护技术，采取法律监督、经济调节和行政监管等具体方法，建立系统完整的生态文明制度体制，用制度保护生态环境，最终实现经济发展、社会进步、资源节约、环境优美有机统一。友好，具有亲近、协调、和谐的意思。环境友好主要强调实现人、社会与自然、生态、环境的良性互动。环境友好型社会是一种人与自然和谐共生的社会形态，其核心内涵是生产和消费活动要保持自然生态系统协调可持续发展。

“两型社会”具有协调性、整体性、复杂性和创新性的特征。

协调性。倡导“两型社会”建设的目的就是要促进人与自然协调发展，在充分认识和把握自然规律的基础上，合理有效地开发和利用自然资源，在自然资源可以承担的前提下，满足人的物质需求和社会发展需要；在这个基础上，还要促进人与人之间的协调发展，更加注重公平和正义，协调好各个阶级和各个阶层的利益关系，共同关心和爱护自然界，珍惜自然资源，防止各种奢靡性、炫耀性消费，杜绝浪费。

整体性。环境保护问题，不仅仅是单纯的自然问题，还涉及资源运用的合理不合理，经济不经济的经济问题；涉及要在全社会大力倡导节约、环保、文明的生产方式和消费模式，让节约资源、保护环境成为每个社会成员的自觉行动的社会问题；涉及为了保证经济“又好又快”的发展，国家经济结构要面临着从过去那种“高投入、高能耗、高污染、低产出”的模式向“低投入、低能耗、低污染、高产出”转变的政治问题；涉及对资源保护和合理运用的思想观念和文化熏陶的文化问题；涉及如何推进无污染或低污染技术、工艺等技术问题等等。这些问题相互交叉，盘根错节，相互渗透，相互影响，牵一发而动全身，形成一个整体性的特征。

复杂性。“两型社会”的整体性特征决定其又具有复杂性的特征。从主体角度上看，涉及政府、企业、经济组织、社会组织、个人等广大公众广泛参与的活动，由于利益关系，这些主体的立场、观点和方法还处于不断变化甚至是对立状态，如果不涉及自身利益，各个主体原则上是赞成“两型社会”建设的，而一旦涉及自身利益，观点会马上发生变化。从客体角度上看，就更是复杂，可以包含生活的方方面面。“两型社会”复杂性的特征，决定了“两型社会”的建设必须要统筹谋划，精心设计，满足大多数人的利益，得到多数人的支持。

创新性。“两型社会”要求摒弃传统的高耗能、自然资源高消耗的生产模式，摒弃浪费性消费的生活方式，需要通过观念创新、制度创新、技术创新和文化创新来促进经济社会协调发展。

“两型社会”四性特征决定了它的建设必须以自然资源承载力为基础，以保护环境为前提，以适应自然规律为总要求，以充分发挥人的主观能动性为重要抓手，保持人与自然、人与社会、人与人之间和谐相处，推动整个社会走上生产发展、生活富裕、生态环境良好的文明发展道路。

（二）生态文明理论体系的主题

首先，“两型社会”是生态文明理论体系的本质特征。生态文明是对农业文明和工业文明的否定之否定阶段，一方面，继承和发扬工业文明为人类创造大量社会财富、促进生产力极大解放和快速进步的优势；另一方面，采取有效措施，克服和避免工业文明为人类带来的诸如环境污染、资源短缺、能源和生态危机等日益严重的全球性问题。建设“两型社会”，就是要求人类在发展中摒弃传统的以大量能源和资源消耗、以环境破坏为代价的发展，选择人口、环境、经济、社会可持续协调发展的战略。因此，“两型社会”是超越工业文明的新型文明境界，是生态文明建设的必然选择，也是全人类智慧的结晶。

其次，“两型社会”是生态文明理论体系的具体形态。生态文明理论体系主要是透视环境问题背后起决定意义和作用的深刻的经济、社会和文化根源，揭示出环境问题是一个涉及多层面、多维度、多因素、非线性的复杂问题，既是自然的问题，也是经济问题、社会问题和政治问题，又是技术问题和文化观念问题，因此解决环境问题，不能采取传统的线性思维。建设“两型社会”为全面解决资源环境问题提供了一个综合平台，也提供了一个从经济、政治、文化和技术等多角度解决问题的系统方法。

再次，“两型社会”是生态文明理论体系的重要实现形式。从生态文明建设理论的核心命题——处理好两大关系看。处理好人和自然的关系、协调好人与人之间的关系，既是生态文明建设理论的核心命题，也是两型社会建设的理论与实践要解决的问题。

从人与自然的角度上看，“两型社会”建设既要必须坚持发展是第一要务的指导思想，充分顺应和利用自然，大力发展生产力，又要保持生态平衡，注意合理利用资源，即要妥善处理好“实现什么样的发展、怎样发展”和“需要什么样的环保、怎样环保”这两大问题的关系。一方面坚定不移地走生产发展、生活富裕、生态良好的文明发展道路，使经济社会发展与资源环境相协调，使人民在良好生态环境中生产生活，实现经济社会永续发展。另一方面不断加强环境保护，改善生态，为子孙后代留下一片蓝天白云。

从人与人的关系上看，“两型社会”建设必须坚持以人为本的价值观。真正做到发展为了人民，发展依靠人民，发展成果由人民共享，让“两型社会”由人民共建，为人民共享。

最后，“两型社会”建设是践行生态文明理论体系的有效途径。坚持节约资源和保护环境的基本国策、建设“两型”社会，是党中央从我国国情出发提出的一项重大的战略决策，是优化产业结构、转变现有经济发展方式的必然要求，是落实科学发展观和推进生态文明建设、实现社会和谐的重要举措和实践形式。如果说生态文明是一种促进社会全面进步的新理念、新观念，是一种远大的目标和理想，“两型社会”则是现阶段我们建设生态文明的必然结果和外在体现，是具体的实现方式和形态。实际上，生态文明理念具体在生产体系、生活体系、经济体系、技术体系、金融贸易体系、分配体系和民主体系等方面的不断展开就是实现“两型社会”的过程。要坚持在发展中保护、在保护中发展的指导思想，遵循代价小、效益好、排放低、可持续的基本要求，形成节约环保的空间格局、产业结构、生产方式、生活方式，推进环境保护与经济发展的协调融合。

（三）中国特色生态文明建设的根本途径

加强“两型社会”建设，核心就是要促进绿色发展、循环发展和低碳发展，这是彻底解决生态问题、缓解资源短缺、消除环境污染的有效方法，是保障人民群众生态安全的根本举措，因而是中国特色生态文明建设的根本途径。

一是绿色发展。绿色发展是2002年联合国开发计划署在《2002年中国人类发展报告：让绿色发展成为一种选择》中首先提出来的。这一报告阐述了中国在面对资源、能源日益短缺带来的严峻挑战面前，选择通过绿色发展来达到节约资源、充分利用能源的目的。由于资源短缺、能源危机已经成为全球性的课题，因此，中国对绿色发展的选择得到世界的关注。从内涵看，绿色发展是建立在工业文明发展基础上的一种全新模式的创新，是建立在生态环境容量和资源承载力的约束条件下，将环境保护作为实现可持续发展重要支柱的一种新型发展模式。具体来说包括几个要点：一是将环境资源作为社会经济发展的内在要素；二是把实现经济、社会和环境的可持续发展作为绿色发展的目标；三是把经济活动过程和结果的“绿色化”、“生态化”作为绿色发展的主要内容和途径。也就是大力发展低消耗、低排放、低污染；高效率、高效益、高循环或者高碳汇的产业。

二是循环发展。循环发展就是通过发展先进技术，提高资源利用效率，加大科研力度，变废为宝、化害为利，少排或不排放污染物，力争做到“吃干榨净”。循环经济要求我们采取循环经济发展模式，严格控制和充分利用能源资源，把经济活动对自然环境的影响降低到最低程度。具体而言，实现循环发展，核心就是要夯实生态经济基础，坚持“减量化、再利用、资源化”原则，发展生产力，促进社会进步。“减量化”原则，就是要求用通过提高技术水平、加强节约意识等方法，尽可能减少原料和能源投入，达到既定生产目的或消费目的，实现从经济活动的源头就节约资源和减少污染。在产品的生产中，减量化原则常常表现为要求产品在不削减产品功能的前提下实现小型化或轻型化；在产品的包装上，追求简单实用而不是奢华复杂；在产品的质量上，追求更耐用更环保，达到尽可能减少废弃物的产生和污染排放的目的，减量化是从源头上防止和减少污染的重要途径。针对我国现阶段能耗物耗过高，减量化潜力很大的特点，循环发展特别强调减量化，强调资源的高效利用和节约使用。在政策层面，国家出台了各种政策和鼓励、约束措施，加强对主要工业行业和重点企业的监管，明确提出节能减排的刚性要求；在法律层面，制定实施相关法律法规，大力发展循环经济；在政府工作层面，加大了对环境保护、节能减排的考核力度，形成推进循环经济发展的整体合力。“再利用”原则，就是要求在生产与消费过程中，尽可能多次以及尽可能以多种方式使用物品，以防止物品过早成为垃圾。要求尽可能少用或不用一次性用品；在产品及其包装的设计方面，尽可能考虑一物多用；要求制造商尽量延长产品的使用期，而不是为了追求利润不断更新换代，还要求制造商尽可能把废弃物品返回工厂，作为原材料融入到新产品生产之中，旨在提高资源的利用效率。“资源化原则”，就是我们通常所说的废品的回收利用和废物的综合利用。资源化能够减少垃圾的产生，制成使用能源较少的新产品。2008 年 8 月中华人民共和国全国人民代表大会常务委员会通过的《中华人民共和国循环经济促进法》规定，“县级以上人民政府应当统筹规划建设城乡生活垃圾分类收集和资源化利用设施，建立和完善分类收集和资源化利用体系，提高生活垃圾资源化率。”“县级以上人民政府应当支持企业建设污泥资源化利用和处置设施，提高污泥综合利用水平，防止产生再次污染。”

三是低碳发展。低碳发展是以低碳排放为主要特征的发展，核心是能源技术和减排技术创新、产业结构和制度创新以及人类生存发展观念的根本性转变。低碳发展的基本特点有：第一，在经济发展过程中要降低能耗和减少污染物排放，实现低能耗、低排放、低污染；第二，不断低碳提高技术创新，在保持经济增长的同时，提高能源效率，减少废气排放；第三，注重开发与利用新型清洁的可再生能源；第四，围绕低碳技术创新与发展新型清洁能源进行相关制度创新与法律体系建设。因此，低碳发展的主要途径：一是通过提高能效、发展可再生能源和清洁能源等各种节能手段，通过增加森林碳汇，降低能耗强度和碳强度等等方法，保证能源可持续发展，把能源消费引起的气候变化限制在可控范围之内。二是建立以低碳为特征的工业、能源、交通等产业体系和消费模式，有效控制温室气体排放，改善环境质量，促进经济社会可持续发展。

只有紧紧围绕“两型社会”建设中国特色生态文明理论的主题，不断促进绿色发展、循环发展和低碳发展，才能实现又好又快发展。

四、中国特色生态文明理论主要内容

生态文明内涵具有狭义和广义之别。狭义的生态文明主要从经济方面进行揭示，是指人与物的共生共荣、人与自然协调发展的文明，其核心是统筹人与自然的和谐发展，把发展与生态保护紧密联系起来，在保护生态环境的前提下谋发展，在发展的基础上改善生态环境。广义的生态文明主要从社会发展的综合因素进行揭示，是指人类遵循人、自然、社会和谐发展这一客观规律而取得的物质与精神成果的总和，是指人与自然、人与人、人与社会和谐共生、良性循环、全面发展、持续繁荣为基本宗旨的文化伦理形态与文明进步状态。推进生态文明建设，必须自觉地把生态文明的基本理念、原则、目标深刻融入和全面贯彻到经济、政治、文化、社会建设的各方面和全过程，着力推进绿色发展、循环发展、低碳发展，为人民创造良好生产生活环境。

（一）中国特色社会主义生态精神文明

精神文明是人类在改造主观世界和客观世界的过程中所获得的关于精神成果的总和。这种精神成果突出表现在人类智慧与道德的进步状态。

社会主义精神文明以马克思主义作为指导，在社会主义制度的条件下形成的，它是社会主义现代化建设的重要特征和重要目标，包括教育科学文化建设和思想道德文化建设，体现在社会、生活、政治、经济、文化等方面，渗透在社会主义的建设之中。

从理论层面上看，中国特色社会主义生态精神文明建设解决的是社会思想、文化领域中存在的问题，即生态建设中需要有正确的生态文化指引，需要凝聚民族精神和民族力量，树立和谐的生态观；需要建立和加强生态思想道德建设，树立正确的生态价值和道德评价标准，规范人们的行为；需要加强科学、文化建设，充分利用科学技术的不断进步，促进中国生态社会建设。中国特色社会主义生态精神文明思想的提出，为生态文明建设奠定了良好的思想基础和正确的行动指南。

首先是树立生态文明价值理念，从价值导向上促使人们思想观念的转变。倡导生态精神文明，必须改变经济利益至上，物质享受优先的片面观念，不能把物质消费的多寡看成衡量生活质量高低的最重要指标甚至唯一指标，正确认识和全面把握高质量生活的内涵，提倡尊重自然、认知自然价值，建立人与自然和谐相处、人自身全面发展的文化与氛围，倡导有利于健康、亲近自然、丰富的精神文化生活。

其次，加强生态文明教育培训，促使人们思想观念的转变。应该着力培育和倡导生态价值观和道德观，把人类的价值和道德关怀覆盖到大自然和生物界，从中华传统文化和西方生态理论中汲取尊重自然、善待自然的精华思想，正确看待人与自然的关系，把生态教育放在核心地位，贯穿于全民教育和终生教育，倡导生态良心、生态正义和生态义务，把生态意识上升为全民意识。

第三，构建生态文明传播体系，将生态文明融入精神文明建设之中，引导人们树立生态文明观念，培养和提高人们的生态道德素质，把生态文明观念融进民族精神和时代精神中，融进党风政风和民风民俗中，努力在全社会形成积极建设生态文明的良好氛围，为建设生态文明提供理论支撑、精神动力、文化条件和智力支持。

最后，养成生态文明生活方式，努力推进消费和生产的可持续性，使人的需求与自然承受力相匹配。从消费角度上，要充分发挥生态文化对人们思想的警示、引导和激励作用，从自己做起，从小事做起，杜绝铺张浪费、过度消费尤其是奢侈消费，培养节能环保的生态意识和生态行为；从生产方面而言，无论是产品设计，还是生产、流通环节，一直到最后回收、循环再利用，都应严格贯穿生态意识，保护环境。

（二）中国特色社会主义生态物质文明

物质文明是人们改造自然界的物质成果，主要表现为物质生产的进步和物质生活的改善。物质文明建设解决的是社会经济领域中存在的问题，即生产力与生产关系发展中存在的问题，从而推动经济又好又快发展。

中国特色社会主义物质文明建设，就是要把生态文明、生态建设、生态安全等一系列问题融入到社会主义物质文明建设当中去，让物质文明建设不再仅仅是物质的数量的增加，更是物质生产过程和结果的质量的提升。

中国特色社会主义生态物质文明建设，就是要致力于减缓直至消除经济活动对大自然的自身稳定与和谐构成的任何威胁，逐步形成与生态相协调的生产方式、产业结构和消费模式等。

首先，中国特色社会主义生态物质文明建设，就是要通过优化国土空间布局格局，处理好经济建设中生产、流通、分配、消费活动，以及资源、市场、环境、政策和科技的生态关系，把传统单一目标的物态经济转变为生态经济，促进生产方式和消费模式的根本转变。

其次，中国特色社会主义生态物质文明建设，要全面促进产业结构生态化。即要以清洁生产为核心，大力发展清洁能源和可再生能源，大力促进节能减排，改善能源结构，倡导扣除环境污染和生态破坏的绿色国内生产总值理念，实现“循环、共生、稳生”的生态产业蓬勃发展。

最后，中国特色社会主义生态物质文明建设，必须加大生态环境保护力度，要全面促进资源节约，也就是要全面引起生产方式和经济生活方式的改变，提高资源的利用效率，严格控制开发强度，加大自然生态系统和环境保护力度，实施重大生态修复工程，在促进经济发展的同时，更有效的保护生态平衡和人与自然的和谐发展。

（三）中国特色社会主义生态政治文明

政治文明是人类在长期的政治生活实践中逐步形成和不断完善，并且又作为一种精神力量不断促进人类社会的整体进步。

政治文明指人类社会政治生活的进步状态和政治发展取得的成果，主要包括政治制度和政治观念两个层面的内容。在政治制度层面，主要表现为建立在经济基础和阶级力量对比的变化基础上的国家管理形式、结构形式的进化发展趋势，即政体或国体、政体范围内的政治体制、机制等方面发展变化的成果；在政治观念层面，主要表现为政治价值观、政治信念和政治情感的更新变化。如民主、自由、平等、人权、正义、共和、法治等思想观念的形成、普及和发展，以及人们政治参与意识的程度等等。

生态政治文明是人们从政治视角保护环境、维护生态平衡中所创造的人类文明成果，是人们在优化政治系统以有效保护生态，保护环境中所形成的关于政治生活的理论和制度成果，是人类文明的重要组成部分。生态政治文明具体表现为生态政治制度文明、生态政治行为文明、生态政治意识文明等方面，也是衡量一个国家文明程度的重要标志。

中国特色社会生态政治文明，就是从中国国情出发，要尊重利益和需求多元化，注重平衡各种关系，避免由于资源分配不公、人或人群的斗争以及权力的滥用而造成对生态的破坏。为了达到这个目标，必须以科学发展观为指导，形成科学的生态政治氛围，制定出适合自己国情的保护环境政策、法律、法规。

首先，就是要处理好制度建设中眼前和长远、局部和整体、效率和公平、分合和整合的生态关系，把环境和经济、计划和市场对立的二元论转变为经济建设、文化建设、政治建设、社会建设和生态文明精神的“五位一体”的融合论，促进区域与区域、城市和乡村、社会和经济的统筹，强化和完善生态物业管理、生态占用补偿、生态绩效问责和战略环境评价等法规政策。

其次，加强公民政治参与。作为人民政府，公民的政治参与将对政府决策起着重要的影响。一方面，生态环境问题及生态危机的出现，促进了公众的政治参与，他们更加关注政府的环境政策环境是否进行有效管理；另一方面，公众的政治参与有助于和平解决生态环境问题，避免政治动荡；有助于实现对政府的监督，避免政府决策失灵；有助于政治决策的科学化、民主化和公开化；有助于实现公民的环境权这一基本环境生存权利。

最后，加强生态保护的法律建设，加快完善同生态文明相关的环境和生态保护法规。用法律的形式明确各个社会组织在环境与生态保护方面的责任、权利和义务，做到有法必依，违法必究。同时，还要建立科学完善的领导干部政绩考核和评价机制，完善奖惩制度，努力将生态文明建设的战略思想变成全社会的自觉行动。

五、中国特色社会主义生态和谐社会

社会主义和谐社会是人类孜孜以求的一种美好社会，马克思主义政党不懈追求的一种社会理想。进入 21 世纪后，中共十六大和十六届三中全会、四中全会，从全面建设小康社会、开创中国特色社会主义事业新局面的全局出发，明确提出构建社会主义和谐社会的战略任务，并将其作为加强党的执政能力建设的重要内容。中共十六大报告第一次将“社会更加和谐”作为重要目标提出。中共十六届四中全会，进一步提出构建社会主义和谐社会的任务。社会主义制度的建立和共产党的领导，是坚强的政治保障；改革开放以来我国经济的快速发展和综合国力的日益强大，是坚实的物质基础；马克思主义根本指导地位的确立，特别是中国化的马克思主义即毛泽东思想、邓小平理论、"三个代表"重要思想和科学发展观的形成和发展，是坚实的思想基础。

构建生态和谐社会，就是要在坚持构建和谐社会的一般指导思想的基础上，关键要解决社会管理领域中存在的问题，通过加强社会管理，协调社会关系，规范社会行为，解决社会问题，化解社会矛盾，促进社会公正，应对社会风险，保持社会稳定。

建设中国特色社会主义生态和谐社会，就是要强调人人拥有生态环境的知情权、参与权和监督权，享有清洁的空气、洁净的水和所有绿色福利的权利，妥善处理人与人、人与社会的各种关系，通过符合污染防治、清洁生产管理、产业生态建设、生态镇区建设和生态文明品质提升，推进生态基础设施建设、生态服务功能的完善和城乡环境的净化、绿化、美化，建设融形态美、神态美、机制美、体制美和心灵美于一体的美丽家园。

在科学发展观的正确指导下，我国积极探索代价小、效益好、排放低、可持续发展的新道路，在不断探索的实践中，形成了在党的十八大报告中集中论述的中国特色社会主义生态文明理论。党的十八大提出建设中国特色社会主义的"五位一体"的发展战略，把社会主义经济建设、政治建设、文化建设、社会建设、生态文明建设的统一部署，并将生态文明建设写入党章并作出阐述，使中国特色社会主义事业总体布局更加完善，明确了生态文明建设的战略地位。将中国特色社会主义事业总体布局从"四位一体"扩展为"五位一体"，这表明我们党对中国特色社会主义建设规律从认识到实践都达到了新的水平。正如十八大报告指出的那样，"要大力推进生态文明建设，树立尊重自然、顺应自然、保护自然的生态文明理念，把生态文明建设融入经济建设、政治建设、文化建设、社会建设各方面和全过程，加大自然生态系统和环境保护力度，努力建设美丽中国，实现中华民族永续发展。"

第四章　美丽中国：推进生态物质文明建设

生态物质文明建设是美丽中国建设的重要物质基础．推进生态物质文明建设，一是要优化国土空间布局格局；二是促进产业结构生态化。促进产业结构生态化利于实现经济发展范式的转变，促进产业结构的优化升级，提高地区产业结构的竞争力；三是全面促进资源节约；四是创新生态环境保护技术。

一、优化国土空间布局格局

国土资源是物质基础和空间载体，是最重要的自然资源，也是自然环境的主体。国土资源管理工作必须进一步增强大局意识、责任意识和忧患意识，在大力推进生态文明建设中发挥好基础和先导作用，特别是要在优化国土空间开发格局中发挥好统筹和管控作用。

改革开放 30 多年来，我国经济社会发展和国土开发取得举世瞩目的伟大成就，与此同时，国土空间开发格局也发生了许多不利变化。历史上形成的人口东南部稠密、西北部稀疏的整体格局没有改变，瑷珲至腾冲一线以东地区国土面积约占全国的 40%，至今仍然集中了全国 90% 以上的人口，但区域发展差距呈扩大之势，1978—2011 年，东、中、西部国内生产总值占全国的比例由 52 ∶ 31 ∶ 17 变为 60.7 ∶ 27 ∶ 14。贫困地区发展滞后，与发达地区差距更大。城镇化加速发展，但占地过多，发展质量和以城带乡能力有待提高。2000—2010 年，全国城镇建成区面积增长 61.6%，其中城市建成区面积增长 78.5%，远高于城镇人口 46.6% 的增长水平。1978—2013 年，城乡居民收入比由 2.57 ∶ 1 上升至 3.03 ∶ 1。基础设施建设重复、滞后和过度超前等现象并存。一些地区盲目设立产业园区，地区间产业结构雷同、产能过剩、无序竞争等问题突出，服务业发展不足，制造业依靠资源能源要素驱动，农业仍然是国民经济薄弱环节。经济建设空间与优质农用地资源高度重叠，降低了区域承载能力。一些地区过度开发，导致森林破坏、湿地萎缩、水土流失、土地沙化石漠化等问题突出，大气、土壤和水环境总体质量下降。海岸带和近岸海域过度开发问题显现，海域生态环境恶化趋势明显。大力推进生态文明建设，特别是优化国土空间开发格局，极其重要也极为紧迫。

（一）把握好优化国土空间格局五个层次

1. 陆海层面。要树立大国土理念，坚持陆海统筹发展，充分发挥海洋国土作为经济空间、战略通道、资源基地、环境本底和国防屏障的重要作用，从发展定位、产业布局、资源开发、环境保护和防灾减灾等方面构建协同共治、良性互动的陆海开发格局，促进陆域国土纵深开发，促进海洋强国建设。

2. 区域层面。要树立均衡发展理念，坚持国土开发与资源环境承载能力相匹配，坚持以重点开发促进面上保护，加快构建多中心网络型国土开发格局，通过实施点轴集聚式开发，辐射带动区域发展；通过扶持落后地区开发、提升自我发展能力，缩小区域差距；通过推进公益性基础设施和环境保护设施建设，促进基本公共服务均等化。

3. 城乡层面。要树立城乡发展一体化理念，坚持走中国特色城镇化发展道路，优化发展和重点培育城市群，促进大中小城市和小城镇协调发展，增强城镇吸纳人口的能力；以健全城乡发展一体化体制机制为重点，着力推进城乡要素平等交换和公共资源均衡配置，带动城乡基础设施、产业发展、就业保障、环境保护一体化建设，实现以城带乡、城乡共荣。

4. 产业层面。要树立产业协调发展理念，坚持信息化和工业化深度融合、工业化和城镇化良性互动，依托区域资源优势优化基地布局，促进基础产业发展；推进各类园区集约、集中、集聚建设，支持战略性新兴产业、先进制造业、现代服务业健康发展；加大高标准基本农田和粮食生产优势区建设力度，增强粮食综合生产能力。

5. 功能层面。要树立国土开发区分主体功能理念，坚持生态优先原则，注重经济社会生态效益相统一、人口资源环境相均衡，依据不同区域的环境承载能力、现有开发强度以及发展潜力①，探索新方式和新手段，控制开发强度，推进

---

① 《实施主体功能区战略构建高效、协调、可持续的国土空间开发格局》，国家发展和改革委员会，2011 年 6 月 8 日，http://www.china.com.cn/zhibo/zhuanti/ch-xinwen/2011-01/11/content_22735103.htm。

国土整治，调整国土开发的空间结构，构建科学合理的城镇化格局、农业发展格局、生态安全格局，实现生产空间集约高效、生活空间宜居适度、生态空间山清水秀。

（二）优化国土空间开发格局的五条原则

1. 着眼于长远和全局

（1）把优化国土空间的开发格局贯穿于发展建设的全部过程。高效利用国土空间，优化国土空间的开发格局是一项长期的任务，必须要高瞻远瞩，做好规划，着眼于当下。在发展理念上，要突出生态文明建设理念，把优化国土的开发格局与生态文明建设统筹结合起来，把优化国土的开发格局贯穿于经济建设、政治建设、文化建设、社会建设、生态建设的全过程；在发展过程中，要处理好经济建设和生态建设的关系，处理好短期经济利益和长期经济利益的关系，避免对土地资源无节制地开发，注重土地资源承载能力的提升，避免对于生态空间的过度挤压，注重国土空间的集约化发展，避免国土资源的无序、低效开发，注重国土空间开发格局优化。

（2）从全局和区域协调发展的角度制定优化方案。作为全局性的战略，国土空间开发格局要从区域互动和协调的角度进行优化，这是因为优化国土空间开发格局具有跨流域、跨行政区域的特征。一方面，小至一村一镇、大到一市一省，任何地区国土空间的开发都会对周边地区和其他地区产生影响，反过来，如果没有周边地区或其他地区的协调和配合，合理、高效、宜居、美丽的国土开发格局的形成也是空谈；另一方面，国土空间开发格局必须从全国一盘棋的整体角度进行规划才能取得成效，从各地的自身利益考虑不仅损坏全局利益，反过来最终也会殃及自身利益。

（3）把握国土开发优化的节奏和次序，做到科学优化和精细优化。优化国土空间开发格局要符合经济发展的规律和变化趋势，从而准确把握国土开发优化的节奏和次序。我国尚未完成工业化，城镇化有很长的道路要走，农业现代化基础薄弱，信息化水平相对较低。工业化和城镇化对国土空间开发需求的特点会随着发展进程的推进而不断变化，农业现代化和信息化对工业和城镇布局，对生产空间、生活空间以及生态空间的界限进行重塑。以建设生态文明为主要目标的国土空间开发格局优化的手段之一是要逐步拓展生态空间，保持国土开发的节奏和时序，就能在很大程度上顺应发展变化，做到科学优化和精细优化，实现生态空间的拓展。

2. 严格遵守主体功能区定位

（1）严格按照国家主体功能区定位进行国土开发。这是现阶段优化国土空间开发格局的重点。主体功能区定位是依据各个地区自然生态状况、水土资源承载能力、区位特征、环境容量、现有开发密度、经济结构特征、人口集聚状况、参与国际分工的程度等多种因素而确定的，是从全国一盘棋的角度来思考国土空间开发的格局。《全国主体功能区规划》确定的优化开发区、重点开发区、限制开发区和禁止开发区四类地区的定位及范围和相关政策配套为各地区国土开发方式、开发方向和开发内容提供了依据。

（2）严格实施《主体功能区规划》。省级人民政府是本辖区内《国家主体功能区规划》的具体落实和检查单位，并负责本辖区内主体功能区的规划编制任务。省级政府不仅要指导所辖市县在市县功能区划分中落实主体功能定位和开发强度要求，还要指导所辖市县在规划编制、项目审批、土地管理、人口管理、生态环境保护等各项工作中遵循全国和省级主体功能区规划的各项要求。这是保证规划的能够切实落实，国土空间开发格局能够得到优化的根本。

（3）规范国土开发秩序，加强国土开发的监测和执法。国土开发无序，不切实际的盲目开发，贪大求多，以“发展”和“保护”的名义挥霍土地是目前国土开发过程中十分严重的问题。严格禁止和杜绝以“开发”资源和“保护”生态的名义在限制开发区和禁止开发区进行生态功能用地的转换。各地区在实施和执行《国家主体功能区规划》和制定本辖区范围内的主体功能区规划时，要尽可能扩大限制开发区和禁止开发区的面积，建立更多的各种类型的生态保护区。严格土地利用审批，定期对管辖范围内的土地利用和国土开发进行监测。

3. 以集约型城镇化道路为重点

（1）推进城乡建设用地置换，提高土地集约利用水平。顺应我国城镇化水平逐步提高，乡村人口数量逐步下降的趋势，推进城乡建设用地的置换和城镇开发占地与农村居民点缩小的用地置换，在总量上控制城镇建设用地规模增加，提高土地利用的集约程度。在乡村人口减少比较明显的地区，逐步推进村镇合并和土地的集中利用和规模化利用，在不适合人类居住和产业开发的地区，鼓励移民，恢复自然生态。与此同时，加强中心村和中心镇的公共设施建设，提高公共服务能力，建设美丽乡村。

（2）集约高效开发城镇用地，优化城镇空间结构。在快速城镇化的过程中，如果没有合理的约束机制，城镇无限蔓延、粗放的用地方式不会得到根本的遏制。根据城镇人口增加的速度和规模，合理确定新增城镇建设用地规模，鼓励从城镇已有建设用地中挖掘用地潜力，提高用地的集约程度，节约利用土地。按照每万人建设用地面积来评价不同规模城镇建设用地的集约程度。合理布局城镇工业、服务业、科教卫生文化事业、交通物流和居住等的用地，理顺大型产业开发区与大型居住区，就业密集区和居住密集区的空间配置关系，降低城镇居民平均出行时间。非特别需要，严格控制大型产业开发区和居住区的建设。尤其重要的是要合理布局城市生产空间和生活空间，扭转城市建设过程中重生产轻生活，为发展生产而损害生活的倾向。

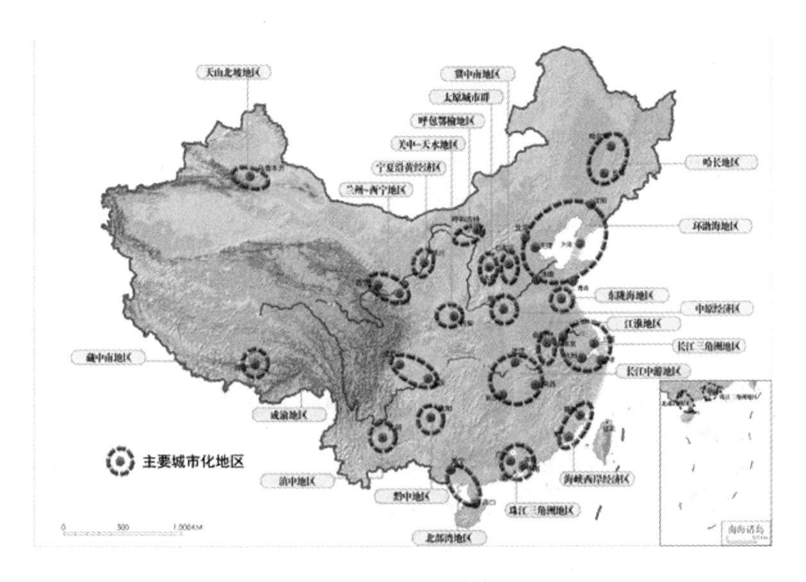

图 4—1　“两横三纵”城市化战略格局①

（3）以培育城市群为载体，促进不同规模城镇均衡发展。我国目前总体上大城市和超大城市的扩展速度要高于中小城市。然而城市规模的快速膨胀会引发大量的城市问题，更为重要的是完全实现中国的城镇化，通过城镇化来提升和释放中国的发展潜力，必须提高和充分发挥中小城市的作用。逐步调整资源过度向大城市、特大城市集中的趋势，尤其是要改变政府有倾向地引导资源向大城市集中的做法。在国土资源有限、人口规模庞大的情况下，要以中心城市为核心，推进量多面广的中小城市的发展，培育功能互补，协同创新能力强，空间布局协调，生态保障高效的城市群，从而达到化解大城市和特大城市的城市问题，优化

① 资料来源：《国家主体功能区规划》，《国务院关于印发全国主体功能区规划的通知》，国发［2010］46 号。

区域城镇空间格局，提升区域整体竞争力的目标。

（4）建设绿色城市，优化生活环境。作为未来最主要的生活和生产的承载空间，城市的质量和环境在很大程度上决定着生活在其中的人的生活质量和幸福感受。推进城市产业结构升级，发展无污染、低消耗、高附加值产业，淘汰落后产能，减少排污，降低城市的能耗水平，打造低碳城市。大力推进城市绿化，拓展绿色空间，提高人均绿地面积。城市绿化要见缝插针，在道路两侧、沟渠沿岸、街道角落、庭院内外、墙角、荒废地、铁路夹角等不能作为其他用地，而又对建筑等不造成损害的尽可能进行绿化。把绿化和美化充分结合起来，营造美好的生活环境。

4. 以保护耕地资源为核心

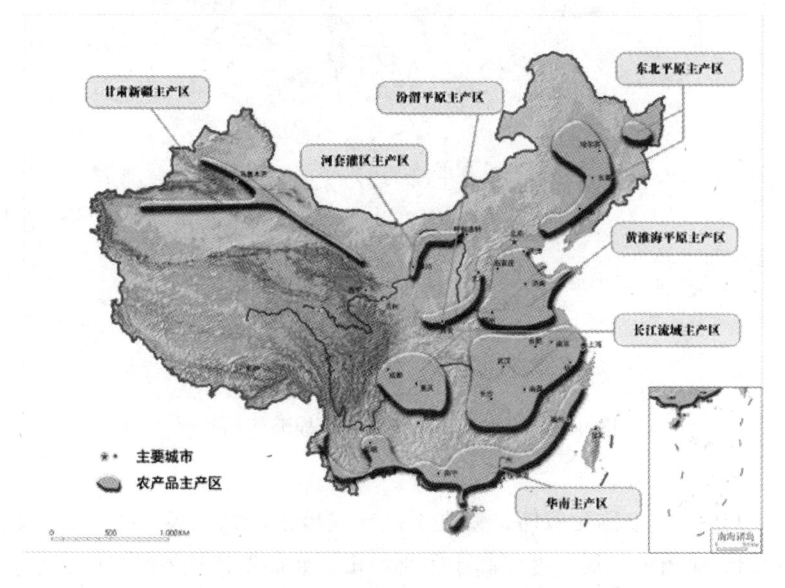

图 4—2 “七区二十三带”农业战略格局 ①

（1）推进耕地占补平衡，坚守耕地红线。保护耕地是优化农业发展格局的核心。要继续实施最严格的耕地保护制度，在相同质量耕地占补达到平衡以及非占不可的前提下审批耕地的用途改变，保持耕地总量不减少。完善耕地保护制度，提高对基本农田建设财政扶持力度，加大对各类违法侵占农田的打击力度，

① 资料来源:《国家主体功能区规划》,《国务院关于印发全国主体功能区规划的通知》，国发［2010］46 号。

做到各类建设用地尽量不占耕地和少占耕地。根据土地肥沃程度、自然条件和亩产量等设立农田等级制度，按照农田的等级对违法占地和违法毁地进行程度不同的责任追究。

（2）进行用途管理，促进农业合理布局。以国家构建的“七区二十三带”农业发展空间格局为核心，城镇化与劳动力转移相结合，鼓励农业规模化生产，提高农业生产效率。按照自然条件和因地制宜的原则，促进农业生产的区域布局。实施农用地用途管理，在不改变农业用地性质的基础上，遵从市场的引导，优化农业生产结构和区域布局，开发高效优质农产品，促进农业生产的多元化，品种的多样化。

（3）提高农业生产能力。加强农业基础设施和水利设施建设，推进耕地整治，强化农业防灾减灾能力，全方位改善农业生产条件，促进农业稳产高产。适应市场需求变化，加快农业科技进步和科技创新，提高农业物质技术装备水平和农业劳动生产率，促进农业生产过程高效、快捷，实现农业现代化。建立快捷便利的农产品流通体系，减少流通环节，降低损耗。

5. 挖掘国土潜力，拓展生态空间

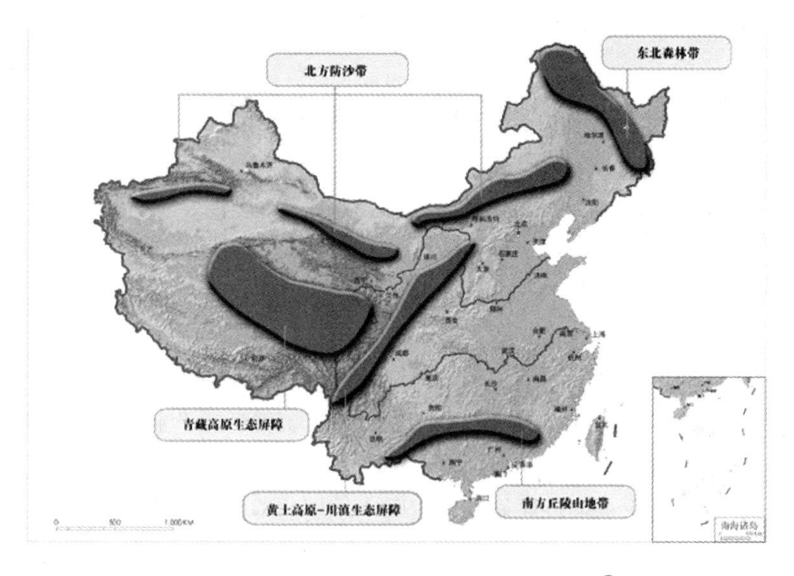

图 4—3　“两屏三带”生态安全战略格局 [①]

① 资料来源：《国家主体功能区规划》，《国务院关于印发全国主体功能区规划的通知》，国发［2010］46 号。

（1）通过集约利用土地，挖掘国土空间潜力。通过集约利用城镇建设用地，提高农业用地的单位面积产量，优化空间布局等多种渠道挖掘国土潜力，通过存量用地的内部挖潜扩展用地，降低由于空间布局不合理造成的空间浪费。通过全面梳理各类工业区、生产园区的用地状况，评价用地集约程度，制定集约用地的整体方案，挖掘潜力。通过内部挖潜，保证建设用地和农业用地少占和不占生态用地。在确保本区域耕地和基本农田面积不减少的前提下，在适宜的地区实行退耕还林、退牧还草、退田还湖，扩大生态空间。

（2）全面培育生态空间，提高生态质量。科学合理制定生态空间建设布局，全面优化生态空间，提高湿地、水域、森林、草地等生态用地的自然修复能力和生态功能。按照区域生态功能的类型，制定针对不同区域的优化方案，提高生态质量。通过建立和完善生态补偿机制，人口转移、产业结构调整等多种方式降低人类活动对生态功能区的开发程度，全面保护自然环境。鼓励探索建立地区间横向援助机制，生态环境受益地区应采取资金补助、定向援助、对口支援等多种形式，对重点生态功能区因加强生态环境保护造成的利益损失进行补偿。

（3）保护与开发相结合，提高海洋资源综合开发能力。充分开发和利用海洋的生态功能，保护海洋生态环境，各类开发活动都要以保护好海洋自然生态为前提，尽可能避免改变海域的自然属性。

（三）优化国土空间开发格局应当做好顶层设计

1. 建立国土空间规划体系

国土规划是最高层次的国土空间规划，具有综合性、基础性、战略性和约束性，对区域规划、土地规划、城乡规划等空间规划及相关专项规划具有引领、协调和指导作用。适应生态文明建设要求，必须尽快改变国土规划缺失的局面。当务之急，是抓紧编制全国国土规划纲要，根据资源环境综合承载能力和国家经济社会发展战略，统筹陆海、区域、城乡发展，统筹各类产业和生产、生活、生态空间，对资源开发利用、生态环境保护、国土综合整治和基础设施建设进行综合部署。在此基础上，启动区域和地方国土规划的编制。

2. 建立国土空间开发保护制度

制度建设是推进生态文明建设的重要保障。要根据国土规划和相关规划，划定“生存线”、“生态线”、“发展线”和“保障线”，全面加强国土空间开发的管控；对涉及国家粮食、能源、生态和经济安全的战略性资源，实行开发利用总量控制、配额管理制度，确保安全供应和永续利用；完善和落实最严格的耕地保护、节约用地制度，建立健全资源有偿使用制度和开发补偿制度，严格资源保护利用责任追究制度。

3. 实施土地差别化管理

优化国土空间开发格局必须发挥土地制度政策的基础性和根本性作用，建立差别化的土地管控体系。要综合运用土地规划、用地标准、地价等制度政策工具，加强土地政策与财政、产业政策的协调配合，促进开发布局优化和资源节约集约利用。要发挥土地利用计划的调控和引导作用，重点支持欠发达地区、战略性新兴产业、国家重大基础设施建设用地，重点保障"三农"、民生工程、社会事业发展等建设项目用地。

4. 推进土地管理制度改革创新

近年来，各地着力推进土地管理制度改革创新，在促进节约用地、保护耕地的同时，通过调整区域城乡用地结构和布局、拓展建设用地新空间，有力地支持了产业结构调整、城乡统筹和区域协调发展。如，将农村土地整治与城乡建设用地增减挂钩相结合，不仅促进了耕地保护和节约用地，而且通过以工补农、以城带乡，促进了"三农"发展，并为城镇、工业发展提供了必要用地；又如，开展低丘缓坡土地开发，不仅有利于保护优质耕地，而且有利于破解土地瓶颈制约，推进城镇化健康发展和区域协调发展；再如，开展城镇低效用地再开发，不仅有力推动了城镇节约集约用地，而且在推进产业转型升级、带动投资和消费需求增长、改善城市基础设施和环境等方面都发挥着重要作用，等等。适应生态文明建设的新任务、新要求，必须进一步推进土地管理制度改革创新，坚决破除妨碍节约和合理用地的思想观念和制度机制弊端。要在总结提升实践经验基础上，全面推进农村土地整治和城乡建设用地增减挂钩、低丘缓坡和未利用土地开发、城镇低效建设用地再开发、工矿废弃地复垦利用等各项改革探索，着力打造节约和合理用地的制度平台，以尽可能少占地特别是少占耕地支撑更大规模的经济发展，促进国土空间开发格局的优化，在建设美丽中国、实现中华民族永续发展中发挥基础和先导作用。

5. 建立生态文明考核评价机制

推进生态文明建设，各级党委和政府负有主要责任。必须改变 GDP 至上的观念，把资源消耗、环境损害等指标纳入经济社会发展评价体系并增加权重，建立健全考核评价办法和奖惩制度，形成生态文明建设的长效机制。

优化国土空间布局，统筹谋划人口分布、经济布局、国土利用和城镇化格局，引导人口和经济向适宜开发的区域集聚，保护农业和生态发展空间，促进人口、经济与资源环境相协调，是一项关系全局和长远发展的重要战略任务。

二、促进产业结构生态化

生态化是在可持续发展的背景下提出来的一种新的发展理念，其本质内容是如何通过生态学范式促进人可持续发展。产业生态化[①]是一个把产业活动融入生态循环系统的产业结构动态优化过程，在产业系统内部各企业间，由下游企业消化利用上游企业的废弃物；在产业间各产业间形成类似于自然界的资源提供者、生产者、消费者和分解者共生的新兴产业结构，最终将一个产业输出的废弃物变为其他产业的输入的资源。该结构内涵上包括了生态农业、生态工业、生态服务业以及静脉产业。产业结构生态化利于实现经济发展范式的转变，促进产业结构的优化升级，提高地区产业结构的竞争力。同时，产业结构生态化能够实现资源在产业间的循环利用，有利于生态文明和物质文明的协同建设。

（一）厘清产业结构生态化的三个层次

作为一个系统性的工程，产业生态化这一可持续发展框架应当包括不同层面的生产和消费[②]：第一层次是微观层次。即，实施清洁生产。为了提高资源利用效率，在企业层面实施清洁生产；第二层次是中观层次。即，建立生态工业园。为了尽可能减少原料浪费和废物污染，使资源在生态工业园内实现循环利用；第三层次是宏观层次。即，形成循环经济。为了实现全社会的物质减量化，使物质在全社会内实现生产和消费的大循环。

1. 实施清洁生产

清洁生产作为一种全新的环境保护战略，借助相关理论对技术和管理体制

---

① 李慧明、左晓利、王磊：《产业生态化及其实施路径选择——我国生态文明建设的主要内容》，《南开学报》（哲学社会科学版）2009年第3期。

② 赵林飞：《产业生态化的若干问题研究》，硕士学位论文，浙江大学产业经济学系，2003年。

进行创新，保证对于产品和生产过程的各个环节的整体“预防”，从而实现经济增长中的环境影响最小、资源消耗最少、能源实用效率最高。实施清洁生产的关键在于技术改造，技术改造是指有针对性地对于生产的某个关键设备或环节进行工艺流程的提高。每一次技术改造不仅意味着生产过程中的污染物排放量、浓度以及毒性的降低，而且意味着原材料转化系数的提高。对于企业来说，清洁生产为企业带来的不仅仅是“节能、降耗、减污、增效”的经济效益，还有良好的社会口碑，以及为社会带来正的生态效益。因此，企业在实施清洁生产时，应当注重技术创新，尤其是清洁生产工艺、清洁原材料的开发、废物资源化技术以及污染治理技术。这些技术的开发和应用，不仅有利于企业的发展，而且会促进社会、经济、生态复合系统的和谐发展。

实施清洁生产是为了解决企业生产管理与环境管理相分离的矛盾，从根源上对于污染进行控制，从而达到企业的经济效益和生态效益“双赢”。清洁生产的生产监控程序能够有效的对于生产中的每一个环节进行分析，从而找出原材料流失的主要原因和环节，提高企业的监控效率，降低资源的浪费，提高职工的清洁生产意识，完善企业的生产管理。

2. 构建生态工业园区

生态工业园区是遵循循环经济的理念而形成的一种新型工业组织形式，是循环经济发展的重要组成部分，是推进循环经济发展的中观层次。

（1）构建生态工业园区有利于增强了政府和企业的创新意识。传统工业园区只注重经济效益的提高，忽视生态效益；生态工业园区的构建在观念、制度、管理、科技等方面进行了创新。在观念上，生态工业园区是把传统的工业三废（废气、废渣和废液）看作是生产的原材料，推动企业之间的关系由竞争向竞争合作转变，实现企业内部和企业之间的资源循环利用。在制度方面，生态工业园区注重对于经济效益和生态效应的相互协调，对企业进行生态效益方面的激励。在管理方面，生态工业园区的管理更加注重产品生产的全过程，注重资源的再利用，实现环境污染最小，资源利用效率最高，从而实现企业的经济效益和生态效益。在技术方面，生态工业园区注重科技在提高经济、社会、生态方面的综合效应，注重对于重大技术的攻关，如清洁生产技术、废物再生技术等等。

（2）构建生态工业园区有利于提升生态工业企业建设水平。与传统工业园区“资源—产品—废物”的线性发展模式不同，生态工业园区的发展模式是“资源—产品—新资源”的循环发展模式。而对于生态工业企业来说，可以针对生产环节中的薄弱环节进行技术改造，对资源实现循环利用和多级利用，不断提升企业的生态化程度，扩大企业的品牌知名度，增强企业的竞争力。

（3）构建生态工业园区能够带动区域经济持续发展。工业园区的建设是现代区域发展的重要载体，而构建生态工业园区更加有利于区域经济争取更多的优惠政策，同时得到各级政府的重视，从而形成以生态工业园区为主体的区域经济联动发展。

3. 形成循环经济

循环经济是一个大的宏观层次的生态经济概念，它是人们对于线性经济的"末端治理"向循环经济的"源头预防和全过程治理"的转变。末端治理不能够从根本上解决污染问题，缺少对于经济和生态作为一个整体的全面性考虑，从而导致污染物减少而成本越来越高，造成经济社会生态这个大系统的运行效率下降。源头预防和全过程治理综合考虑了环境的承载能力，以及资源的经济价值和生态价值，注重对于自然的开发和修复相结合，重视人与自然的和谐相处，提高了经济社会环境大系统的运行效率。

循环经济要求在生产过程中要遵循"3R"原则：减量化（reduce）、再使用（reuse）、再循环（recycle）。减量化原则是针对资源的利用，就是要运用先进技术，尽可能地减少生产过程中对于原材料的使用；再使用原则是针对产品而言，就是要探索产品的多种使用用途，延长产品的使用周期；再循环原则是针对传统意义上的"废弃物"而言，就是要尽可能地减少废弃物的排放，把废弃物当作新的原材料进行利用，提高资源的利用效率。另外，循环经济还注重生产要融入大自然的循环系统，作为大自然循环系统的一个环节，要尽可能地使用可再生或可循环材料代替不可再生或不可循环材料；同样生产过程中应当注重对于科学技术的投入，而不是资源和能源的投入，提高生产的投入产出比，从而实现经济、社会与生态的和谐统一。

循环经济的形成和发展是一个大的概念，需要全社会的共同努力，当然宏观层次的制度保证是至关重要的。因此，当务之急在于对于循环经济的顶层设计，科学合理的制度是循环经济发展的重要保障。一是环境责任。就是要明确不同主体的环境责任，如生产商、消费者等，引导绿色生产和绿色消费；二是健全相应的法规体系，保证循环经济的发展有法可依；三是制定并实施相应的循环经济发展激励政策，有效的引导全社会大力发展循环经济。

（二）促进产业生态化的三大着力点

1. 农业生态化[①]

农业生态化就是要依据现有的自然条件和农业基础，按照“整体、协调、循环、高效”的原则，运用现代化的农业技术和农业设备，对于农业生产和生活合理的规划，从而实现农业生产和生活的和谐共存。

（1）集约化经营，培育精细产业。通过优化三次产业结构，延长农业产业链，借助二三产业向农业系统投入一定的物质、能力和资金，提高农产品的科技含量和附加值。集约化经营还应当注重对于土地的综合利用，提高单位土地的产出率，有效利用各种土地和空间，注重农业生产过程与居住环境建设有机结合。

（2）推广立体种养，充分利用时空。立体种养就是要依据不同农作的时空生长特性，科学合理的安排种植结构，可以采用轮种、混种、复种、套种等种植方法，形成多作物、多层次、多时序的立体交叉种养模式。即，在同一土地上，人为地将多年生木本植物与栽培作物和动物在空间上结合的土地充分利用，如立体种植、间作套种和稻鱼共生模式、农林复合发展模式。

（3）推动物质循环，用地养地结合。建立农林牧副渔的大农业系统，推动物质循环；通过协调用地结构以及农林牧渔各产业的比例，优化农业系统内产业布局，形成相互依存、相互制约，按一定比例组成的有机体，如农林联结、林木联结、农基鱼塘系统等；一要做好秸秆腐熟还田。就是要利用微生物的降解作用，把作物秸秆转化成优质有机肥料，从而降低农田对于化学肥料的过度依赖，实现秸秆资源的再利用；二要广泛种植绿肥。就是在农田中种植紫云英绿肥，这一肥料环保节能，而且易于推广和接受；三是广积多施农家肥。这就要结合新农村建设工程，把农村清洁能源建设和农田有机肥结合在一起，如沼气的推用和应用，可以有效地处理人畜粪便，发酵完成后也可以当作有机肥使用。

2. 工业生态化

（1）实施工业低碳化。工业低碳化是建立低碳化发展体系的核心内容，是全社会循环经济发展的重点。工业低碳化主要是发展节能工业，重视绿色制造，鼓励循环经济。节能工业包括工业结构节能、工业技术节能和工业管理节能 3 个方向。通过调整产业结构，促使工业结构朝着节能降碳的方向发展。着力加强管

① 王罗方:《努力推动农业农村生态化发展》,《农民日报》2010 年 8 月 23 日。

理，提高能源利用效率，减少污染排放。主攻技术节能，研发节能材料，改造和淘汰落后产能，快速有效地实现工业节能减排目标。绿色制造①是一种现代化的制造模式，这一制造模式旨在降低整个产品生命周期内各个过程对于环境的影响，提高资源利用率，从而使企业经济效益和社会效益协调优化。

工业低碳化必须发展循环经济。工业循环经济，一是做到“零排放”。“零排放”要求在生产过程中要减少浪费，注重能源和物质的和循环利用；二是“废料”再循环。就是要尽可能地减少生产过程中资源的投入，做到各个环节对于资源的充分利用，以及把传统“废弃物”转化为另一个环节的原材料；三是产品与服务非物质化。就是要在生产或提供同等产品或服务时，消耗的物质最小，使用的资源利用效率最高。

（2）加快生态工业园建设。工业低碳化必须要加快生态工业园建设。一是通过产业布局和结构优化，促进工业园区污染减排。通过企业内部清洁生产、企业间共生合作和基础设施共享、区域产业结构优化等途径实现工业园区或工业集聚区资源能源利用的最大化和污染物排放的最小化；二是完善生态工业网络，提高产业发展的环境友好性。构建开放的柔性生态网络，通过市场机制构建产业链、减量化措施及绿色招商，注重产业链招商和完善循环经济产业链条，从招商引资到整体规划，每一个环节都按照循环经济的科学理念进行开发建设，区内各大企业的生产装置和产品前后连接，上游企业的产品甚至废料就是下游企业的原料和能源，整体打造“减量化、再利用、再循环”的“静脉产业链”。三是提高水资源利用效率，实现区域污水排放最小化。提高工业用水重复利用率，扩展中水利用途径等提高水资源利用效率措施。

3. 生态服务业

生态服务业②就是以生态学理论为指导，充分利用技术和管理手段，着重提高资源的利用效率，做到节能、减排、增效的效果，实现物质和能量在输入端、过程中和输出端的良性循环，形成一种可持续发展的新型服务业。主要包括服务主体、服务途径、服务客体三部分。

（1）服务主体生态化。与制造企业一样，服务业在服务产品的设计和开发过程中，也会消耗一定的能源和原材料，也有废弃物产生。因而，服务业也需要

---

① 王红征：《中国循环经济的运行机理与发展模式研究》，博士学位论文，河南大学政治经济学系，2012 年。

② 徐竟成、范海青：《论传统服务业的生态化建设》，《四川环境》2006 年第 4 期。

遵循循环经济发展的原则，实施服务业的生态化。作为服务业的主体，贸易市场、百货商场、旅馆饭店、运输企业等应当严格按照环保标准开展清洁生产实践。我国《清洁生产促进法》要求：服务业主体应当实施清洁生产，降低资源的浪费，提高资源的利用效率，促进服务主体生态化建设。例如，对于市场上的服务企业和产品实施绿色环保认证，构建绿色产品市场，鼓励贸易市场实施连锁经营等等。

（2）服务途径清洁化。在服务业生态化过程中，服务途径清洁化至关重要。服务途径标志着一个企业的服务质量好坏，直接影响到企业品牌的创建。而对于不同的企业来说，有不同的服务途径，因而，服务业的企业实施服务途径清洁化的过程也是不相同的。对批发零售贸易业来说，应当注重通过绿色营销对于消费者进行绿色消费引导，为消费者提供绿色采购通道；对于餐饮宾馆业来说，应当注重细致人性，为顾客提供打包服务，建议顾客减少一次性用具的使用，开设“绿色客房”；对于交通运输业来说，应当注重交通规划，鼓励混合动力车辆和新能源车辆的使用，提供绿色交通通道等。因而，服务业途径清洁化必须要依据不同行业的特点实施。

（3）消费模式绿色化。对于服务业来说，消费者的消费行为对于企业的生产和服务具有重要的引导作用。因此，有效地引导消费者的消费方式，推行绿色消费，对于服务业生态化尤其重要。一般说来，绿色消费有三层含义：一是培育消费者的绿色消费的理念，营造环保、健康的消费氛围，实现消费的可持续；二是在消费时，倡导消费者选择绿色、无污染、无公害的绿色产品；三是在消费过程中，引导消费者合理有效地处理废弃物，鼓励废弃物的分类放置，避免不必要的污染和浪费。

在绿色消费中，政府扮演两个角色：一是对于消费的管理者，二是对于消费的引导者。因而，政府应当依据自己的角色合理制定制度和政策。首先，政府要以身作则，积极实施绿色采购。政府在采购过程中，要加大对于通过 ISO14000 认证、环境标志认证和清洁生产审计的企业产品的采购；其次，政府应当制定一系列的鼓励绿色消费的激励政策。鼓励有实力的企业进行绿色产品的设计和研发，以及对于消费者购买绿色产品给予补贴等等；再次，注重绿色消费意识的培养。鼓励消费者自带购物袋，绿色消费的宣传要走进社区，走进人群，举办绿色消费的公益讲座，对社区工作人员进行绿色消费方面的培训等等。

（4）与其他产业生态耦合化。服务企业中在生产和经营的同时必然要与其他产业进行资源、产品、能量的交错流动，而且循环经济本身也要求社会生产各组成部分构建起最优化的产业生产链和物质、能量循环流动链。因此，进行服务业与其他各生产企业间的生态化耦合也是行业生态化必不可少的因素之一。例如，批发零售服务企业与工业、农业生产企业通过协议构建起物质循环链，即一方面市场或商场优先考虑采购和展销工农企业生产的绿色产品，并予以优先宣传和促销；另一方面，工农生产企业有责任和义务回收并再生利用市场或商场销售过程中产生的包装废弃物、破损物资等，以解决服务企业废弃物的出路问题，通过相互合作来共同促进生态化建设。总之，服务业的生态化建设必须加强企业间的合作，构建与工业、农业和其他服务部门之间的物质循环、废物利用、能源梯级利用等经济链，逐步形成三大产业循环圈，在宏观层次上实现循环经济的同时也促进企业自身生态化建设。

（三）促进产业生态化的四条路径

产业生态化是生态文明建设的重要内容，需要从产业结构、循环经济、节能减排 3 个方面入手。

1. 优化产业结构，构筑现代产业体系

整体来说，我国三次产业结构不够协调，经济发展对于工业过度依赖，现代服务业发展相对滞后，农业现代化水平不高。因此，我国应当借鉴国外成功经验，不断优化产业结构，注重产业结构向生态化转变，产业布局向集群化发展[①]，产业层次向高端化调整，努力构建现代化产业结构体系。优先发展高端制造产业，提高自主研发水平，大力发展新能源产业，尤其是发展风能、太阳能、水能、核能、生物能等清洁能源，加快推广新能源汽车技术的应用，努力占据全球产业连的高端。针对产业分散，布局凌乱等现象，要做好产业规划，突出主体，注重整体产业的经济效应和生态效应的提高，依据主体功能定位，重点打造一批特色鲜明的现代服务业集聚区。

2. 发展循环经济，切实转变生产方式

发展循环经济能够从根本上解决环境和经济之间的矛盾，从而实现经济社会生态的协调发展。发展循环经济要依托技术创新，遵循“减量化、再利用、再循环”的 3R 原则，从微观层次的清洁生产、中观层次的生态工业园区以及宏观层次的循环经济三个层次进行。清洁生产技术可以保证循环型农业、循环型工

---

① 沈满洪:《大力实施产业生态化战略》,《浙江日报》2010 年 6 月 4 日。

业、循环型服务业的技术和经济上的可行性，生态工业园区为循环经济的发展提供了载体，实现生态产业链的正常运转。循环经济的发展还需要构建相应的制度体系，从财税、信贷、投资、价格等各个方面对于循环经济的发展给以支持。

3. 推进节能减排，保护和修复生态环境

节能减排是我国的基本国策，它对于加快推进产业生态化具有重要的意义。一是要继续推进对于排放物的监控，如对学需氧量、二氧化硫、二氧化碳减排监控，对磷、氨氮的排放浓度监控；二是要推进产业经济低碳化和低碳技术产业化，调整高碳产业的产业比重，大力研发低碳技术，加大低碳技术的推广和应用；三是加大土壤污染和新型污染源的防治力度，注重大气环境、土壤环境以及水环境的保护，既要注重陆地生态环境，也要注重海洋生态的保护。

4. 利用生态优势，大力吸纳优质资本

习近平总书记视察湖北，指出“绿水青山是最好的金山银山”。可见，生态优势是巨大财富，也是发展的巨大优势。因此，产业生态化发展要依靠“绿水青山”这一生态优势，吸引更多的优质资本，从而实现生态优势与优质资本“郎才女貌”式的结合。一是要提高环境准入门槛。坚决淘汰高耗能、高污染、低效率的产业，积极发展优质高效的产业，杜绝降低环境准入标准换得高额投资；二是要强化生态优势。就要积极做好植树造林，修复和治理污染的环境，提升自身的相对优势，发展生态潜力；三是大力创新人才科技政策。注重生态与技术对接，技术与产业对接，产业与资本和人才对接，实现区域经济的可持续发展。

按照落实科学发展观的要求，以生态文明建设的目标为指导，以可持续发展为主线、现代科技为支撑、循环经济为驱动，把加快推进产业生态化步伐作为缓解经济发展和生态保护矛盾的重要抓手，构建社会主义生态文明。

三、全面促进资源节约

节约资源是保护生态环境的根本之策。党的十八大报告对全面促进资源节约作出了具体部署，明确了全面促进资源节约的主要方向，确定了全面促进资源节约的基本领域，提出了全面促进资源节约的重点工作。要把这些部署全面贯彻落实到经济社会发展的各个方面和各个环节，确保全面促进节约资源取得重大进展。

（一）牢固树立节约资源理念

节约资源涉及社会的方方面面，也需要全社会的共同努力。牢固树立节约资源理念是全面促进资源节约最重要的一步。只有从根本上转变了生活方式、生产方式、消费方式，才能彻底解决资源浪费等问题。作为参与市场经济活动的经济人，在考虑个人需要的同时，更应考虑社会的需要和环境的承载能力。有些资源能源不仅是有限的，而且不可再生，今天多消费就必然降低明天消费的机会。因此，要牢固树立节约资源光荣、浪费资源可耻的观念，从一点一滴做起，从小事做起，“不以善小而不为，不以恶小而为之”，逐步形成节约资源的社会分为，加快推进资源节约型、环境友好型社会建设。

（二）推动资源利用方式根本转变

资源利用方式决定了资源的利用效率，而资源的利用效率又决定了经济发展的质量。因而，从根本上转变资源利用方式，不但能够提高资源的利用效率，更是经济可持续发展的重要保证。

1. 树立资源节约观必须充分认识到资源的稀缺性，从宣传教育、法制建设、政绩考核、财税体制、标准规范等各方面贯彻节约资源和保护环境基本国策，强化节约资源理念。从政府部门来看，长期以来，偏重资源的数量管理，而忽视质量和生态管理，降低了资源的综合承载能力和产出能力，资源数量、质量和生态并重的整体观念尚未形成。同时，过分强调资源的自然（资源）属性，而忽视经济社会（资产和资本）属性，降低了资源的综合利用效益。因此，要树立整体观念，充分认识资源是数量、质量和生态三者的有机统一，由偏重资源的数量管理向数量质量生态综合管理转变。必须树立资源效益观，适应市场经济要求，推进资源、资产、资本三位一体管理，建立健全统一、竞争、开放、有序的矿业权市场，发挥市场在资源配置中的基础性作用，促进资源要素流动，全面提高资源综合利用效益。

2. 以构建保障和促进科学发展新机制为主线，加强顶层设计，搞好工作布局，统筹保障发展、保护资源、生态建设。全面落实节约优先战略，以总量控制倒逼节约集约、以严格标准促进节约集约、以政策法规保障节约集约、以试点示范带动节约集约，提高资源综合利用效率；进一步推进找矿突破战略行动，着力打造以市场为导向的制度平台；全面加强陆海统筹，大力发展海洋经济，优化海洋资源开发布局，有序开发海底矿产资源；大力推进国土综合开发整治，优化国土开发空间布局。

3. 加快制度供给，深化资源有偿使用制度改革，充分发挥市场在资源配置中的基础作用。加快建立能够反映所有者权益、市场供求关系、资源稀缺程度、环境损害成本的资源价格形成机制；深化矿产资源管理体制改革，进一步加大行政审批制度改革力度；建立资源出让收益全民共享机制，资源开发收益更多地向资源产地倾斜。

4. 改革资源管理方式，从重视行政配置、项目审批、微观管理向重视市场调节、制度设计、宏观管理转变；既要加强监管和服务，严格资源数量管控，完善资源管理制度和标准，建立健全评价、考核和监管体系，又要重点加强矿产资源综合利用，大力推进矿山环境恢复治理和地质灾害防治，发展资源领域循环经济，发挥资源生态服务功能。

（三）推动能源生产和消费革命

能源消费是资源消费中的重要组成部分，因而，节约能源是节约资源的重中之重。我国长期以来经济发展的碳锁定，导致我国经济发展过多地依靠能源消费，再加上我国能源储量不足，这些都决定了节约能源对于我国来说更加紧迫。

推动能源生产和消费方式革命，应努力实现6个转变。一是从着力提高能源保障能力转变到在着力提高能源保障能力的同时，更加注重用战略和开放的眼光构建能源安全体系；二是从敞口式消费能源，转变到科学管理能源消费，“调结构，转方式”，节约能源资源，提高能源效率，遏制能源消费总量过快增长；三是从过度依赖传统化石能源，转变到优化能源结构，努力实现能源清洁化利用，增加新能源和可再生能源的比重；四是从依靠高耗能支撑经济快速发展，转变到更多依靠科技创新和体制创新，提高能源发展质量和效益，实现以较少的能源消耗支撑更多的经济增长；五是从主要关注能源对经济发展的贡献，转变到同时更加关注能源对民生改善的作用，努力提高普遍服务水平，让能源发展成果更多地惠及全国人民；六是从重能源开发利用，转变到开发与保护并重，促进能源绿色转型，实现与经济、社会、生态环境协调发展。

（四）加强耕地、水、矿产等资源保护

1. 完善最严格的耕地保护制度

完善最严格的耕地保护制度，首要的任务是划定土地红线，控制用地规模，明确各种土地的用地标准，对于耕地要处理好占与补的关系，做到占补均衡。一是开展节约集约用地评估，制定促进土地节约集约利用的措施、途径和政策。二是加强土地利用规划和计划调控。做好土地利用总体规划与城乡建设、区域发展、产业布局、基础设施建设、生态环境建设等相关规划的衔接和协调，落实规划确定的用地规模、结构和布局安排。强化建设用地空间管制。三是建立符合生态文明要求的目标体系和考核奖惩机制。制定推进土地节约集约利用、落实单位国内生产总值建设用地下降的政策措施和技术方法等。四是把握发展速度与效益关系，严格控制建设用地规模，优化土地利用结构和布局。五是完善土地利用机制，扩大土地资源市场配置程度。进一步完善土地使用制度，扩大土地有偿使用范围，完善土地招拍挂制度，积极开展征地制度改革，合理确定建设用地取得成本和占用、使用成本，完善资源价格形成机制，发挥地价和土地税费调控土地利用作用。六是大力拓展建设用地空间。积极推进土地综合整治、城乡建设用地增减挂钩试点、低丘缓坡荒滩土地开发、工矿废弃土地复垦试点；加大盘活存量建设用地力度，开展城镇闲置土地清理和利用，鼓励城镇建设用地二次开发和地下空间开发利用，全面提高土地资源的利用效率，促进各类建设少占地、不占或少占耕地，推进土地利用方式转变和经济发展方式的转变。

2. 完善最严格的水资源管理制度

完善水资源管理制度，就要针对水源地、用水总量、江河流域水量的分配进行控制和管理。一是用水总量控制。要做好水资源的统一调度，划定水资源使用的红线，提高水资源的循环利用程度，合理分配流域和区域间的用水总量，探索实施取水许可证，在规划时应当对于水资源的规划进行严格的论证，切实保护好地下水总量，加快完善水资源有偿使用制度；二是用水效率控制制度。制定相应的水资源利用效率红线，严格监控废水排放的达标率，倡导全社会实施节水，鼓励企业实施节水技术改造，逐步提高工业用水效率，做好生活用水“一水多用”的宣传和政策引导；三是水功能区限制纳污制度。对于水功能区要是严格限制排污，做好水源地的修复和保护，控制河流排污总量；四是水资源管理责任和考核制度。依据各地水资源的丰富程度和水资源的质量，实施不同的考核标准，

把水资源开发利用、节约和保护纳入考核体系，明确主要负责人的责任，以及实施责任终身追究，增强官员的生态保护意识。

3. 加强矿产资源勘查、保护、合理开发

针对不同的矿产资源品种，制定相应的保护政策，采用现代化先进技术，对于矿产资源综合勘查与综合开采，加强共伴生、低品位矿产资源的综合开发利用水平，不断提高矿产资源开采回采率、选矿回收率，重点整治高投入、低效率的小矿产，注重对于开采中固体废弃物的循环利用，实现矿产资源废弃物的资源化。

四、创新生态环境保护技术

工业技术对生态造成的负面影响主要包括对自然资源的破坏性、过度地使用以及对生态环境造成的污染两个方面。其中，对生态环境的污染按受污染对象的不同主要分为两大类：第一类是工业技术对生产流程内部要素的污染，称为内污染。比如生产过程离不开高温、高湿、高压的条件，而且有毒气体的排放和强噪声的产生不可避免，这些都会严重影响生产者的健康以及生产设备的正常运转。第二类是工业技术对生产流程之外的生态环境的污染，称为外污染。比如工业生产排放的废弃物对公众生活的环境如空气、水资源的污染都属于此类。在生态环境越来越恶劣的情况下，任何以破坏环境为代价的经济利益都是短暂的，不可能持久。因此，在生态负效应日趋严重的今日，我们应该创新自己的思维观念，努力发展环境友好型工业技术，而生态技术正是具有生态正效应的新型技术体系。

（一）深刻把握生态技术的基本内涵

生态技术，是指那些与生态环境和谐发展不相冲突的生产性技术。1989 年联合国环境规划工业与环境计划活动中心（UNEP IE/PAC）制订了“清洁生产计划”。至此，清洁生产被正式写入“21 世纪议程”。工业生产中做到清洁的途径可分为两大类：第一类是在生产过程中做到清洁，主要包括生产原材料和能源的节约使用，有毒材料的避免使用以及排放物在数量和毒性上的控制；第二类是对生产产品的清洁。主要从产品的整个生命周期着手来减轻其对人类健康和生态环境的负面影响。人们越来越清楚地认识到：经济与环境的可持续发展不能只是片面地着眼于控制生产中的某一个环节的污染，而应在产品设计、制造、消费及后续的处理过程中将环境保护问题充分考虑进来。换言之，生态技术以产品生产技术的具体形式得到贯彻和落实。

生态技术与环保技术、低碳技术、绿色技术、循环利用技术的关系。环保技术的发展侧重于末端处理，即在污染物质形成之后才进行处理；低碳技术侧重于对温室气体排放有效掌握的新技术，有三种类型，3个类型：第一类是减碳技术，是指高能耗、高排放领域的节能减排技术，煤的清洁高效利用、油气资源和煤层气的勘探开发技术等。第二类是无碳技术，比如核能、太阳能、风能、生物质能等可再生能源技术。第三类就是去碳技术，典型的是二氧化碳捕获与埋存（CCS）；绿色技术可分为以减少污染为目的的“浅绿色技术”，和以处置废物为目的的“深绿色技术”；循环利用技术则侧重于减量化、再利用、资源化；以上可以知道，生态技术和绿色技术基本相同，它们的内涵比低碳技术和循环利用技术要大。因而，本节所讲的生态环境保护技术是生态技术和绿色技术。

1. 生态技术的本质特征是生态环境相协调

生态技术源于人们在思想和实践中对生态负效应重视，为的是让生产技术与生态环境协调发展，即在生产中运用的生产技术不仅不破坏环境，还要能优化环境。

2. 生态技术的创新目标是追求生态—经济效益

生态技术的生态—经济效益应是内、外部生态、经济效益的统一。过去经济效益是我们一切创新的出发点和终点，随着环境的不断恶化和人们对环境问题的越来越重视，单纯追求经济利益的创新思维亟待转变。从发展和联系的观点看，生态效益也是一种经济效益。就当前来看，我们的环保技术还是初级的、不成熟的，这一点从我们无法明显看到当前环保技术的内部经济效益就可以体现出来，因为成熟生态技术的内部效应是显著的。众所周知，我们生产的资源来源于环境、生产过程中和生产后的废弃物排向环境、更重要的是，生态环境也是我们生产者赖以生活的场所；假如生态环境被破坏，会影响到整个生产，从而影响到企业的经济效益。即使不对本企业的生产产生明显影响，也会对其他生产活动产生不良影响。

3. 生态技术的实现形式是低投入、高产出

众所周知，我们大多数传统工业运用的技术都是高投入、低产出的，是以不可更新资源为基础的。但与此相反，生态技术是低投入、高产出的，是以可更新资源为基础的。具体从两个方面加以说明：首先，就低投入来说，生态技术是以可更新资源为基础，也就是说只要我们只要把资源的使用控制在其再生能力范围内，我们的资源供应就是持续的。比如现在运用比较广泛的太阳能，不仅数量多，而且价格便宜。其次，就高产出来说，生态技术是在模拟生态系统基础上，通过循环生产，使资源投入最大限度地转化为有效的产品输出，产出趋向极大化。

（二）实现生态技术创新的四大路径

1. 培育生态技术创新主体

生态技术创新包括在技术层面和管理层面这两个方面。但是不管是哪一种层面的创新，都离不开企业这一经济社会的基本单元来实施，企业，在担当生态技术创新活动主要参与者的重要角色的同时，还是重要的投入者和实施者，更是新收益的直接获益者。企业不仅是生态技术创新活动的主要参与者，同时又是主要投入者、实施者，更是创新收益的直接受益者。所以，对于生态技术创新的有效实施，培育企业创新主体起到了举足轻重的作用。但是，按照传统西方经济学“理性经济人”假设，企业发展的根本带动力是对其自身利益的不断追求，企业的最终目标也是经济利益最大化。如果仅仅是期望通过使企业放弃其最终目标，更甚至是要通过牺牲一定的经济利益来实现生态经济综合效益，恐怕更是难上加难。所以，我们需要更多的时间和精力去将企业培育成生态技术创新主体。首先，要将科学发展观和企业文化和价值观融为一体，并将科学发展潜移默化的转化成企业家、工程师的生态价值意识，从而使他们的技术创新行为发生改变，改变以前的以经济、商业为价值标准的意识，逐步转向以社会、生态和人文价值标准的意识，逐渐地将生态利益转变为企业技术创新行为的内在驱动力，从而将企业打造成不仅看重经济效益更看重生态效益的有机统一体，为推进生态技术创新和谐有序发展奠定基础。其次，政府和社会两者应该站在企业的立场从实际出发，鼓励企业积极地进行生态技术创新，引导企业认清短期利益、个体利益与长远利益、整体利益的辩证统一关系，从而协助企业拥有符合生态技术创新规律的管理模式。同时要注重对企业生态技术创新过程的伦理控制的加强。伦理可以从设计阶段的伦理评估、试验阶段的伦理鉴定、应用阶段的伦理立法、推广阶段的

伦理调整这4个方面来实现对生态技术创新的控制。

2. 完善生态技术创新制度

促进生态技术创新的重要因素之一就是要有完善的制度，可以运用禁止性规范排除或减少对于生态技术创新实施上的不利因素，更可以运用激励措施，从而促进生态技术创新实施上的有利因素。所以，我们应该从生态技术创新自身的发展规律和要求上出发，使政策逐步趋向生态化，制定一系列的经济、法律政策和一些奖惩措施来保证和支持生态技术创新，而且大力运用财政、税收和金融等手段，引导和激励企业在生态层面作出努力。例如，完善各项法律法规，对于那些作出生态技术创新显著成效的给予鼓励和奖励，对那些不重视生态技术创新造成环境巨大污染的行为给予严厉的惩罚；对积极发展生态技术创新的企业给予一定的政策和贷款优惠；建立项目约束和风险约束机制；在人才、资源、信息方面为企业进行生态技术创新开辟绿色通道等。只有不断完善制度机制，才能够不断地为生态技术创新提供更有力的保障和支持，从而推动生态技术创新的不断进步与发展。

3. 营造生态技术创造新环境

生态技术发展的选择环境与一般技术相比具有以下几个方面的特点：人们环境意识的提高和对工业生态化的需求并不能马上带来对生态产品购买的欲望；在现有选择环境中生产的清洁化与生态化与企业的盈利目标达不成统一；生态技术的创新与采用更需要消费文化、社会制度、组织结构、价值观念的变化；信息差距大等。营造有利于生态技术发展的技术选择环境对有效地促进生态技术创新具有重大的意义。

技术内涵可将生态技术的创新划分为三种类型：末端技术的创新，产品导向型技术创新和工艺导向型技术创新。不同类型生态技术对选择环境的要求以及它与现实环境的差距由于技术进化程度的不同是有差异的。

第一，为有效促进末端技术的创新，应该重点从以下3个方面进行：（1）加强环境宣传与教育，它作为具有深远影响的文化激励措施，对于促进末端治理技术创新意义重大；（2）改变外部成本内部化的阈值。外部成本内部化须足够大（大于阀值），也就是说要保证创新投资的净收益大于0；（3）健全信息传递机制，有效信息传递网络的建立是降低创新学习成本的必要条件。

第二，为有效促进工艺导向技术的创新，主要应从3个方面入手。（1）完善主要由市场决定价格体系。长期以来，“资源无价，原材料廉价”是导致我国资源大量浪费，开采效率不高，污染严重的重要根源，也直接影响到生态工艺导向型技术的创新发展。因此，完善主要有市场决定的价格体系，才能够真正的反应环境成本和社会成本，有效地促进工艺导向技术创新；（2）与其他创新不同的是，生态工艺导向型创新以大量的知识储备和技术技能为基础，它具有明显的前期“投入大、收益低”的特征，当知识储备达到一定程度之后，技术相当成熟时，才会带来大规模的经济效益和生态效益。因而，工艺导向型新技术的扩散需要有一个通过“干中学”、“用中学”来提高技术工人的操作技能并完善技术的过程；（3）注重社会文化环境的匹配。生态工艺导向型创新需要相匹配的生态社会文化氛围，需要全社会形成“再循环、再利用、资源化”的生态发展理念，认识到垃圾等传统“污染资源”和原材料一样是一种生产要素，提高人们对于生态工艺导向型创新认识。

第三，有利于生态产品导向型创新的技术环境至少还应涉及以下几个方面。（1）“污染者付费”原则的深化。一方面，要把该原则由生产者扩大到消费者，消费者的消费偏好是对于市场的最大的引导，因而，让消费者认识到自己的环境责任，必将有利于生态产品的研发和消费，有利于生产、生活中的节能减排，从而实现经济社会生态可持续发展；另一方面，要把该原则由生产过程扩展到产品，明确生产这对于产品消费产生的不可利用废弃物的环境责任，从而提高生产者在产品生产中的生态环保意识。（2）消费文化的改变。消费文化的改变对于生态产品导向型创新具有决定性作用，良好的消费文化能够很好地引领生产者进行生态工艺创新。（3）消费者的环境意识与支付能力。在社会中，每个人都是作为理性经济人存在的，因而，消费者也有“搭便车”的心理，也会为了少支付或不支付来实现自身利益最大化，也就会导致生态产品这种在前期开发中“质次价高”的环境友好产品无法生存，产生“劣币驱逐良币”的效应。因此，要注重消费者环境意识的提高，注重不同经济发展阶段开发在消费者支付能力之内的生态产品。

4. 创新生态技术创新机制

生态技术创新是一个涉及经济、社会、人口、生态、环境等多领域发展的综合系统，要全面开展这项工作，必须进行机制创新。生态技术创新的组织方式可以采用产学研联合的形式，降低生产的成本和风险；在资金投入上，以政府扶持、企业投入、社会参与的形式展开，拓宽资金融通的渠道；在人才、资源、信息方面可以采用共建共享方式，提高资源的使用效率；同时还可利用经济、法律、市场等杠杆来引导生态技术的创新。

第五章　推进生态政治文明建设

生态问题已经不是一个简单的环境保护的问题，而是一个重大的政治问题。当前，国际主流政治的"绿化"大趋势已不可阻挡，环境问题正在被逐渐道德化、政治化和全球化。政府和政治家们必须确立可持续发展战略，用更多的财力、物力、人力来维护生态环境的持续发展，以此促进政治、经济、社会发展与全球生态环境协调发展，"生态政治"的概念应运而生。"五位一体"中生态文明，不仅是我国全面小康社会建设的内容之一，也是各项建设和改革发展的新背景和新趋势。政治文明建设必须与生态文明建设相结合，既要为生态文明建设提供坚实的政治制度保障和良好的制度和管理环境，也要按照生态文明建设的根本要求和发展趋势，推进政治制度改革，建设中国特色的生态政治制度，构建生态政府体制，并积极完善各项管理制度体系。

一、建设生态政治制度

生态文明建设对我国基本政治理念和政治制度建设提出了新的要求。建设生态政治制度，首先需要提高理念认识，树立新的生态政治理念，促进政治文明与生态文明的有机结合；然后，积极主动构建现代生态政治制度，突出生态公平与正义价值，重视和加强生态民主，构建生态政治秩序，同时注意树立国际生态政治观念。

（一）树立生态政治理念

1."生态政治"的内涵

"生态政治"可以表述为："围绕生态环境价值及与之相关的生态环境利益问

题展开的一系列政治现象、政治思想、政治行动的总和，包括由生态利益与经济利益冲突引发的政治矛盾和冲突，以及为解决这些冲突而产生的政党政治、政策制定、政治思想等。生态政治的目的也主要是要运用政治力量和途径解决人类与生态环境之间的利益矛盾与冲突，以及以生态环境为中介的人与人之间的利益矛盾与冲突，从而实现人类的可持续发展。”①在生态政治中，生态是前提，它突出了我们探讨的政治是与生态相关、具有生态学视野的政治；政治是核心性内容，它突出了我们探讨的生态是上升到政治的高度、需要运用政治力量才能得到解决的生态。生态政治也可以称为环境政治或绿色政治。

生态文明不仅是党和政府“五位一体”的治国内容之一，是中国梦的组成部分，也是中国政治现代理念的重要表现和中国政治未来越来越关注的重要议题。

2. 生态文明必然要与政治文明相结合

首先，生态文明是政治文明可持续发展的前提。生态文明的核心是人与自然的协调发展，进而是社会、经济、文化、资源、环境的可持续发展，这是政治文明可持续发展的前提。“社会主义的物质文明、政治文明和精神文明离不开生态文明，没有良好的生态条件，人不可能有高度的物质享受、政治享受。没有生态安全，人类自身就会陷入不可逆转的生存危机。”②生态文明是物质文明的基础和前提，是精神文明的重要内容，从而为政治文明的发展提供物质基础、精神动力和智力支持。

其次，生态文明建设有赖于良好的政治文明保障。其一，政治制度的性质、完善程度决定了生态文明建设的性质、价值取向和力度。社会主义性质的政治制度决定了其生态文明建设，是为了全体人民的根本利益和长远利益，是为全体人民利益服务的，它能真正代表全体人民的意愿和要求，制定执行正确的路线方针政策，加大生态环境保护和生态文明建设的力度，促进生态文明建设。其二，日益完善的政治制度是生态文明建设的制度保障，表现在国家制度、法律制度和政党制度分别为生态文明建设提供了根本制度保障、法律保障和组织保障。其三，理性化程度不断提高的政治权威和不断扩大的政治参与，是生态文明建设的根本保障。因为生态文明建设既需要有权威的、强有力的政治体系，尤其是各级政府，需要有专门负责生态文明建设的政治机关，又需要有广大社会成员的积极

---

① 张斌:《基于生态文明的生态政治简论》，载《安阳工学院学报》2012 年第 9 期。

② 辛鸣主编:《党员干部学理论 · 2008》，中共党史出版社 2008 年版，第 265 页。

参与。

第三，政治文明促进生态文明建设。其一，不断进步的政治文化是推动生态文明建设的强大动力。参与型政治文化是指社会成员对政治体系的输入和输出都有认知、情感和评价，这有利于政治行为主体积极参与各政治行为，包括参与生态环境保护等方面的行为，从而促进生态文明建设。其二，良好的政治参与习惯和健全的权利诉求途径可使社会成员自觉或不自觉地参与到各级政权体系及其决策系统中去，促使政治体系民主和科学的决策，从而有效保护和改善生态环境，促进生态文明建设。其三，政府的广泛宣传、教育及各种生态环保标记，可时刻提醒人们注意参与到生态环境保护的洪流之中去，从而促进生态文明建设，从而产生特定的政治心理效应和定式。权威的理性化本身就意味着越来越多的社会成员承认、接受、认可和支持，促进社会成员都参与到生态环境保护和生态文明建设的洪流之中去，从而促进生态文明建设。其四，健全的生态环境保护专门机构，完善的职能，是促进生态文明建设最直接的制度保障和组织力量。

由此可以看出，生态文明必然要与政治文明相结合。一方面生态环境问题日益进入政治领域，保护和改善生态环境日益成为政治活动和政治关系的重要内容，并根据生态文明建设的要求来推动政治文明建设；另一方面，政治行为主体及其政治关系和政治活动日益关注生态环境问题，日益用政治文明建设的过程及其成果来保障和促进生态文明建设，使政治日益生态化。①

3. 生态政治理念表现

先进的生态文明理念是生态文明制度的先导。我们应该弘扬生态文明理念并切实贯穿政治建设、经济建设、文化建设、社会建设各方面和全过程，使生态文明理念深入人心，营造全社会推进生态文明建设的良好氛围。把生态文明理念体现在政治方面就是生态政治理念，至少应该表现在几个方面。

一是生态优先的执政理念。执政党和政府的创新，首要的表现应该是价值观的根本变革，以生态文明取向超越传统理念应该是当前最大进步表现。这就要求执政党和政府秉承生态优先的价值目标。当经济效益、社会效益、生态效益三种效益发生矛盾冲突时，应该力主生态优先价值标准，保护生态利益，坚决抵制破坏自然的行为，扮演生态环境的保护神。

二是全面和谐的关系理念。生态文明的内在要求在于彻底转变和摒弃人类“掌控自然”之固有的思维方式，积极倡导彰显人与自然、人与人“和谐相处”

---

① 蔡明干：《论生态文明与政治文明的辩证关系》，载《经济研究导刊》2009 年第 24 期。

的绿色经济、绿色消费和绿色公正。

三是绿色 GDP 的政绩理念。生态环境问题的日趋严峻与治理的无效是密切相关的，考察生态环境破坏的原因，错误的政绩观念是罪魁祸首。生态文明取向的政府创新要求政府在自身绩效评价中摒弃传统的片面追求增长的政绩观，转向更加关注社会幸福、环境治理效果作为考核官员和评价政绩的重要依据。

四是维系公平的社会管理理念。生态文明所蕴涵的公平是一种广义的公平，包括人与自然之间的公平、当代人之间的公平、当代人与后代人之间的公平。政府在制定社会发展规划时，既要综合考虑当代人的需要，又要考虑后代人的需要，将一个可持续的生态环境和社会环境留给子孙后代。

五是民主参与的善治理念。建设生态文明，不仅仅是政府的事，更是全社会、所有民众的大事，生态文明建设必然要扩大民众政治参与，壮大非政府组织，加强政府与社会的合作，推行治理与善治模式。

（二）构建现代生态政治制度

坚持政府在当前我国生态文明建设中的主导地位，应着力于加快中国特色的生态政治制度建设。生态政治制度是一个包括生态政治组织机构、生态政治制度形式、生态政治运行机制等方面内容的有机系统。生态政治制度是确保生态文明建设有序性、连续性、公正性的一种定型化和规范化的制度创新。当前我国生态政治制度建设已取得较大实质性成就，但总体上还有待进一步健全和完善。

1. 构建生态政治秩序

“既然生态政治把生态问题提到了政治的高度，那么这种政治模式要解决环境问题就要以生态法则为前提，即政治过程生态化要遵循自然生态法则。”① 在生态政治时代，执政党和政府除了要追求和实现传统政治目的，即形成平等、正义、和谐的社会秩序之外，还必须遵循“环境正义”的“理治社会”，构建生态政治秩序。生态政治秩序就是遵循环境正义原则以形成人与自然、人与人双重和谐的“理治社会”。

2. 突出生态公平与正义价值

社会正义有环保的一面，生态文明也包含公平与正义的内容。生态政治必

① 张斌：《基于生态文明的生态政治简论》，载《安阳工学院学报》2012 年第 9 期。

须体现和坚持生态公平价值和正义价值。生态环境的恶化肯定是强者的责任大，因为他们消耗着大量的以环境为代价的商品；生态福利的享有肯定也是强者占优，因为他们有财力和闲暇去旅游观光，去体验美妙风光，有权力和实力去规避环境污染，去转嫁环境破坏。因此，富人应比穷人对生态环境负有更多的责任，富国应比穷国在全球环境保护与治理上承担更多的责任。在各种类型的生态功能区，生态建设和环境保护往往是以牺牲当地发展为利益代价，带来的就是当地的贫穷和与富裕地区相比越来越大的差距。要维护生态功能区社会民众权益，保障整个社会的公平正义，必须要靠政府的生态公平政策调整和生态正义的法律来保障。在这方面，生态政治应发挥利益调整与规范的功能，坚持生态公平正义的原则，实现环境权利和义务的均衡。

3. 重视和加强生态民主

民主既是一种体制和制度，也是一种原则和运作方式。民主制度的真正确立和真实运行需要许多条件和因素，其中民众的基本理念和能力素质、直接利益关系和需求迫切程度是重要的社会基础。生态文明建设因为涉及每个人的工作、生活、健康和幸福，因而构成公民权益一项最为直接的内容（有的人称之为“生态权”或者“环境权”），利益诉求也最为迫切，因而，民主参与的内在动力非常强，对生态环境方面的知情权、表达权、参与权和监督权有最直接的要求，因而，生态文明建设的民主参与成为民主化进程的重要切入点。

4. 重视生态国际政治

生态文明不仅是国内的政治问题，也是国际政治中越来越重要的问题。生态国际政治成为各国国际关系和外交事务中重要内容。从 1992 年在巴西里约热内卢联合国环境与发展大会通过的《21 世纪议程》，再到 2012 年的联合国可持续发展大会的里约峰会，20 年来一直围绕环境问题在各方的争吵和博弈中逐步走向共识，引人关注，成为当代国际政治中越来越重要的事件。生态国际政治的目标是建立国家、地区间平等、和谐、和平共处的国际环境正义新秩序。建立国际环境正义新秩序是关注和解决事关人类根本利益与长远利益的全球环境问题与国际环境非正义问题。环境问题和生态危机是生态运动兴起的客观原因，生态运动及各国生态绿党的成立发展成为生态政治产生发展的现实基础；反过来，各国在国内和国际两个层面上的政治生态化也将成为解决当今环境问题和生态危机，促进世界政治、经济、文化、环境协调、持续发展的重要措施和途径。生态国际政治并不奢求在短时间内建立某种统一的全球环境治理部门，而是通过决策制度和经济关系的生态化，来促使各国采取更加有利于生态的治理方式。生态国际政治对一个国家外交和内政都会产生重要的影响。

（三）加强生态法制建设

2007年，时任国家环保总局副局长潘岳曾坦陈："国家环保总局四年来进行了四次环评执法，靠的全是行政手段。这些手段虽然大多短时间内立竿见影，但长期效果却十分有限。面对严峻的环境形势，除了环境指标的考核问责制度未到位外，还缺乏一套激励各级政府和企业长期有效配置环境资源的机制。"①有知名环境学者指出，我国"环保欠账"问题总是无法解决，并且有加剧趋势，其中一些重要原因是立法不健全，执法不力，企业违法成本低，缺乏有效监管机制以及追究政府责任不够等等。可以说，对于中国"环境赤字账单"的形成，法律难辞其咎。②

法律制度既是行为规范，又体现了最基本的价值导向。法制建设在解决生态环境问题上具有举足轻重的作用。政府的政策、法令、规章制度等对环境保护进行直接干预，同时政府的政策、法令、规章制度对经济发展模式、公众行为的约束又间接影响生态环境的保护。它可以把各种权利、手段有效结合起来，去提高公众的环境意识、科学素质，去改变和规范人们行为方式，培育全新的生态法制观。

1. 以生态文明理念指导推进立法进程

以"生态文明"为理念导向和以"可持续发展"为终极目标的法律生态化理论对法律价值提出了新的要求，即一方面要将实现人与自然的和谐纳入法的工具性价值之中，以此缓解人与自然的紧张关系，另一方面在目的价值中要积极吸纳环境公平、环境正义、代际公平、生态优先等等，以彰显"人与自然和谐"的价值理念和原则。只有这样，法律生态化才能真正地凸显生态法制建设的真正内涵。③

我国现行有关法律均表现出"经济优先"的倾向。因此，要尽快制定体现

---

① 潘岳：《环境经济政策是解决环保问题最有效手段》，载《21世纪经济报道》2007年12月29日。

② 宋慧斌、张庆生、许立华：《论建设生态文明中的法律保障》，载《中共山西省委党校学报》2008年第4期。

③ 刘芳、李娟：《法律生态化：生态文明下中国法制建设的路径选择》，载《生态文明与环境资源法——2009年全国环境资源法学研讨会（年会）论文集》。

“生态优先”的综合性生态保护法律。健全的生态法律制度不仅是建设生态文明的标志，而且是保障生态文明的最后屏障。尽管我国当前已有这方面的立法，如《中华人民共和国环境保护法》，但还是存在体系性欠缺的现象。所以，要继续立新法，同时，还要尽快修订与生态相关的法律法规，明确界定环境产权，并建立独立的不受行政区划限制的专门环境资源管理机构，克服生态治理中的“地方保护主义”行为改革开放以来，我国的生态环保法律制度不断完善，逐步建立了一大批生态环境方面的法律。目前，我国已制定了包括水污染防治、海洋环境保护、大气污染防治、环境噪声污染防治、固体废物污染环境防治、环境影响评价、放射性污染防治在内的环境保护法律9部，自然资源保护法律15部，以及清洁生产、可再生能源、农业、林业、畜牧等与环境保护关系密切的法律。为生态文明建设奠定了坚实的基础，创造了条件。[①] 但是随着形势的发展，生态文明建设要求不但要致力环保法律制度“量”的覆盖，而且更要重视对环保法律制度的“质”进行深入审视。环境立法仍然存在诸多空白，已有的环保法律制度已经显露出它的欠缺之处。有的法律迟迟不见颁布，如2006年有关专家就起草好了《公众参与环境保护办法》，却是“只闻楼梯响，不见人下来”。有的法律规定不够具体，内容要求不够明确。例如，2006年制定的《环境影响评价公众参与暂行办法》中对公众的主体地位规定不明确；对选定公众的标准规定不明确。很容易导致公众的权利和义务的虚化，使得该《办法》演化为建设单位和环境行政主管部门的行为规则，公众无法主动和真实地参与环境影响评价。对公众意见的法律效力也规定不足。根据规定，公众对公众意见是否得到采纳是无权处置的，完全是环境保护行政主管部门组织和审批机关的职权。

加强生态文明建设，要坚持把生态文明观下的大环境法体系融入经济社会发展的大局中统筹进行。根据生态文明建设背景下的环境法制目标与发展要求，需要形成一套科学的环境立法体系。一是宪法中明确规定公民环境权，作为公众参与环境管理的立法依据，并将环境民主与环境法制有机结合起来，以落实公民道德与自然权利相关的一项基本人权，推进环境法治进程；二是继续保持《环境保护法》作为综合性环境基本法特征，克服某些立法缺陷，突出生态文明建设的立法宗旨，增加有关生态保护与资源保护的原则性规定，明确环境保护主体的权利义务、环境保护基本政策、主要对策，补充环境资源管理体制与管理机构的权责规定以及涉外环境法的原则性规定等；三是整合完善作为传统环境法基本内容

---

① 赵军:《强生态文明建设的法律思考》，载《胜利油田党校学报》2009年第1期。

与在现代环境法中依然重要的污染防治法，如梳理其中与环境基本法重复的条款，强化程序性与实施性的规定，吸收既定且已付诸贯彻的各类规章中的主要环境标准使之法律化，补充制定针对有毒废弃物、化学危险物品、核安全、放射性物质污染防治的法律规范；四是整合生态环境建设领域内的单行法律法规，要着力解决目前相关立法各部门由于条块分割而产生的不利于生态系统保护的问题。五是加大刑罚介入力度。应在刑法中增设新的罪种，如破坏大气、土壤、自然遗迹等自然环境犯罪，违法捕杀、贩卖、经营受国家保护一、二级野生动物犯罪等。另外，要进一步重视生态环境法治建设，要建立清晰的生态产权制度，包括生态产权界定、配置、流转、保护的现代产权制度。

2. 严格依法行政，加强生态执法

在生态文明建设和环境保护的执法环节中，政府在行政许可、行政处罚和行政强制等方面都存在一些问题：首先，环境行政许可把关不严。目前，我国行政机关对待环境行政许可并未做到恪尽职守。在2005年，国家环保总局就以"严重违反环境保护法律法规"为名，对13个省的30个违法开工的建设项目叫停，这些总投资额超千亿元的大型项目，都是因为在没有得到环境影响评价的行政许可时就违法开工而遭到处罚的。可见现行环境行政许可的实施状况非常严峻。其次，环境行政处罚量化不足。我国环境行政机关在处罚方面享有过大的裁量权，以《大气污染防治法》为例，该法规定"有下列行为之一的，由县级以上人民政府环境保护行政主管部门责令限期建设配套设施，可以处二万元以上二十万元以下罚款"，由此可见，罚款最低额和最高额之间相差10倍，这种可操作性不强的法律规定容易导致裁判不公，进而降低环境行政处罚的公信力。最后，环境行政强制力度不够。我国环境行政机关缺少必要的强制执行权，环保法规定："当事人逾期不申请复议，也不向人民法院起诉，又不履行处罚决定的由做出处罚决定的机关申请人民法院强制执行"。据此规定，环保机关若准备强制执行，需要行政相对人不去提起复议或者诉讼，并获法院申请批准的情况下才可以进行。这些条件大大削弱了环境行政强制执行力度。

根据存在的问题，要加强生态文明建设中的依法行政，推动生态文明建设法制化，需要采取若干有效的措施。

一是要严格行政许可。要加强主管机关的生态文明意识，树立法制生态化价值理念，用科学发展观武装头脑，坚持"五位一体"，保障经济社会发展与生态文明的和谐发展。同时，要加强生态环境的责任机制，对于环境失职的相关人员，除党纪政纪处分外，还要承受沉重的法律责任。二是量化行政处罚。针对我国环境行政处罚中自由裁量权过大的问题，有必要对行政处罚法进一步详细划分，细致规范环境行政机关的自由裁量权。三是强化环境行政强制，加强监控力度。对于执法中查出的问题要依法严格追究责任，决不搞以罚代法。针对我国环境行政强制执行力度不够的问题，有必要对环境行政强制执行权的行使重新加以分配，赋予环保机关的独立地位，使其与公安机关、税务机关一样，拥有独立的强制执行权。同时，调整与法院强制执行权的关系，“对有关人身重大财产的强制执行应由人民法院审查进行，其他的应由环境行政机关执行。具体来说，诸如拘留、大额罚款、责令停业关闭等由人民法院实施强制执行，而小额罚款及没收财产的收兑、变卖、划拨、扣缴与责令安装使用治理设施等可由环境行政机关实施”。[①] 四是要加大执法监督。人大要经常组织生态文明建设的专项执法检查活动，有关执法部门要经常组织联合执法活动，坚决杜绝行政不作为现象。

3. 加强生态文明中的公民环境权保障

“环境权”这一概念的提出是在20世纪60年代，随着环境的急剧恶化，人类生存面临环境危机，在各种环境保护运动的推动下，被逐步提出来的，即把每个人享有其健康和福利等要素不受侵害的环境权利和当代人传给后代人的遗产应当是一种富有自然美的自然资源的权利作为一种基本人权在法律体系中确定下来。环境权简单地讲就是指公民在不被污染和破坏的环境中生存及利用环境资源的权利，具体内容包括环境使用权、知情权、参与权、请求权等。

一是保障公民的环境知情权。由于环境损害的隐藏性以及一些公民多方面的原因，使许多公民对于环境问题的信息占有上严重不对称。例如，对于城市的规划和土地征收没有参与的机会、对于城市和乡镇工业规划的不知情等，都妨碍了公民参与环境治理和建设的权利有效行使。所以，必须通过法律赋予公民对环境问题的知情权，并且基于公民的弱者地位规定政府和企业等相应的义务来保障公民知情权的实现。对于可能对环境造成损害的决策或者其他措施，政府有必要事先通知到那些可能会受到影响的群体，不仅有义务通报有关公共和私人的所有相关信息，同时也有义务不干涉公众从国家或私人机构获得信息的行为。

二是保障公民的环境参与权。公民环境参与是民主制度的内在要求。我国一些主要的环境法律、法规都有公众参与的条款。如《水污染防治法》和《环境噪声污染防治法》均规定：“环境报告书中应当有建设项目所在地单位的意见”。1996年《国务院关于环境保护的若干问题的决定》更是强调：“建立公众参与机

① 刘春玲：《试论我国环境行政强制执行制度》，载《环境导报》1997年第3期。

制，发挥社会团体的作用，鼓励公众环境保护工作，检举揭发各种违反环境保护法律法规的行为”等等。

三是保障公民的诉求权和补偿权。完善环境诉讼制度。环境权益的公共性以及环境法的社会法属性，环境诉讼的体系具有综合性，既有传统的民事诉讼、行政诉讼、刑事诉讼，还有符合自身特征的公益诉讼。要鼓励和支持公民和环保组织依法提起环境公益诉讼，及时受理，公正裁决。要建立具体的生态资源的有偿使用和赔偿机制。另外，要建立环境保护的司法救济制度。总之，法律要为生态文明建设撑开法律的保护伞！

二、构建生态政府体制

政府管理是生态文明建设的最直接、最具体的活动，因而，政府体制需要根据生态文明建设的要求不断调整和改革。要增强生态文明建设职能，加强生态文明相关机构改革，理顺关系，推进生态文明治理运行顺畅，并积极创新生态文明建设中的政府管理方式。

（一）推进生态文明建设中的政府体制改革

十八大报告提出，我国行政体制改革的目标是“建设职能科学、结构优化、廉洁高效、人民满意的服务型政府。”其中就包含生态文明建设内在要求。促进和加强生态文明建设既是政府体制改革的重要背景，也是改革创新的一项检验目标。从宏观上讲，生态文明建设必然会促进政府管理理念的创新和治理模式的变革。比如，治理核心理念由发展效率至上转变为更加关注生态公平；政府治理目标由 GDP 至上转变到民生 GDP 和绿色 GDP，大力建设美丽中国、美丽城市、美丽乡村；治理方式由管制为主转变到扩大民主参与等等。从微观上讲，生态文明建设必然会在政府职能转变、政府机构改革、关系理顺以及管理方式创新等方面体现出来。

1. 加快政府职能转变，增强生态文明建设职能

一方面，必须减少政府职能的“越位”、“缺位”和“错位”。地方政府主导的经济增长模式、官员政绩冲动及地方政府间权力和利益竞争使得地方政府职能普遍存在越位和缺位，导致许多地方政府片面追求当地短期利益，片面地注重经

济指标，轻视环境生态指标，以牺牲社会效益、环境效益、生态效益换取经济效益的提高；在生态环境上保护不力、监管不严、投入不够、组织力量薄弱，地位不高，甚至充当了环境生态的破坏者。

另一方面，加强政府职能的转变和科学定位，实现“正位”、“回位”和“补位”。政府职能的总体定位就是按照建设服务型政府的要求，向创造良好发展环境、提供优质公共服务、维护社会公平正义转变。根据生态文明建设的要求，政府职能转变应该表现为：一是要加强服务职能，切实加强生态文明建设的职能，做到在服务中实施管理，在管理中体现服务，为社会公众在环境保护方面创造良好的环境，扮演保驾护航的角色。各级政府要为社会和公众制定科学的生态政策；加强政务公开，及时提供生态环境动态信息，保障公民的生态知情权；扩大公民的参与，维护生态利益诉求；加强环境治理，为公众的生活、工作提供良好的自然环境，确保公众“喝上干净的水、呼吸清新的空气，有更好的工作和生活环境”。二是要加强监管职能，设置严格的准入制度。政府在资源环境这一公共产品使用过程中要设置严格的准入制度，杜绝生产者过度使用资源环境而造成私人成本低于社会成本等乱象。通过加强市场监管和改革绩效评估，避免地方政府政绩冲动与利益争夺造成的公共服务角色失位。将生态环境管理的资源进一步向基层倾斜，提高基层政府的装备能力，逐步建立和完善对危害公众健康和环境安全的监控体系。三是要增强新的职能。诸如，建立和完善生态保护制度、资源有偿使用和补偿制度、生态问责制度、绿色 GDP 考评制度等一系列新的制度体系；建立有利于绿色技术研发的制度体系，在推动传统产业结构向现代绿色产业体系的升级过程中，也亟须地方政府在推进科技进步、产业转型升级、加强政策引导以及建立健全资源环境立法体系等方面发挥应有的功能作用。

2. 积极推进机构改革，加强生态文明建设机构

在当前地方政府管理中，一个严重的现象就是存在多头执法、重复执法以及行政管理责任无人承担。所以，调整政府管理体制，首先就要构建一个与生态文明建设相配套的能源资源和环境管理综合协调机构以代替具有过渡性质的机构，进而理顺政府各部门关系，减少体制上的摩擦，缓和机构间矛盾。

一是要稳步推进大部门制改革。整合生态治理和环境保护相关的部门职能，建设综合性的生态治理和环境保护部门，从根本上杜绝生态环境管理政出多门的问题。2008 年的国务院机构改革，把原来的“环保总局”改为“环保部”，增强了环保部门的职能和地位。

二是需要进一步增强地方资源环境部门的独立自主性，提高执法能力。由

于地方政府对环保部门在人事权和财政权方面的绝对支配地位，使得在地方资源和环保部门往往陷于听命于地方政府及官员还是忠实履行环保职责的两难境地。因而，建立一个权威性的综合管理机构，不仅可以避免因过渡性质的职能机构的行政级别较低而造成协调无力甚至无法协调的情况，而且由于该机构并不存在与其他机构的利益相关问题，有可能站在一个公平公正的角度调节各机构间的矛盾，从而大大提高协调的有效性。2013 年的机构改革，实行了简政放权，许多职权是精简和下放的，但是，却加强了对投资活动的土地使用、能源消耗、污染排放等管理，这是符合生态文明建设要求的正确选择。

3. 进一步理顺关系，推进生态文明治理运行顺畅

一是理顺横向职能部门之间的关系，整合职能，减少职能交叉，相互扯皮现象，促进职责权限的统一。例如，食品安全职能达到了加强和整合——组建国家食品药品监督管理总局。这也是加强生态文明建设的表现。食品安全原来实行分段监管体制，质量技术监督部门管生产、工商行政管理部门管流通、食品药品监督管理部门管消费。实践证明，监管部门越多，监管边界模糊地带就越多，既存在重复监管，又存在监管盲点，难以做到无缝衔接，监管责任难以落实。多个部门监管，监管资源分散，每个部门力量都显薄弱，资源综合利用率不高，整体执法效能不高。同时，随着生活水平不断提高，人民群众对药品的安全性和有效性提出更高要求，药品监督管理能力也需要加强。因此，需要下决心改革现行食品药品监督管理体制，将食品安全办的职责、食品药品监督管理局的职责、质检总局的生产环节食品安全监督管理职责、工商总局的流通环节食品安全监督管理职责整合，组建国家食品药品监督管理总局，对生产、流通、消费环节的食品安全和药品的安全性、有效性实施统一监督管理。这样改革，执法模式由多头变为集中，强化和落实了监管责任，有利于实现全程无缝监管，提高食品药品监管整体效能。

二是理顺中央与地方政府之间职权关系。加强生态文明建设是各级政府的共同职责，具体职能有分工，但目标应该是一致的，即共同建设美丽中国，实现中国梦。首先，要解决地方保护主义问题，避免中央热、地方冷，或者搞上有政策，下有对策，对生态文明建设说起来重要，做起来次要。2008 年 7 月颁布的《全国生态功能区划纲要》划分了 216 个生态功能区，在此基础上我国开展了生态功能区的保护与建设工作。生态功能区的建设与保护是我国生态文明战略实施的关键，然而生态功能区划与传统行政功能区划的矛盾，需要地方政府协同配合解决，以生态利益保护为职责，共同发展。创新生态功能区的管理体制。生态功能区是落实国家主体功能区战略的重要体现，也是加快推进生态文明建设的控制

性节点。积极探索建立生态功能区的横向协同、纵向统筹的管理体制，强化上级政府对跨地区综合性环境事务的宏观调控能力。其次，是加强地方环保职能部门职权和能力，改革财政体制，保障地方政府职责权限和财力的平衡，尤其是加大对生态保护区的专项转移支付和财力支持，增加地方政府支持生态文明建设的内在动力。

三是在管理经济事务过程中，地方政府要正确处理好政府与资源性企业、政府与社会环境、经济发展与公共服务之间的关系。理顺经济发展、环境保护、社会和谐的关系。

（二）创新生态文明建设中的政府管理方式

重视和加强生态文明建设必然对传统政府体制和治理模式带来挑战，促进政府体制改革和治理方式的创新。政府管理活动包括一系列的环节，如制定公共政策、决策、用人、执行、监督与控制、沟通协调、宣传与教育等等，有的内容在别的章节有所论述，不再重复。本节侧重论述政府管理活动与管理方式的创新。

1. 构建生态文明取向的综合决策机制

一是将生态文明建设纳入经济和发展规划的综合决策，并贯穿于社会经济发展全过程。这需要增强生态文明建设在决策理念中的不可或缺位置，需要提高资源、环保、生态等部门在政府宏观规划中的不可轻视地位。积极推进规划环评、政策环评、战略环评，在城市规划、能源资源开发利用、产业结构调整和土地开发建设等重大决策过程中，让环境影响评价进入综合决策。规范环境影响评价的内容和程序，完善环境影响评价制度，增强环境影响评估的权威性，保证环境评价单位在环境影响评价中的独立性，确保环境影响评价机构不受非技术因素的干扰。

二是建立多方参与的政策制定机制。首先，在政府内部，各级政府在制定宏观经济政策时，要有资源、环保、生态部门和其他有关部门共同参与，确保各个层次的经济发展总体战略、规划和政策充分考虑生态环境因素。其次，面对社会，要加强民主决策。公众参与决策的目的在于能够通过此项活动达到决策者与公众之间的相互了解、相互信任，取得集思广益的效果。其实质就是通过一定的方法与程序，让社会成员能够参加到那些与他们的生活环境息息相关的政策和规划的制定及决策过程中去，使他们自觉地参与到美好家园的建设中来，促使地方管理决策更加民主化、科学化和法制化，更加具有可操作性。2006 年《环境影响评价公众参与暂行办法》颁布和施行，该《办法》的立法目的是为了推进和规范环境影响评价活动中的公众参与，也有利于综合决策的科学化民主化。

三是建立生态优先的权衡机制。政府部门在出台相关政策时应充优先考虑生态环境的承载能力，充分评估可能产生的环境影响，对可能产生重大环境影响的城市建设和社会经济发展重大决策行使环保一票否决权，避免出现对生态环境造成破坏性影响的决策失误。当经济发展与生态环境建设相冲突的时候，要坚持生态环保的优先地位，让经济发展服从于生态环境建设。

2. 加强生态文明建设中沟通协调机制

生态文明建设的核心问题是建立人与自然的和谐关系，它本身是一个庞大复杂的系统工程，涉及每一个社会成员，需要充分动员和有效扩大社会各界公众参与。因而，政府在生态文明建设中，必须要转变传统的行政管理方式，由行政命令为主的强制方式向扩大民主协商、沟通协调方式转变；由管制式为主的方式向服务为主的方式转变；由政府为主大包大揽的方式向扩大民众参与、社会多元主体的方向转变。

一是完善环境信息发布和重大项目公示制和听证制度。有关生态文明建设的事项要充分走群众路线，初步规划与方案要向社会公开，征求社会群众意见，保障公众的知情权、参与权、决策权和监督权。成立生态文明建设专家咨询委员会，重大的决策要充分听取专家意见，切忌暗箱操作。2003 年 9 月 1 日开始实施的《环境影响评价法》在推行环境决策民主化上意义深远。它规定政府机关对可能造成不良环境影响并直接涉及公众环境权益的专项规划，应当在审批前，通过举行论证会、听证会等形式，征求有关单位、专家和公众对环境影响报告书的意见。

二是要积极推进沟通协商机制。注意对重大问题开展深入的调查研究，力求全面、准确地了解社会民众的心理和意愿。结合地方实际，积极创新社会协商有效形式。高度重视当前具有强大影响力的网络媒体，积极利用网络平台，推行网络问政。一方面通过网络及时发布生态文明建设信息，形成网民积极关注、广泛参与生态文明建设的网络舆论格局；另一方面要完善政务网互动功能，增强对网络民意的回应。政府应重点加强与民众沟通，及时回应民众质疑，鼓励网络公众监督资源和环境相关政策的制定，解决民众通过网络渠道发布的资源环境问题，以互联网发展为契机，建设政府与网民的对接新渠道。

3. 建立政府主导、市场运作、社会协同的合作机制

生态治理的制度设计可以有三种：一是政府主导行政运作的方式；二是政府

主导为主，市场运作的方式；三是市场运作主，政府为辅的方式。[1] 如果政府和社会之间的目标、利益和手段等方面存在偏差，就容易导致公民环境权益遭受侵犯，环境治理结果出现不确定性，生态治理实际效果就会差强人意。因而，生态文明建设必须在多元合作治理模式理念的指导下，建立政府主导、市场运作、社会协同的合作机制。"政府主导"强调了生态建设是政府的职能，政府应该承担起生态治理的制度供给者、实施者、监督者等基本职能，对于生态环境的破坏，政府应该承担相应的责任。"市场运作"认为生态治理政府主导并不意味着政府完全按照行政权力运作模式来治理生态，而是要充分发挥市场机制的作用，政府在产权制度、纠纷裁决制度等方面的创新是市场运作的关键。"社会协同"看到了政府失灵与市场失灵的可能，作为环境好坏承受者个人或社会组织介入生态治理，在治理过程中，各方利益主体就共同的目标进行协商，需求公共利益的最大化，是避免政府与市场双重失灵的有效手段。

多元合作治理模式因多元主体的参与而产生的优势互补效应，不仅能够突破传统环境保护以政府为主导的局限性，而且还因为市场和社会其他主体的参与而带来了政府生态治理体制的建构和完善。

三、完善生态制度体系

十八大报告指出"保护生态环境必须依靠制度"，并且提出了一系列具体的制度要求，形成生态文明建设的制度体系。这些制度体系主要包括目标考核与奖惩机制，有关耕地、水资源和环境的国土空间开发保护制度，资源有偿使用制度和生态补偿制度，责任追究制度和环境损害赔偿制度，以及全民生态文明宣传教育制度等等。鉴于部分制度在别的章节已有论述，本节侧重从目标考核体系、资源有偿使用和生态补偿制度、责任追究制度几个方面展开论述。

（一）建立生态文明取向的绿色 GDP 考核评价体系

GDP 指标是被称为"世纪性杰作"，它是国民经济核算体系（SNA）中一个重要的综合性指标，是衡量国民经济发展规模、速度、结构和水平的核心指标，是监测整体经济状况的重要数据，反映宏观经济的发展状况。因而，在发展是第

---

① 姜裕富:《态文明建设中的政府治理创新》，载《环境教育》2010 年第 11 期。

一要务的政绩考核体制系中，一直成为我国各级政府和官员绩效考核中的最重要、最核心的指标。但是，GDP 并非衡量福利的完美指标，传统的 GDP 指标在诸多方面存在不足，环境质量、收入分配、公民幸福感等都不能够从 GDP 中得到反映。从现行的 GDP 中，只能看出经济产出总量或经济总收入的情况，却看不出背后的环境污染和生态破坏；核算使用的中间投入仅限于国民经济核算体系涉及的货物及服务，未能反映经济生产活动对自然资源消耗和对环境造成污染的代价；也不能反映日益严重的贫富差距和收入分配不公问题，不能反映国民生活的真实质量等。

因此，完善 GDP 评价体系，使它能够更加真实地反映社会经济发展，必须坚持科学发展观，加入生态文明指标。推行绿色 GDP 评价体系对于生态文明建设有着最直接的推动作用。目标考评体系是地方政府活动和领导干部工作的指挥棒，直接引导着地方政府行为方向。推行绿色 GDP 评价体系，加入生态文明的考核指标，既可以强制性推动地方政府工作和领导决策真正重视节能减排、优化产业结构、减少资源浪费，也可以激励各级官员切实关注“生态文明”建设，将经济发展的着力点放到提高经济增长质量和综合效益上来，从而加快“美丽中国”建设进程。

1. 绿色 GDP 的基本内涵

1993 年联合国统计署（UNSD）出版的《综合环境经济核算手册》正式提出绿色 GDP 的概念。绿色 CDP 有两层含义：一是产品生产和经济发展要在良好的自然资源和生态环境下进行，要合理、有效地开发利用自然资源，并符合经济可持续发展要求；二是产品生产和经济发展应该在满足人们物质生活极大丰富的同时，保障生存环境的良好循环和生活质量的不断提高。①

关于绿色 GDP 的核算，目前一般是基于传统 GDP 的调整方法。即：绿色 GDP=GDP －固定资产折旧－资源环境成本，或绿色 GDP=GDP －资源环境成本。绿色 GDP 评价体系是对传统 GDP 评价体系的完善，不仅能衡量经济中所有人的总收入和用于经济中物品与劳务产出的总支出，也能看出环境污染与生态破坏所造成的损失。

绿色 GDP 是科学发展的“增加值”，它衡量经济发展最真实的水平，是实实在在、没有水分的 GDP；它正视环境资源的有限性，是生态环保、资源节约的 GDP；它瞄准新的经济增长机制，是创新驱动增长的 GDP；它着眼民众长远福祉，是可持续增长的 GDP。

① 楼永俊、金立其：《杭州市绿色 GDP 核算体系实证研究》，载《改革与战略》2010 年第 10 期。

2. 建立绿色 GDP 指标体系

绿色 GDP 评价指标体系的建立可围绕经济发展层、社会进步层、资源节约层、环境友好层建立如下 28 个绿色发展规划评价体系。①

绿色 GDP 评价指标体系

总目标	准则层	具体指标与单位	备注
绿色GDP评价体系	经济发展层	人均 GDP（万元 / 人） GDP 增长率（%） 高新技术产业增加值占 GDP 的比重（%） 科技成果转化率（%） 外贸依存度（%）	作为目前描述经济增长情况宏观经济指标
	社会进步层	城镇化率（%） 人均住房面积（平方米 / 人） 恩格尔系数（%） 社会基本保险参保率（%） 城镇登记失业率（%）	反映环境损失和环境改善对人民生活质量的影响
	资源节约层	能耗强度（ECI）（吨标煤 / 万元） 水耗强度（WRI）（立方米 / 万元） 土地资源消耗强度（RRI）（立方米 / 万元） 物质消耗强度（TMI）（吨 / 万元） 单位规模工业增加值能耗（吨标煤 / 万元） 能源消费结构（RER）（%） 三废综合利用贡献率（%） 房屋空置率（%） 土地产出率（%）	反映经济增长对资源的信赖程度和利用水平，表明绿色发展的水平
绿色GDP评价体系	环境友好层	人均耕地面积（平方米 / 人） 人均绿地面积（平方米 / 人） 森林覆盖率（%） 主要饮用水质达标率（%） 城镇生活垃圾无害化处理率（%） 环保投资占 GDP 的比重（%） 污染物排放强度（PPI）（%） 温室气体排放强度（CO2/GDP） 建设项目“三同时”执行合格率（%）	综合反映经济增长给生态环境带来的压力，表明绿色发展的水平

① 朱海玲、施卓宏：《“两型社会”建设中绿色 GDP 评价体系的建立与实施机制研究》，载《湖南社会科学》2011 年第 4 期。

3. 推进绿色 GDP 考核指标体系实施

当前，各地积极响应“生态文明”建设和“美丽中国”号召，纷纷提出“美丽城市”、“美丽乡村”等概念，并积极引进和探索绿色 GDP 指标体系。例如，2012 年河南省政府提出绿色 GDP 要成主要政绩指标。河南省十一届人大常委会第二十八次会议分组审议《河南省减少污染物排放条例（草案）》，治污、节能减排成绩将成考核官员政绩新标准。《条例（草案）》规定，县级以上人民政府对本行政区域内减少污染物排放工作负责，淘汰落后产能，建设污染防治减排设施，并实施减少污染物排放工作目标责任制和行政问责制，定期对所有有关部门和下级人民政府进行考核，将考核结果作为有关负责人政绩的重要内容。2013 年湖北省委省政府提出把民生 GDP 和绿色 GDP 作为“核心 GDP”，强调湖北要提升经济发展的质量和效益，要建设美丽湖北、幸福湖北，把绿色作为核心追求就是必然选择。2013 年，湖南已经初步完成了《绿色 GDP 评价指标体系》，并在长株潭 3 市（长沙、株洲、湘潭以及下辖县市区）全面试行绿色 GDP 评价体系，把评价指标纳入该省绩效考核，实施考评。这套指标体系是在湖南省 14 个市（州） 2008 年至 2010 年间的数据测算情况基础上提出的，包括经济发展、资源消耗、环境和生态 3 个层面，分别按照 40%、30%、30%的比例进行考核核算，共计 22 个指标。①

从传统到绿色，转型无疑相当艰难。绿色 GDP 核算在当前还存在着许多理论和实践上的困难与障碍。绿色 GDP 付诸实践，发展内涵与衡量标准都会随之发生变化，扣除了环境损失成本，或许会使一些地区的经济增长数据下降。如果不把唯数字论的政绩观扭转过来，不把只重增长不看质量的机制扭转过来，搞花架子、形式主义的形象工程、政绩工程就还有空间，绿色发展就难以坚实持久、甚至难以生根发芽。

确立绿色 GDP 的“核心”地位，如何核算只是技术问题，最根本的是要将绿色 GDP 从计算方式的变革，引导出干部考核制度的变革，确立其在新的政绩评价体系中的核心地位。以此为基础，加快形成转方式、调结构的倒逼机制，引导地方更加积极节能减排、淘汰落后产能，推动地方更加主动探索无污染、高质量的经济增长点，实现政府职能的转变，实现“绿色发展、低碳发展、循环发展”。

① 王尔德:《环境有价》，载《21 世纪经济报道》2012 年 7 月 18 日。

（二）建立和完善资源有偿使用和生态补偿制度

环境资源的外部性、生态建设的特殊性、环境保护的迫切性共同决定了建立生态补偿机制的重要性和紧迫性。我国生态环境形势严峻，除经济发展阶段的特殊性等客观因素外，廉价或无偿的生态环境使用制度以及由此造成的生态环境补偿机制缺失是环境污染加剧的重要原因。生态环境作为一种重要的稀缺资源应和资本、劳动等生产要素一样按市场方式有偿使用，只有这样才能实现环境成本和效益的合理分配，才能真正解决环境污染外部化问题。建立健全资源有偿使用制度与生态环境补偿机制，有利于城乡之间、区域之间的统筹协调，为生态脆弱和经济欠发达地区提供有力的政策支持和稳定的补偿渠道；有利于确立资源环境的价值观念，推进资源环境有偿使用的市场化运作；有利于促进清洁生产，发展循环经济，实现经济增长方式的根本转变；是撬动经济和环境“双赢”的有力杠杆。

1. 建立健全资源有偿使用制度

资源有偿使用是建立在资源有用、有限、有价基础上的，在使用资源时应该根据环境资源的价值和稀缺程度承担必要的费用。资源有偿使用也意味着取得资源使用权应该付出一定的代价或费用，如在使用环境资源的过程中，应该承担维持和维护环境质量和生态系统平衡的费用，以及为了在利用环境资源时尊重生命、热爱自然、维护环境利益，应该依法承担必要的实现人与自然和谐相处等的费用。

一是建立真实反映资源稀缺程度、市场供求关系、环境损害成本的价格机制。推进价格改革，理顺价格形成机制，建立反映市场供求、资源稀缺程度的资源性产品价格形成机制，建立资源性产品交易机构，积极开展节能量、碳排放权、排污权、水权交易试点，形成政府主导，有利于促进资源节约和环境保护的资源性产品价格体系。应该按照维护自然资源可持续利用的原则要求，构建合理的自然资源价格的差比价关系，正确地处理自然资源与资源产品、可再生资源与不可再生资源、土地资源、水域资源、森林资源、矿产资源等各种不同资源价格的差比价关系；纠正原有的不完全价格体系所造成的资源价格扭曲，将资源自身的价值、资源开采成本与使用资源造成的环境代价等均纳入资源价格体系。通过完善资源价格体系结构，为资源有偿使用制度的实施提供体制保障。

二是严格执行资源开采权有偿取得制度。石油、煤炭、天然气和各种有色金属等都是面临枯竭的不可再生的宝贵资源，因此资源开采者必须向资源所有者即国家缴纳相应的税费以获得开采权。应彻底取消自然资源一级市场供给（行政无偿出让和有偿出让）的双轨制，使企业通过招标、拍卖等市场竞争手段公平地取得资源开采权。对于此前无偿或廉价占有资源开采权的企业均应进行清理。

三是积极探索和推行交易制度。首先，全面推行排污权交易制度。基于废弃物排放的总量控制制度，全面推行初始排污权有偿使用制度，全面推行排污权在行业之间、企业之间的交易制度，优化配置稀缺的环境容量资源，提高环境容量资源效率。其次，积极探索碳权交易制度。在温室气体从强度减排转向总量减排的过程中，积极探索初始碳权有偿使用制度，积极探索碳权在区域之间、产业之间和企业之间的交易制度，优化配置稀缺的温室气体容量资源，提高碳效率。

四是发挥财政职能，做好资源有偿使用收入的管理工作。发挥财政的配置职能，形成合理的资源成本分摊机制，将资源自身价值及开采费用、开采资源造成的环境恢复费用、资源开采生产的安全费用等共同成本合理地分摊到资源开采、资源产品和产品服务等产业链条之中；发挥财政的调节职能，将资源有偿使用的收入进行有效的分配，在中央与地方按比例分成的基础上，实行“专款专用”；发挥财政的监督职能，依据财经制度促使使用资源的经济成分准确、及时、足额地缴纳有关税费，同时对造成资源有偿收入的税源和费源“跑冒漏损”现象进行检查验证。积极推进资源税费改革。统筹各种资源税费和环境税费的改革，实现“从量计征”到“从价计征”，建立统一的资源税费和环境税费体系，加快推进资源性产品的有偿使用制度和生态补偿制度的建立和完善。

五是加强资源开发管理和宏观调控。营造公平、公开、公正的资源市场环境，形成统一、开放、有序的资源初始配置机制和二级市场交易体系，建立政府调控市场、市场引导企业的资源流转运行机制，通过市场对资源的有序配置，提高资源的利用效率，改变人们利用与消费资源的传统方式，以资源的永续利用保障经济社会的可持续发展。

2. 建立健全生态环境补偿机制

生态补偿机制是综合运用政府、法律和市场手段落实生态文明的重要路径，是指对损害生态环境的行为或产品进行收费，对保护生态环境的行为或产品进行补偿或奖励，对因生态环境破坏和环境保护而受到损害的人群补偿，以激励市场主体自觉保护环境，促进环境与经济协调发展。生态环境利用的不可逆性是生态环境补偿的自然要求和生态学基础；环境资源价值理论是生态补偿的价值基础和确定补偿标准的理论依据。

近些年来我们开始重视和提出建立生态环境的有偿使用制度和补偿机制，

并且逐步建立了一些相应的制度与机制，但是，由于长期以来对生态环境的认识缺失和制度缺失，当前在生态环境补偿机制方面还存在一些问题，诸如：一是财政转移支付体现生态补偿要求还不够清晰。现行的财政转移支付制度虽然在一定程度上体现了对经济欠发达地区的扶持倾斜，但未能充分反映生态补偿的要求。比如在财政收入分成比例上，虽然实行了差别待遇政策，但对重要生态功能区域的生态补偿倾斜不够明显，多数财政转移支付受惠项目的生态补偿指向并不明确，财政资金获得与该地区承担的生态环境保护和建设任务有待进一步挂钩。二是资源环境价值与生态补偿偏低的矛盾比较突出。在资源环境领域的价值规律还没有引起各级政府的足够重视，资源有偿使用制度不够完善，对自然资源和生态环境保护的投入基本不计成本。在价格形成机制上，资源产品价格还没有充分反映自然资源本身价值，造成资源产品价格低下，与实际使用价值严重背离。三是"谁损害谁付费、谁受益谁补偿"的原则没有充分体现。相关地区的广大人民群众，为了保护当地的资源环境，做出了很大的牺牲。他们在环境保护生态建设上加大了投入，但在产业发展上受到了制约，给当地的经济社会发展产生了深刻的影响。如果由此造成的经济损失完全由当地来承担，而不是由资源消耗者或损害环境者来承担，这不仅与谁损害谁付费、谁受益谁补偿的原则相悖，而且还可能加剧区域发展的不平衡和区域间的利益冲突。四是生态补偿工作还未走上制度化和规范化轨道。尽管这几年生态补偿工作受到了各级各部门的高度重视，在具体政策措施上也有所体现，但缺乏长效的管理机制，临时性、应急性较强，制度性、规范性不够，目前还不能说已经建立了生态补偿机制。①

生态环境补偿机制的实施重点包括：一是建立健全生态环境补偿的长效机制。生态环境补偿机制的制度化、规范化、市场化需要通过法律法规进行约束和支持。我们应在借鉴国际经验的基础上，"按照谁开发谁保护、谁受益谁补偿"的原则，尽快出台符合我国国情的《生态环境补偿条例》和《生态环境补偿法》，在取得试点经验的基础上全面推开，以实现生态环境的"善治"与长效。

二是逐步推进环境税收制度和生态补偿保证金制度。根据我国的具体情况，可先将各种废气、废水和固体废弃物的排放确定为环境税的课征对象，同时将一些高污染产品，以环境附加税的形式合并到消费税中。对新建或正在开采的矿山、林场等，应以土地复垦、林木新植为重点建立生态补偿保证金制度，企业需在缴纳相应的保证金后才能取得开采许可，若企业未按规定履行生态补偿义务，

---

① 朱岗、江立生、李志明：《关于建立健全生态补偿机制的调研报告》，宁波市政府门户网站2006-11-13。

政府可运用保证金进行生态恢复治理。

三是建立符合主体功能区划的财政转移支付制度。要提高一般性转移支付对生态环境补偿的规模和比例。优化转移支付结构，进一步规范分配办法，细化转移支付测算级次，更加科学、准确、合理地反映地方生态建设和环境保护情况。在此基础上，通过进一步提高转移支付系数等方式，加大对国家级禁止和限制开发区域的转移支付力度，对限制开发区域和禁止开发区域予以相应的政策倾斜。满足这些地区基本公共服务的标准支出需求，引导当地政府工作重心转向科学发展与改善民生。

四是整合优化财政支出结构。合理确定财政支出投向，充分体现生态补偿的要求和对欠发达地区、重要生态功能区的倾斜和扶持，进一步明确用于生态补偿的项目和标准，重点扶持相对落后地区的生态示范项目。对生态重点工程和重点领域，进一步加大财政支持力度，更加清晰地体现生态补偿的要求。进一步加大政策扶持力度。通过规划引导、项目支持等方式，扶持和培育生态脆弱和经济欠发达地区新的经济增长点，重点加强欠发达地区和重要生态功能区投资环境的改善，支持欠发达地区特别是重要生态功能区大力发展生态型、环保型产业；通过政策倾斜和实施差别待遇，激发这些地区保护资源环境、发展生态产业的主动性和积极性。

五是形成生态保护职责和生态补偿对称的评估体系。首先要划分清楚中央政府和地方政府的权责。中央政府主要负责国家重点生态功能区、重要生态区域、大型废旧矿区和跨省流域的生态补偿；地方各级政府主要负责本辖区内重点生态功能区、重要生态区域、废旧矿区、集中式饮用水水源地及流域海域的生态补偿。将生态补偿列入各级政府预算，确保补偿资金及时足额发放。其次，建立科学的生态环境评估体系。环境效益的计量、环境资源的核算等技术层面的问题决定着生态环境的补偿标准、计费依据以及如何横向拨付补偿资金等一系列问题，即生态保护职责和生态补偿是否对称的问题。因此，应加快建立科学的生态环境评估体系，推动生态环境的定性评价向定量评价的转变，为生态环境补偿机制有效地完成实施目标提供相应的技术保障。

除此之外，生态补偿机制的建设还包括如下内容：应该积极探索多元化补偿方式。未来将引导和鼓励开发地区、受益地区与生态保护地区、流域上游与下游通过自愿协商建立横向补偿关系，采取资金补助、对口协作、产业转移、人才培训、共建园区等方式实施横向生态补偿。逐步建立生态补偿统计信息发布制度，将生态补偿机制建设工作成效纳入地方政府的绩效考核；加强对生态补偿资金分配使用的监督考核；提升全社会生态补偿意识等。

（三）建立和完善生态环境责任追究制度

中共中央政治局 2013 年 5 月 24 日就大力推进生态文明建设进行第六次集体学习。中共中央总书记习近平在主持学习时强调，决不以牺牲环境为代价去换取一时的经济增长。在生态环境保护问题上，就是要不能越雷池一步，否则就应该受到惩罚。只有实行最严格的制度、最严密的法治，才能为生态文明建设提供可靠保障。最重要的是要完善经济社会发展考核评价体系。要建立责任追究制度，而且应该终身追究。

国家环保总局不断推出“环保风暴”，每次都查处一大批违规开工项目。例如，2005 年初环保总局通过系列环评执法行动共清查了电站项目 388 个，清理出违法开工项目 139 个，其中火电项目 46 个，水电项目 93 个。[①]2006 年，环保总局连续否决了 7 个大项目，叫停了 11 家对饮用水造成严重污染的企业，查处了 10 家大型违法项目。2007 年初，环保总局发动了第三次环保风暴，通报了投资 1123 亿元的 82 个严重违反环评和“三同时”制度的钢铁、电力、冶金等项目。[②] 但是，为什么不断查处，还不断有新的违规事件一再出现呢？原因是多方面的，其中监管不力，惩处不严，责任追究不重，是导致地方政府官员不害怕而顶风而上的重要原因。中国环境问题的解决不能寄希望于一两场所谓的来得快去得也快的“风暴”，必须要建立一整套长效机制。

现有的政治激励和财政约束往往导致地方政府在环境监管中出现无动力和无能力的局面，导致环境保护责任的缺失：一是环境监管动力不足。以 GDP 为重的干部绩效考核机制和以生产型增值税为主的税收体制激励着地方政府对产值大、利税高的重工业格外偏爱。地方政府为了增加地方税收和财力，为了满足政绩考核需要的 GDP 的快速增长，往往姑息纵容产值大、利税高的污染企业的存在和发展，在环境监控上软弱无力，或者睁一只眼闭一只眼，甚至保护污染企业，有意无意地躲避环境保护的责任。二是责任追究不严。许多地方出现了地方政府不顾群众反对意见，一意孤行上污染项目的情况。有的地方出现了后果严重的环境事件和责任事故，但地方官员并没有受到责任追究，甚至得到提拔。因而，必须建立和完善生态环境保护责任追究机制。

---

① 参见黄建华：《环保总局改革环评制度　清理 139 个违法开工电站》，载《北京青年报》2005 年 3 月 8 日。

② 参见张凌云、齐晔：《地方环境监管困境解释》，载《中国行政管理》2010 年第 3 期。

1. 建立和完善生态环境保护的责任体系

《中华人民共和国环境保护法》第十六条规定，“地方各级人民政府，应当对本辖区的环境质量负责”。要负什么样的责任？怎么负责？总体上说就是要执行环境保护的相关法律和政策，做好环境监管责任，并承担因环境保护不力导致不良后果的相应责任。在发生重大环境污染和破坏事故时，理应追究地方政府环保第一责任人的责任，而目前我国关于如何追究政府环保第一责任人的责任还欠缺法律规定，没有明确的责任主体、责任标准、责任程序、责任后果等责任体系。

一是要明确责任主体、形式和标准。明确生态环境保护的责任主体。按照生态环境保护权责相统一原则，将生态环境保护责任落实到承担领导和管理责任的政府部门及其官员。明确承担生态环境保护的责任形式，构建包括政治责任、行政责任、民事责任和刑事责任、道义责任在内的严密责任体系，让对生态环境造成损害的责任主体承担不利的后果。生态环境保护事件和其他公共事件一样，如果出现了程度不同责任事故，各级政府及其相关负责人必须承担相应的责任。问责的具体情形应该明确分出等级。我国目前已经建立了一系列具体的责任追究制度，如《党政领导干部选拔任用工作责任追究办法（试行）》、《国务院关于特大安全事故行政责任追究的规定》、《安全生产监管监察职责和行政执法责任追究的暂行规定》等，但是，还没有专门的“生态环境保护责任追究制”，对相关的问责内容与标准、对象、方式、程序等还不够明确规范。

二是要健全责任程序。各级政府要依次签订环保责任书，这是问责的前提。例如，每年环保部都要和全国 31 个省市签订的环境保护减排目标的责任书。建立完备的责任台账制度、重大生态环境保护事故责任追踪溯源制度和危险废物污染责任终身追究制度。还需要建立完善环境影响评价制度，既可以提前评价让政府的环境决策更加科学和民主，保证政府以及企业对开发利用环境资源行为的正当性，预防可能产生的环境风险，又可以对环境事件的后果进行评价，作为责任追究的客观依据。

三是要健全合法合理科学的责任方式与落实制度。责任方式应该包括责令作出书面检查、责令道歉、通报批评、行政告诫、停职检查、调离工作岗位、责令辞去领导职务和免职等。

2. 加强生态环境监督控制力度

一是改革地方政府环境监管体制。建立以环保组织等社会组织监管为主导、政府监管为引导、公众监督为补充的环境监管体制。首先，加强环保部门的独立自主性。由于现行地方政府环保部门仅是地方政府的职能部门，其行政权、财权、人事任免等权均不能独立于地方政府，因此在环境监管上难以发挥其应有的作用。因而，需要改革创新，打破地方政府对环保部门的不当制约，使其独立于地方政府，让环保部门真正能实现自己的环保职能。其次，加强和发挥社会组织的监督作用，建立健全包括行政监察部门、司法机关和社会舆论等多点发力的生态环境保护责任追究启动机制，充分发挥外部监督作用，通过环保组织、舆论媒体、社会公众等途径监督政府的行为，对错误的行为及时通过各种渠道反映给政府相关部门，及早纠正政府对环境不利的行为。

二是建立审批长效监管机制。建立适应投资体制改革的审批行为评议考核制度，完善建设项目环境保护“三同时”（环保工程和主体工程同时设计、施工和投入使用）过程监管和后评估制度，建立健全公众参与机制。加强环评队伍管理，加强评价单位的定期考核和管理，加大责任追究力度，建立与国际接轨的执业资格制度和竞争机制。

三是探索推行生态审计机制。就是在地方领导即将离任时，上级有关部门对其辖区的山地、林地、草地、绿化、沿海、沙滩、江河等进行考察和检查，考察生态环境在地方领导任职期间是否遭受污染和破坏，考察地方领导在任职期间出台的各项经济决策和本人政绩是否以牺牲生态环境为代价。可以从以下 4 个方面制定生态审计的考核指标，即耕地保护、矿区复垦、生态林保护及环境污染治理。生态审计能反映一个地方是否全面发展，衡量出领导干部的综合政绩，是考核干部政绩不可缺少的重要指标。生态审计制度可以有效遏制地方领导急功近利的冲动，是一把衡量为官者政绩的“生态尺子”。

3. 严格执行责任追究，加大惩罚力度

一是加大经济惩罚力度。对于未按重点生态功能区环境保护和管理要求执行的地区和建设单位，上级有关部门要暂停审批新建项目可行性研究报告或规划，适当扣减国家重点生态功能区转移支付等资金，环境保护部门暂停评审或审批其规划或新建项目环境影响评价文件。对生态环境造成严重后果的，除责令其修复和损害赔偿外，将依法追究相关责任人的责任。

二是加大法律处罚力度。健全最严格的环境执法体系，提高环境违法成本，依靠强有力的法制调节和规范社会行为。

第六章　美丽中国：推进生态精神文明建设

生态精神文明建设是中国特色社会主义生态文明建设的重要组成部分。建设好生态精神文明，必须紧紧围绕生态精神文明的内涵和要求，牢固树立生态文明理念，大力开展生态文明教育培训，积极构建生态文明传播体系，倡导培育生态文明生活方式，全面推进生态精神文明建设。

一、树立生态文明理念

生态文明作为人类社会继原始文明、农业文明和工业文明之后一种更文明、更复杂、更进步的社会文明形态，既是社会发展的理想状态，也是现实追求的发展目标。推进生态精神文明，首先必须树立与之相适应的生态文明理念。

（一）生态文明理念的提出与主要论点

理念是人们关于某类事物的基本看法、基本观念，表现为人们对某类事物相对稳定的信念、信仰、理想，是人们对该类事物的价值取舍模式和指导主体行为的价值追求模式。理念在文明体系中具有核心的地位，引领文明发展，并为之提供动力。

纵观人类文明发展的进程，不论何种文明，总是在一定的观念、理念指导下演进的，这也是社会发展与自然变化的本质区别之一。但同时，由于人的认识能力和实践能力的历史局限性，使人类对自身行为的长远后果难以进行科学的分析和预见，因此，由人类观念、理念引导的人类行为，也会给人类生存带来消极或负面影响。

生态文明既是既往人类文明活动的实践总结，又是人类对工业文明后自身永续发展所作深入思考的思想成果。建设生态文明，不仅需要生产方式和生活方式的变革，而且需要思想观念的转变，在全社会树立起生态文明新理念。

改革开放以后，我国理论界在研究和反思我国经济发展道路与模式的过程中，已触及生态文明及其理念问题。早在 1987 年，我国生态学家叶谦吉就首次提出了“生态文明”这一概念。他从生态学和生态哲学角度阐述生态文明，认为，生态文明是既获利于自然又还利于自然，既改造自然又保护自然，人与自然之间保持着和谐统一的关系。

2007 年 5 月，我国人类学家张荣寰首次将生态文明定性为世界伦理社会化的文明形态，提出中国需要“生态文明发展模式”，世界需要“生态文明进程”，其理论模式为“全生态世界观”。

2007 年 10 月，党的十七大在全面论述小康社会奋斗目标的新要求时，首次将“生态文明”写入政治报告，把生态文明建设提升到国家战略的高度，并强调要使“生态文明观念在全社会牢固树立”。这是我们党科学发展、和谐发展理念的升华，是对人类社会发展规律和社会主义建设规律认识的深化。

党的十七大后，我国理论界从不同角度对“生态文明理念”进行了深入研究。归纳起来，主要有以下观点。

一是生态基础论。即认为“良好的自然生态是人类一切文明的基础”，“人与自然和谐共生”。人类存在于自然生态系统之中，人类社会经济系统是自然生态的子系统，生态系统遭到破坏，将会导致人类毁灭。

二是环境价值论。即认为构成自然环境的一切因素，都是不可或缺的，不但有价值，而且有特殊的价值。“保护和优化生态环境就是保护和发展生产力，破坏生态环境就是破坏生产力”。

三是资源有限论。即认为自然环境不是取之不尽，用之不竭的，应当珍惜自然，保护自然，高效利用和节约资源，任何高耗、浪费、毁坏自然资源的行为，都是对人类的犯罪。

四是同步双赢论。即强调不能以牺牲生态环境为代价追求经济快速增长。要转变经济发展方式，实现发展与环境统筹兼顾，同步双赢，步入发展与环境的良性循环，最终实现人类的可持续发展。

五是生态道德论。即认为人、生物和自然界都是有价值有生存权利的，破坏自然生态的行为，会损害他人和其他生物的权利。要关心人，尊重生命，呵护自然。

六是休养生息论。即强调鉴于自然生态脆弱、疲惫的状态，需要给予自然界必要的休养、康复的时间、空间和条件。并认为这是自然界和经济社会领域的一条普适原理。

（二）树立与科学发展观相适应的生态文明理念

生态文明建设是人类发展理念、目标和实践的革命性变革。其最基本的要求是要树立起以人为本、以生态为本，全面协调可持续的新型发展理念。党的十八大把科学发展观确立为我们党必须长期坚持的指导思想，强调全党“必须更加自觉地把全面协调可持续作为深入贯彻落实科学发展观的基本要求”，“把生态文明建设放在突出地位，融入经济建设、政治建设、文化建设、社会建设各方面和全过程”。

科学发展观摒弃了“竭泽而渔”的传统增长观念，确立了“以人为本”与“全面协调可持续”的发展理念，既体现了马克思主义关于人的自由全面发展的崇高社会理想，又体现了生态文明建设的本质要求和核心内容。推进生态文明建设，既需要以科学发展观为指导，制定切实可行的政策措施，又需要树立起与科学发展观相适应的生态文明理念。

党的十八大，不仅把生态文明建设纳入社会主义建设总体布局，而且以科学发展观为指导，基于我国资源约束趋紧、环境污染严重、生态系统退化的严峻形势，明确提出“必须树立尊重自然、顺应自然、保护自然的生态文明理念”。党的十八大对生态文明理念的概括，既吸取了我国古代生态文化思想的精髓，又借鉴了国内外理论界对生态文明的研究成果，必须深刻理解，自觉树立。

1. 尊重自然：人与自然和谐

尊重自然，是人与自然相处应秉持的首要态度。它要求人对自然要怀有敬畏之心，尊重自然界的一切创造、一切存在和一切生命，实现人与自然的和谐。

和谐理念是中华文明的思想精髓和生命智慧，集中体现了天地人相互依存、相互协调的关系，即人与人，人与自然和谐发展，共存共荣。

众所周知，人类进入工业文明后，漠视自然的价值；自然仅仅是供人类掠夺的对象，只是人类为了实现自我目的的手段。正是这种价值理念导致了生态危机的全面爆发，进而威胁到人类的生存。这是对人类不尊重自然导致的报复。恩格斯早在一百多年前总结两河流域文明消亡的历史教训时曾这样告诫：“我们不要过分陶醉于我们对自然界的胜利。对于每一次这样的胜利，自然界都报复我们”。[①] 人类唯有站在科学发展的战略高度，运用和谐理念的思维方式，真正尊重自然，摒弃主人的傲慢，平等地与自然对话，理性地与自然握手，亲近自然，善待自然，把发展的基点放在与自然共生、共赢、共荣之上，真正从无休止征服与索取、无节制地贪欲与追求当中清醒过来，努力为地球多做些“亡羊补牢”之事，才能逐步弥合以往的过失，实现人与自然的和谐共处。

2. 顺应自然：人与自然友好

顺应自然，是人与自然相处时应遵循的基本原则。它要求人要顺应自然的客观规律，按客观规律办事，与自然友好相处，减少因为无知而违背自然规律，防止因为明知故犯而违背自然规律。

人类是地球大家族的一员，立于天地之间，与其他生物处于平等地位。在中华传统文化中，人类历来视天地为父母，视万物为兄弟，故而有天地人三材之说。《易经·系辞下》称：“《易》之为书也，广大悉备。有天道焉，有人道焉，有地道焉，兼三材而两之，故六。六者非它也，三材之道也”[②]。把天地人并立为“三材”，人居其中，足以见人的地位之显要。天之道在“始万物”，地之道在“生万物”，人之道在“成万物”。能否实现人与自然和谐与友好，关键在人，成败在人。儒家“仁民爱物”、“民胞物与”与佛学“善待生命”的思想，都体现了人类要关爱自然的价值理念。

当前，人类改造自然、利用自然的能力越来越强，“人类中心主义”思想日趋膨胀，掠夺式的开发利用自然资源，毫无顾忌地向地球排放“三废”，不仅使自然生态系统遭到破坏，而且不断引发生态灾难。建立生态文明，必须树立顺应自然的理念，维护自然、关爱自然，确立人对自然友好的价值取向，逐步将整个自然系统纳入人类道德关怀的范围，善待生物和非生物，达到与万物为善的人类伦理道德境界。

3. 保护自然：人与自然可持续发展

保护自然，是人与自然相处时应承担的重要责任。它要求人要发挥主观能动性，在向自然界索取发展之需的同时，要保护自然界的生态系统。

树立尊重自然、顺应自然理念，实现人与自然和谐，人与自然友好，并不意味着人在自然面前无所作为，而是要遵循自然规律，正确处理人与自然的关

① 《马克思恩格斯选集》第 4 卷，人民出版社 1995 年版，第 383 页。

② 《易经》，曾凡朝注释，崇文书局 2007 年版，第 336 页。

系。自然生态是一个复杂的体系，人类亦是这个系统的有机组成部分。人类的生存活动，需要从自然系统中获取利益，但又不可避免地对整个生态系统产生影响，而对生态系统的持续破坏最终会危及人类自身的生存。因此，人类自身的永续发展离不开自然系统的可持续发展。这就要求我们，必须牢固树立保护自然的理念，在自然生态承载力的范围内，开发利用自然资源用于人类自身的发展。要改变人类的发展方式，着力推进绿色发展、循环发展、低碳发展，形成节约资源和保护环境的空间格局、产业结构、生产方式和生活方式，同时要加强对生态环境的保护和修复，推进荒漠化、石漠化、水土流失综合治理，扩大森林、湖泊、湿地面积，保护生态多样性。

二、加强生态文明教育

教育是推动人类文明进步的重要力量和传播文明的有效途径。建设生态文明，进一步加强对社会公众的生态文明教育至关重要。

（一）生态文明教育的重要性

生态教育缘于人类对20世纪中叶以来日益严重的生态危机的深刻反思。1976年，克雷明（Cremin，L.A.）的著作《公共教育》最早正式提出“教育生态学”一词。近些年来，国内外对生态教育越来越重视。但在生态教育发展的深度和广度上，我国与国外还存在一定的差距。党的十八大报告明确提出要“加强生态文明宣传教育”，因此，必须进一步加深对生态文明教育重要性的认识，增强生态文明教育的主动性和实效性。

1. 推进生态文明建设的需要

生态文明是人类社会实践发展的必然产物，是实践认识、再实践、再认识的智慧结晶。据考证，生态文明问题的提出是在20世纪70—80年代。1992年在巴西里约热内卢召开的联合国环境与发展大会，提出了全球性的可续发展战略，拉开了人类自觉改变生产和生活方式，建设生态文明的序幕。

新中国成立后，由于历史条件的限制，我们党在保护环境方面既做出过重大贡献，也有深刻教训。改革开放后，以邓小平为核心的第二代中央领导集体，从实践中逐步加深了对绿化造林和保护环境的认识，强调自然环境保护的重要性；江泽民在党的十四届五中全会上首次提出“在现代化建设中，必须把实现可持续发展作为一个重大战略”。党的十五大第一次把可持续发展写入政治报告。进入 21 世纪以来，以胡锦涛为总书记的党中央提出以人为本，全面、协调、可持续的科学发展观，并在提出建设社会主义和谐社会的同时提出了生态文明建设的思想。党的十七大把生态文明建设写入政治报告，并提出了一系列新要求。党的十八大报告正式把“生态文明”确立为社会主义建设总体布局的五个组成部分之一，提出要“大力推进生态文明建设”，并将其“融入经济建设、政治建设、文化建设、社会建设各方面和全过程”。这表明建设生态文明已成为全党的意志。

然而，不可否认的是，我国公众包括相当一部分领导干部对生态文明建设的重要性认识不足，成为推进生态文明建设的瓶颈。只有通过生态文明教育培训，提高社会公众和领导干部对生态文明建设重要性的认识，才能增强全社会生态文明建设的自觉性、积极性和主动性。

2. 培养全民生态文明意识的需要

社会存在决定社会意识，社会意识反作用于社会存在，对社会存在起推动或阻碍作用。加强生态文明建设，必须培养全民的生态文明意识，为生态文明建设夯实基础。当前，我国社会各层面的生态文明意识还比较淡薄。一是公众参与度低，公众生态责任意识不够强，公众生态认知素质尚待提高。二是企业角色定位不准，生态意识淡薄，生态科技观念不强，创新生态发展模式动力不足。三是有些政府部门存在工作“缺位”现象，在确立和监管相关生态建设的技术、措施、方法和安全标准等方面执法不力。四是少数领导干部重发展速度，轻发展质量，重视投资环境，轻视环境保护。这种状况，与生态文明建设的要求是不相适应的，必须通过加强教育，进一步增强全社会特别是领导干部的环保意识、生态意识，并逐步内化为推进生态文明建设的自觉行为。

3. 树立公众生态道德观念的需要

生态道德是生态文明的重要内容，包括人类平等观和人与自然平等观两部分。当代生态道德的基本要求是：热爱自然、尊重自然、保护自然，珍惜自然资源，合理开发利用资源，尤其是应珍惜和节制非再生资源的使用与开发；维护生态平衡，珍惜与善待生命，特别是动物生命和濒危生命；有节制地谋求人类自身发展和需求的满足，不以损害环境作为发展的代价；积极美化环境，促进环境良性循环。是否具有良好的生态道德，是现代社会衡量一个国家和民族文明程度的重要尺度，也是衡量一个人素质发展的重要标志。生态道德，要求人们树立正确的财富观和消费观，养成良好的“生态德性”，即追求绿色财富，倡导绿色消费。而生态道德养成，离不开对全民的生态道德教育。只有通过教育，才能使社会公众逐步树立适应生态文明需要的财富观和消费观，形成合理消费的社会风尚，进而营造保护生态的良好风气。

（二）生态文明教育的主要内容

建设生态文明，需要一种全新的价值观念的指导，需要教育的引领和推动。开展生态文明教育培训重在帮助人们认识自然、尊重自然，帮助人们反思在处理人与自然关系方面的失误，树立人与自然和谐相处的生态价值观，树立人类平等、人与自然平等的生态道德观，树立以人为本的生态发展观。因此，生态文明教育的内容是十分丰富的。借鉴国外生态教育的经验，结合我国实际，当前生态文明教育应突出以下内容。

1. 生态环境现状及知识的教育

生态环境现状及知识的普及，是我国生态文明教育的一项基础性工作。改革开放以来，随着党和国家对生态文明建设的重视，我国公众的生态文明意识不断增强，尊重自然、保护环境的自觉性不断提高。但直到今天，传统发展观的影响并未消除，片面追求 GDP 增长，只用 GDP 增长论政绩，导致为发展而付出的资源、环境代价太大，发展不平衡、不协调的矛盾突出，生态退化、环境污染加重，民生问题凸显以及道德文化领域里的消极现象等。因此，需要通过对生态环境现状及知识的教育培训，向公众介绍全球及我国环境污染、生态危机的现状，阐明生态恶化对人类自身生存带来的严重威胁。同时，传播最新生态环保动态，提高生态知识的知晓度，从而唤起公众的生态保护意识、环境忧患意识、能源资源节约意识、简约消费意识、亲近自然意识，在全社会营造尊重自然、保护环境的良好氛围。

2. 生态文明观念的教育培训

生态文明观念在全社会牢固树立，是生态文明教育培训的出发点和根本目标，也是推进生态文明建设的内在要求。生态文明观念涵盖多方面的内容，当前，要重点注意以下观念的教育。

（1）生态安全观。生态安全是国家安全的重要组成部分。生态安全也是其他安全的基础。生态破坏一方面会使人类丧失大量适于生存的空间，并由此产生大量“生态灾民”，影响社会的稳定和国家安全；另一方面，生态破坏对于社会经济产生巨大的制约和影响，不仅会产生资源枯竭，而且环境变化还会引发自然灾害，直接威胁人民生命财产安全。

（2）生态哲学观。它以人与自然的关系为哲学基本问题，追求人与自然和谐发展的人类目标。因而为可持续发展提供理论支持，是可持续发展的一种哲学基础。

（3）生态价值观。就是处理生态与人之间关系的价值观。其核心是强调人与自然的和谐共存。

（4）生态道德观。是指协调人与自然关系，保持人类生存环境必须遵循的道德准则和行为规范。它反映了人对自然界、对人类社会应承担的责任和义务，使人类能够尊重自然、善待自然。

（5）生态消费观。与传统消费观不同，生态消费观以满足人的艺术需求为中心，以保护环境为宗旨，着眼于可持续性，追求消费公平，崇尚自然、淳朴、节俭、适度，把环境保护和生态平衡放在首位。

3. 生态环境法律法规的教育

保护生态环境，建设生态文明，不仅要树立尊重自然、顺应自然、保护自然的理念，并使之成为社会公众的自觉行为，而且需要必要的环境立法，对人类的行为进行规范和约束，使破坏自然的行为受到惩罚。这已成为共识。

从 20 世纪 70 年代以来，保护人类环境的思想、原则越来越多地被载入联合国大会的决议和宣言。1972 年在斯德哥尔摩通过的《联合国人类环境会议宣言》，提出了保护环境原则。1980 年世界 30 多个国家的首都同时发表了《世界自然资源保护大纲》。这个大纲经有关 5 个国际环境保护组织复审通过，被认为是自然资源保护方面的国际环境法的基础。此后，大量的国际协定、条约、决议以及宣言把保护自然环境某些部分的国际法原则固定了下来，构成保护人类环境的普遍原则。到 80 年代末，国际环境法律体系已初具规模，涵盖保护国际河流、国际海域、大气和宇宙空间、海洋生物资源和陆上野生动植物等领域。改革开放以来，我国生态环境立法一直行使在“快车道”上，到目前为止，我国已制定了《环境保护法》等众多的生态环境保护方面的法律、法规。然而“良法之治”仅是生态环境法治的前提，正如亚里士多德多言：“邦国虽有良法，要是人民不能全部遵守，依然不能法治”[①]。因此，必须加强对生态法律法规的教育培训，特别

① 亚里士多德：《政治学》，商务印书馆 1983 年版，第 199 页。

是要普及国际环境保护公约等国际环境类履约情况的知识，进行环境保护法等相关法律的教育，使环保部门严格执法，使社会公众普遍守法。

4. 生态文明技能的教育

生态文明建设实质是建设以资源环境承载力为基础，以自然规律为准则，以可持续发展为目标的资源节约型、环境友好型社会。它是一场涉及生产方式、生活方式和价值观念的世界性变革。从生产方式来说，它要求创新发展方式，坚持走新型工业化道路，加快技术进步，把发展循环经济作为资源节约与环境保护的重要途径；同时，大力发展环保产业，通过自主创新和引进吸收掌握环保核心技术和关键技术，推进生态工业、生态农业和生态服务业的发展。从生活方式来说，它要求公众不仅要树立节约、绿色的消费理念，而且要掌握必要的生态文明生活知识与技能，如日常生活中的节能减排绿色技术等。因此，生态文明技术、技能的教育，应是生态文明教育的重要内容。

（三）生态文明教育的基本路径

文明的进化与发展，离不开教育，而生态文明的兴起，既丰富扩大了教育的内容，又对教育培训提出了新的要求。由于我国生态文明教育起步较晚，现阶段我国生态文明教育与国外发达国家比，无论在内容、方法还是在制度化、规范化等方面，还存在一定差距，特别是教育观念落后，教育内容滞后，教育方式不灵活等问题，制约着教育的实际效果。当前，加强生态文明教育的基本路径有以下几条。

1. 深入开展生态文明全民教育

建设生态文明，是全社会的共同任务，人人都有责任。因此，生态文明教育的对象具有广泛性，每个社会公众都有接受生态文明教育的权利，同时也必须履行参与生态文明建设的义务。我国是一个拥有 13 亿多人口的大国，普及生态文明教育责任重大，任务艰巨，必须从我国国情出发，走出一条适合我国实际的生态文明教育新路子。

首先，教育的对象要大众化。生态文明建设的主体是社会公众，无论是城市居民，还是乡村百姓，无论是领导干部，还是普通群众，都是生态文明建设者。生态文明教育应尽可能广地涵盖每一个社会公众，以增强全民的生态文明意识，提高全民的生态文明技能。

其次，教育的内容要层次化。生态文明教育既要有共性的普及内容，又要根据教育对象的不同特点和需求，设置不同的教育内容。对普遍公众的教育，要重在增强生态文明意识，掌握基本生态文明生活常识，养成生态文明生活习惯；对党政机关企事业单位领导干部，除了普及一般性生态文明知识外，还要加强生态文明法律法规的教育，增强他们的依法保护生态的意识，提高执行环保法律法规的能力；对从事生态文明技术研发人员的教育，则要注重专业知识，提高他们的研发能力，以及科研成果应用推广能力。

再次，教育的方式要多样化。生态文明教育是一种全民性、全程性和终生性教育，任何一种单一的教育培训方式都不可能满足社会公众的需要。生态文明的专业化教育，应主要由从事生态文明专业化研究的高等院校、科研院所等机构进行，而大众化教育，则需要政府部门、各级各类学校、党校、干校、各种媒体、社会公益组织、群众团体以及企业等共同参与，不同的部门、机关、团体、单位，可根据自身的职能和特点，开展不同形式的教育，并形成合力，以保证教育覆盖面和效果。

2. 充分发挥各级各类学校和党校干校的作用

学校是生态文明教育的主阵地。生态文明教育要从少年儿童抓起。生态观念、生态意识的养成要从孩子入手。要进一步改革和完善学校生态文明教育机制，以培养孩子的生态文明理念为目标，推动生态文明知识进课堂、进教材、进学生头脑。以此为基础，中小学教育培训应开设有关生态文明的基础性公共课，不断创新教育方式，将传统学科教育与生态环保知识和生态文明理念教育有机结合起来。同时，抓好学生日常生活中的生态文明习惯的养成，引导学生参与绿化活动，培养学生生态文明实践能力；高等院校要进一步转变教育观念，明确目标定位，改进教育内容，创新教育方式，加强绿色科技教育，在增强大学生生态文明理念的同时，提高大学生生态创新能力，使大学生走上社会之后，能够在保护生态环境的条件下正确运用科技，最大限度地发挥科技的正效应，防止和消除负效应，真正成为引领人与自然和谐发展的推动力量。

在发挥各级各类学校作用的同时，还必须高度重视各级党校、干校的作用。各级党校、干校是培训和轮训各级领导干部和理论骨干的主渠道、主阵地。党校、干校的这种性质，决定了其在生态文明教育中的重要性。毛泽东曾指出：政治路线确立之后，干部就是决定的因素。各级领导干部是生态文明建设的组织者、领导者，其自身的生态文明素质和意识不仅对生态文明建设有着至关重要的影响，而且其行为对社会也有着潜移默化的作用。因此，各级党校、干校要高度重视对领导干部生态文明知识的教育，要将生态文明作为必修课，纳入教学计划，使生态文明进教材、进课堂、进学员头脑，强化领导干部的生态文明意识，提高领导干部领导生态文明建设的能力。

3. 着力加强对生态文明教育的统筹管理

生态文明教育是百年大计，但这项工作应是全社会的大合唱。要进一步加强对生态文明教育的支持协调和统筹管理，形成合力，特别是各级政府要发挥应有作用。

首先，政府要进一步加强生态文明教育的体制机制建设。生态文明教育是生态文明建设不可或缺的重要组成部分。政府要将生态文明教育纳入生态文明建设的总体规划之中，建立起完善、规范的生态文明教育体系，健全的生态文明教育管理制度，畅通生态文明教育的公众参与机制，使生态文明教育制度化、规范化、常态化，切实提高教育效果。

其次，大力推进国家生态文明教育基地建设。国家生态文明教育基地是面向社会的生态科普和生态道德教育基地，是建设生态文明的示范窗口，对普及公众生态知识，增强全社会生态意识，推进社会主义生态文明建设有重要作用。政府及有关部门要按照有关规定，将符合申报条件的场所适时命名为国家生态文明教育基地。并加强教育基地管理，监督协调教育基地履行生态道德教育职责，为公众组织教育活动提供便利，使更多的公众能在教育基地受到教育。

再次，要为生态文明教育提供更多公共资源。生态文明教育不仅需要必要的资金投入，而且需要一定的公共教育平台和载体。政府一方面要加大对生态文明教育的投入力度，另一方面应采取切实措施，广开渠道，提供更多社会公共资源，解决生态文明教育基础设施不足的问题，同时，为社会公众提供更多生态教育平台，支持和鼓励社会公众参与生态文明教育培训活动。

三、构建生态文明传播体系

建设生态文明，必须高度重视生态传播体系建设。当前，我国既面临生态失衡的危险，又存在生态观念淡漠等现实问题。解决这些问题的一个重要渠道，就是构建生态文明传播体系，强化生态文明宣传教育，推动生态文明理念在全社会的牢固树立。

（一）生态文明传播的功能与作用

生态传播有广义、狭义之分。广义上的生态传播是指人类与生态之间直接或间接相关的各种信息的传播活动。狭义上的生态传播是指通过传媒向广大受众传递生态理念的活动，总体上看，生态传播的主要功能与作用是。

1. 传递生态信息

信息是对客观世界中各种事物的运动状态和变化的反映，是客观事物之间相互联系和相互作用的表征，表现的是客观事物运动状态和变化的实质内容。当今时代，是信息的时代，各种信息海量滋生，而信息只有被人们利用才能体现出其价值，因此采集、收集和储存信息是人类逻辑思维创建、丰富成长和使用的基本条件。在信息的汪洋大海中，如果生态信息不能得到快速、全面、广泛的传播，就难以引起社会公众的关注，犹如过眼烟云，很快消失。建设生态文明，需要实现多维的、全方位的信息交流与沟通。通过生态信息传递，使社会公众了解生态文明建设的重要性、必要性和紧迫性，强化生态文明意识，树立生态文明理念，凝聚全社会生态文明建设的共识，形成全面推进生态文明建设的合力。

2. 普及生态知识

建设生态文明，离不开生态知识的普及。生态文明是人类文明发展的一个新阶段，是继工业文明之后更为高级的新型文明形态，它涵盖物质、精神、政治、制度等各个领域。作为一种更高级的新型文明，需要社会公众了解它，认识它，接受它，并转化为推进生态文明建设的行动，而其前提是公众对生态文明知识的掌握。一个对生态文明知识不了解的社会，不可能自觉地建立起高水平的生态文明，因此，对生态文明知识的普及至关重要。从我国现实看，生态知识的普及还不广泛和深入，公众的生态知识还比较缺乏，与之相联系，公众的生态环保意识亦不够强，生活方式、行为习惯与生态文明的要求也还有较大差距。普及生态知识，除了强化各级各类学校生态文明教育外，充分利用现代传播体系，对公众进行经常化、常态化、多样化的生态知识宣传教育，也是一条不可或缺的重要渠道。

3. 传承生态文化

生态文化就是从人统治支配自然的文化过渡到人与自然和谐的文化。它是人类从古至今认识和探索自然界的一种高级形式体现。在工业文明的生态废墟上创建生态文明，非常需要吸收人类自诞生以来长期积累的生态文化成果，取其精粹，以克服工业文明条件下形成的反自然的各种落后观念，形成有利于生态文明产生的一种良好的文化氛围。中国生态文化传统历史悠久，博大精深，尽管有其时代局限性，但它所蕴含的关于人与自然和谐相处的理念为当今社会生态文明建设提供了宝贵的思想资源。建设生态文明，一方面需要吸收和借鉴世界各国特别是中华民族优秀的生态文明思想，另一方面，广大人民群众在建设生态文明中沉淀和凝聚起来的宝贵精神财富和文化产品，也需要生态传播来承载和延续。因此，传承生态文化是生态文明传播的一项重要任务，也是生态文明传播体系必须具备的一项基本功能。

4. 营造舆论氛围

生态文明建设，离不开良好的舆论氛围。正确的社会舆论导向，对生态文明建设有着重要的推动作用。生态文明最终能否为社会的接受，能否转化为公民的道德意识和道德理念，并指导社会实践，很大程度上取决于生态文明舆论的营造。主要表现在：一方面，运用大众传媒的力量，通过报刊、广播电视及网络平台等全方位、多角度对生态文明建设工作进行宣传报道，形成深厚的舆论氛围和较高的社会关注度，不仅可以引起社会公众对生态文明建设的重视，潜移默化地影响公众的生态价值理念和生态道德理念，而且可以引导公众参与生态文明建设，改进传统生活方式，形成与生态文明要求相适应的生活习惯。另一方面，发挥大众传媒的监督作用，通过舆论监督，对一些单位和个人破坏环境、影响生态文明的不良行为予以曝光，形成舆论压力，纠正不良行为，并以此教育社会公众。同时，运用社会舆论，倡导先进的道德伦理，推广优良的社会规范，宣传优秀的典型人物，从而营造有利于生态文明建设的良好社会氛围。

（二）新时期生态文明传播的基本要求

生态文明建设是一项复杂的系统工程。生态文明传播既要积极宣传党和国家生态文明建设的方针政策，不断推进生态文明建设，又要致力于增强全社会生态文明意识，通过有效宣传和舆论引导，使公众改变传统思想观念和生活方式的陋习，形成有利于生态文明建设的良好氛围。具体要求有以下几条。

1. 围绕部署，推动落实

改革开放以来，随着党和国家对社会主义建设规律认识的深化，生态文明建设不断得以重视和推进。党的十八大全面总结了我国生态文明建设的经验，进一步强调了生态文明建设的重要性，将其作为中国特色社会主义事业总体布局的有机组成部分，并提出了大力推进生态文明建设的方针和基本思路。强调要把生态文明建设放在突出地位，要坚持节约优先、保护优先、自然恢复为主的原则，优化国土空间开发格局，全面促进资源节约，加大环境保护力度。要以解决损害群众健康突出环境问题为重点，加强生态文明制度建设，把资源消耗、环境损害、生态效益纳入经济社会发展体系。党的十八三中全会提出要“紧紧围绕建设美丽中国深化生态文明体制改革，加快建立生态文明制度，健全国土空间开发、资源节约利用、生态环境保护的体制机制，推动形成人与自然和谐发展现代化建设新格局”。党的十八大和十八届三中全会关于生态文明建设的一系列重要思想，是我国当前和今后一段时期推进生态文明建设的根本指导原则，生态文明传播必须围绕党的十八大、十八届三中全会关于生态文明建设的整体部署，大力宣传生态文明建设的重要性，宣传我们党关于生态文明建设的方针政策，强化生态文明意识，凝聚生态文明共识，推动生态文明建设各项工作落实。

2. 瞄准问题，正确引导

生态文明建设是一项复杂的系统工程。而当前我国生态文明建设面临的突出问题是环境问题。党的十八大报告强调，要以解决损害群众健康突出的环境问题为重点，强化水、大气、土壤等污染治理，抓住了环境保护的当务之急，抓住了生存文明建设的一个关键环节。

党的十七大以来，我国采取了一系列措施改善环境，并取得一定成效。但损害群众健康突出的环境问题没有得到根本解决，部分地区空气污染还有恶化的趋势，特别是雾霾天气的发生天数不减反增。环境污染给人民群众身体健康带来严重危害，环境群体性事件呈多发态势。面对日益严峻的环境问题，公众要求改善环境的呼声越来越高，党和政府也面临越来越沉重的舆论压力。妥善处理经济社会发展与环境保护的关系，开辟一条可持续发展的新路，推动经济、政治、文化、社会和生态文明建设协调发展，既需要用生态文明建设的先进典型进行宣传引导，更需要瞄准破坏生态环境的事例，发挥舆论监督的作用，对其行为进行批评，形成强大的舆论压力，使破坏环境的行为受到谴责，付出代价。

3. 以人为本，贴近实际

建设生态文明，营造良好的生态环境，事关最广大人民群众的身心健康和切身利益。生态文明传播必须坚持以人为本，要主动围绕社会公众普遍关心的问题做好宣传报道，让公众了解环境实情，参与环保活动，监督损害环境行为。

生态文明传播还必须坚持贴近实际、贴近生活、贴近群众，这是保证传播工作取得实效的有效途径。生态文明传播的对象是广大社会公众。由于公众群体的多样性、复杂性，因而不同的受众群体有着不同的特点。再加上我国幅员辽阔，不同地区生活环境、思维习惯也有很大差别。因此，做好传播工作，形式要多样化，不能采取单一模式。要适应传播对象的各种特点，适应不同群体的精神需求，不断创新传播内容、传播形式和传播方法，增强传播的针对性、实效性，提高传播的吸引力、感染力。

（三）进一步加强生态文明传播体系建设

生态传播，是近些年中外学术界提出的新术语，与“环保教育”、“环保宣传”不同，“生态传播”的内涵和外延更加广阔。一般而言，生态传播是指大众传媒向广大社会公众进行的生态信息传播活动，生态传播作为一个新的研究课题，在我国目前正处于起步阶段，我国生态传播的载体也正处在由单一性向多元化发展的过程之中。适应社会主义生态文明建设的需要，必须高度重视生态传播的作用，构建和完善生态文明传播体系。

1. 充分发挥报刊媒介作用

报刊是最传统的生态文明传播媒介。我国早期的环保传播一般仅限于文字载体，即报纸和杂志。即使面临来自新媒体的压力，报刊媒体仍坚守报道重任，在生态传播中发挥着重要作用。目前，我国从事生态传播的报纸主要有专业报纸和大众化报纸两类。《中国环境报》、《环境保护报》、《中国绿化时报》等专业性报纸，是传播生态文明的主力军。这些报纸立足生态文明建设，多角度、全方位地关注中国经济社会发展状况，客观反映社会公众的观点、意见、建议和呼声，在生态文明传播方面发挥着专业媒体的特殊作用。《人民日报》、《光明日报》、《经济日报》、《中国青年报》以及各省区主流报纸亦以各种方式，积极开展生态文明传播。这些报纸围绕生态文明建设开辟专栏，把资源节约、保护环境、发展绿色经济循环经济、加强节能减排等作为报道的重点，对推进生态文明建设发挥了重要作用。此外，我国还有大量专业和非专业性杂志，刊载生态文明研究成果，是生态文明传播不可或缺的力量。构建生态文明传播体系，报刊媒介是其重要方面。要适应新形势新任务新要求，努力办好生态传播的专业性报刊，发挥其作为专业媒体的权威作用。国家要出台相应政策，对专业性生态传播媒体进行必要扶持，使其能够体现专业报刊特色，专心于生态传播，专注于生态传播，并不断提高传播质量。非专业性报刊要增加生态文明信息的报道量，不断改进传播内容和传播方式，增强传播效果。同时，有关部门要统筹专业性报刊和非专业性报刊的作用，既能发挥各自优势，又形成合力。

2. 充分发挥广电媒介作用

广播是我国生态传播的重要载体。具有覆盖面广，易与受众交流，信息发布相对快捷等特点，在生态文明传播方面发挥过重要作用。中央人民广播电台的环境保护专题以及地方广播电台的环境保护节目，对推进生态文明建设发挥了积极作用。但是，面对电视等新媒体的强势传播，广播的影响有日渐式微的趋势。构建生态文明传播体系，广播媒介应是不可或缺的方面，但广播媒介必须进一步深化改革。要通过播出内容、方式等方面的改革，提高广播对公众的吸引力，使更多的公众能够收听广播节目。

电视媒体是当代最具影响力的媒体之一，具有声画结合、视听兼备的功能。电视环保节目形象、鲜活、直观的特点，可以大大提升生态传播的效果。我国电视媒介很早就开始把目光投向生态方面，早在1981年，央视就开设了生态栏目《动物世界》，此后《人与自然》、《生存空间》、《地球故事》、《探索·发现》等栏目相继开设。这些栏目倡导人与自然和谐共处，强调尊重自然、尊重生命，具有很强的感染力，深受公众喜爱，为生态传播树立了典范。近些年，除了日常生态信息传播外，电视媒体对“世界环境日”、“世界地球日”、“世界水日”和“世界海洋日”等环保节日活动的报道也越来越重视，形式也更加多样化。除了电视新闻外，电视专题栏目、纪录片等形式也越来越多地呈现在公众面前。如央视《焦点访谈》侧重生态破坏的负面报道，从反面告诫人类要充分认识生态危机的严重性和保持生态平衡的重要性。早在2001年，《焦点访谈》特别制作了5集系列节目《中国生态安全报告》，从《生态的警告》、《失去的森林》、《失调的水》、《衰竭的湿地》、《沙漠化的土地》5个角度报道了我国生态环境恶化的严峻现实，节目内容翔实，所调查和反映的情况促人警醒，在全社会引起强烈反响。浙江卫视在2010年7月提出倡导“生态传播”，打造“绿色收视”的新理念，推出全新的人文节目《江南》，向观众传递阳光、健康向上的力量。

电视媒介是生态文明传播体系的骨干和重要支撑。但电视媒介也有其缺憾，如节目的制作耗时长、费工夫，直播时注意的环节相对较多，信号易受干扰，携带不太方便等，其收视率也受诸多外在因素的影响，如果节目没有吸引力，不为公众接受，收视率可能较低，不能发挥应有作用。因此，充分发挥电视媒介生态传播作用，必须在节目制作上狠下工夫，特别是生态专题栏目，一定要办出特色，能够吸引观众收看，这样才能达到生态传播效果。

3. 充分发挥网络媒介作用

随着科学技术的发展，生态传播方式进一步多样化。当前，网络媒介的作用日益突出。“网络媒体集文字、图片、音频、视频为一体，同时具有传播时间上的自由性、传播空间上的无限性、传播方式上的多样性等特征”①，网络传播不仅是对报刊广电媒体生态传播的有力补充，也是生态文明传播体系的重要组成部分。

目前，我国网络生态传播已呈现多渠道、多样化的特点。中央和地方相关部门，结合各自职责，大都开办了生态环境网，如中国环境资源网、国家环保部网、各省区环保部门网等；新浪、搜狐、网易、腾讯等各商业门户网站开辟了生态传播专栏；不少民间环保组织也创办了生态网站等等。与此同时，各种社区、论坛和视频网站也越来越多地加入生态传播阵营。特别是随着手机等通信工具的普及，人人都是照相机，人人都是麦克风，人人都能成为生态信息传播者。网友可以利用各种媒体手段，将现实生活中违背生态文明要求、破坏生态环境的图片、视频、信息上传网络，以引起社会关注，形成社会共鸣，并对破坏生态的行为予以舆论谴责。这对加大生态传播的力度、增强传播效果是大有裨益的。

网络媒介是当前我国生态传播的重要方式。网络媒介工作者对生态传播日益重视，传播方式更加多样化。如网络媒体开展的“走进绿色江西，感受生态文明”——网络媒体江西游，“聚焦乡村文明行动”——全国网络媒体山东行，全国知名网络媒体、博主“多彩贵州行”探讨新时代下的生态文明等活动，对推进生态文明传播发挥了积极作用。

网络媒介作为新媒体应引起高度关注，并积极利用。但网络媒介也有局限性。如互联网的自发性和技术上的无管制性，行业自律意识与网民的素质等等，都可能成为制约其发展的瓶颈。构建生态文明传播体系，必须创新传播方式，积极利用现代科技成果，充分发挥网络媒介的作用。同时，要制定和完善网络管理法律法规，引导网络媒介规范运行，健康发展，充分利用好发挥好网络媒介在生态传播中的积极作用。

---

① 侯洪、周军：《中国新闻传播中的生态传播现状及思考》，《西南民族大学学报》（人文社科版）2009 年第 9 期。

四、培养生态文明生活方式

生态文明是人类总结传统生产方式和生活方式的弊端而作出的理性选择。生态文明呼唤人类养成科学绿色生活习惯，促使传统生活方式逐步转变为生态文明生活方式。党的十八大把生态文明建设纳入中国特色社会主义事业总体布局，使生态文明建设的战略地位更加明确。大力推进生态文明建设，必须改变传统生活习惯，养成与生态文明相适应的文明、健康、科学的生活方式。

（一）人类生活方式的变迁

生活方式，是指不同的个人、群体或社会全体成员在一定的社会条件制约和价值观指导下，所形成的满足自身生活需要的全部活动形式与行为特征的体系。生活方式是一个历史范畴，在不同的社会历史背景中，受社会生产生活条件限制，人类会形成不同的生活价值取向，形成相应的生活方式。从根本上说，生活方式由生产方式决定，生产方式制约着生活方式，而生产方式的变迁又是为生活质量提高服务的，人类社会的发展本质上是生产方式和生活方式相互关联、相互作用的产物。总体上看，人类生活方式大致经历了从绿色到黄色和灰色再到绿色这样一个变迁过程。

原始社会时期，生产力水平低下，与刀耕火种的生产方式相联系，人们的生活方式是建立在物质极其匮乏的消费基础上的。人类对生态环境虽产生一定影响，但由于人口数量稀少且分布非常分散，人们对生活品质的要求十分低下，再加上利用自然改造自然能力有限，人类对生态环境的干预和破坏是非常微小的，因此，整个生态环境是最原始的绿色，甚至连现在的沙漠戈壁，在古代都还是绿洲。从这个意义上说，当时人们的生活方式是一种低生产力水平基础上的绿色生活方式。

随着人类社会的发展，人类进入自然经济时代。自然经济是自给自足的小农经济。与自然经济相联系，是小生产者的生活方式。在以自然经济为基础的农业社会，社会生产力水平得到一定发展，但人们仍然以反复利用土地来获得生产资料和生活资料。农业文明推动人们的生活方式从匮乏型走向温饱型。然而，由于对土地的依赖以及人口的不断增加，耕地面积需不断扩大。由于盲目开发，滥伐森林，随之而来的便是地球绿色的减少，土地的荒芜，水土的流失。这一时期，地球生态环境染上了令人痛心的黄色。面朝黄土背朝天的生产方式和生活方式就是农业文明的典型写照。

由农业文明到工业文明，是人类生产方式的重大飞跃。工业文明极大地推进了社会生产力的发展，创造了巨大的社会财富，使人们的生活方式从温饱型进入富足型。但是，工业文明的生产方式是建立在对资源和能源的无限制消耗基础上的，是不计生态环境资源成本的经济活动。高消耗、高排放，不仅对资源环境造成大破坏，而且环境污染也极大地影响着人类的健康。同时，在生活方式上，追求资源高消耗基础上的财富高占有、高消费，大量生产——大量消费——大量浪费是20世纪以工业文明为主导的生活方式的典型特征。由生产方式和生活方式共同作用形成的对环境的破坏，特别是环境污染，天空变得灰蒙蒙。灰色成为工业文明的典型特征。从黄色进入灰色，付出了巨大的环境代价，人类不得不品尝破坏环境的苦果。环境污染，疾病丛生；气候变暖，海平面上升；资源枯竭，难以可持续发展。这些问题如不解决，不仅危及人类生活，而且危及人类自身生存和繁衍。

（二）当代主流生活方式的弊端

人类生活方式的演变是一个长期的过程。虽然人类已经认识到传统生活方式存在的问题，并引起越来越多公众的关注，但转化为社会的整体行为，日益养成生态文明生活习惯不可能一蹴而就。从目前来看，不仅20世纪70年代兴起的西方物质享乐主义生活方式的弊端依然存在，正处于社会转型时期，逐步富裕起来的部分中国人在生活方式方面也显现出西方物质享乐主义的倾向，主要表现在以下方面。

1. 消费无度

生产和消费是辩证的统一。生产直接是消费，消费也直接是生产。整个社会的消费水平要与生产发展水平相适应。然而，西方物质享乐主义的错误理念在于：生产可以无限制地增长，消费水平也可以无限制地提高。而当人们的物质生活水平达到一定程度后，消费的目的开始发生异化，消费不再主要是一种维持人类生存所必需的行为，而日益成为特定消费者向社会公众展示自己地位、财富、才能、个性、品位的窗口。尤其是富裕社会阶层中的一部分人，崇尚奢侈性和铺张性消费，借以向公众炫耀和展示自己财富的丰厚，赢得人们的尊重，再加上社会生态价值观和生态道德观的扭曲，炫耀性消费成为时尚。

改革开放以来，我国经济发展取得举世瞩目的成就，人民的生活水平有了较大提高，但仍处在从温饱向小康过渡的阶段。然而，一部分先富裕起来的人在消费意识和消费行为方面出现过度消费、铺张浪费的现象，并在一定程度上影响着普通公众的消费心理。讲排场、比阔气、炫财富，不仅没有受到舆论的广泛谴责，个别媒体甚至推波助澜。一些人为了满足自己的需要，不惜猎杀成千上万珍禽异兽；有的人为了口欲，专吃珍稀动物。这些现象与生态文明的要求是背道而驰的。

2. 缺乏理性

当代社会生产面临的一大问题是生产过剩和消费不足。特别是生活资料的生产，面对较大的市场压力。商品生产者和销售者为了推销商品，增加销售，会利用各种媒体，采取各种手段，对所产商品进行宣传、促销，刺激人们的消费欲望。而消费者因为对各种新产品的向往，经不起广告宣传的诱惑，形成消费意愿，进而消费。这种消费并不是消费者的需要，更多的是心理消费，缺乏理性判断和选择。一些人甚至不考虑自己的经济能力，举债消费，有人甚至为此走上违法犯罪的道路。这种非理性的消费主义生活方式，必然造成资源的大量消耗与浪费。

3. 漠视自然

大自然是人类生命孕育的温床，也是人类赖以生存和发展的基础。然而，长期以来人们并没有充分认清人类与自然的内在关系。特别是工业文明使人类利用自然、改造自然的能力极大提高，漠视自然的观念逐步增强，“人是自然的主宰”成为社会主流意识。在这种思想支配下，人类越来越将自己置身于远离自然、自行控制的时空之中。由钢筋水泥构筑的城市“森林”，占据了太多的生物栖息地；由化工材料堆积而成的商品大山，充斥商场门店；面对拥挤、喧闹、污浊的城市生活，人们怡然自得；曾经山清水秀的农村，许多已经找不到过去美好的记忆。人们为了满足消费之需，竭力向大自然索取。为了挖取矿藏，地表植被遭破坏在所不惜；为了提高粮食产量，违规使用地膜、农药、化肥，有限的耕地资源遭到污染；过度放牧，使草原退化。一些人无敬畏自然之心，无限制向自然索取的欲望不断膨胀，使地球生态系统受到极大损害，支持地球生命的大气、水、土境、生物等自然系统，已近难以承受之负，生态悲剧时有发生。

（三）倡导生态文明生活方式

在现代工业文明向生态文明转型的过程中，生活方式的反思和变革具有重要意义。生活方式变革不仅是生态文明建设的重要组成部分，而且生态文明的最终实现也必然要求落实到现实的生产生活方式之中。生态文明与生活方式之间是一种相互依托、相互促进、相互制约的统一体。没有生态文明观，生活方式的根本性转变就缺乏强有力的理论支撑，而没有生活方式的根本性转变、生态文明的实现最终会沦为一句空话。因此，必须以生态文明引领生活方式变革，养成生态文明生活方式。

1. 生态文明生活方式的基本内涵

生活方式包含生活价值取向、生活观念、生活实践三方面内容。生活价值取向即人生价值取向，是指人们追求的人生目标和方向。作为一种价值观念，它是指在主体看来，什么样的人生目标是有价值的，是值得追求的。人生价值取向一旦形成，就会对人们的现实生活方式起支配作用。确立生态文明生活方式首先要求转变现代生活价值观念，树立符合时代要求的生态生活价值取向。具体来讲，就是要转变人类中心主义、个人中心主义的价值取向，确立人——社会——自然生态系统协调发展的价值取向；同时，要转变现代生活方式中物质化的价值取向，确立人全面发展的价值取向。

生活观念是生活价值取向在现实生活中的具体体现，是主体处理自身身体与精神，自身与社会、自然生态环境关系的基本观念。生态文明生活观念是依据生态环境对人自身生活约束，规范人自身的生活方式的具体观念，包括节制的观念、和谐的观念、全面的观念、可持续发展的观念等等。

生活实践就是人们日常生活的具体行为，包括衣食住行用等诸方面。生态文明生活实践就是将生态文明生活观念落实到人们的衣食住行用等日常生活之中，在日常生活中自觉形成符合生态文明要求的良好习惯。

建立生态文明生活方式，确立生态生活价值取向是根本，树立生态生活观念是关键，从我做起，践行生态生活方式是落脚点。

2. 培养生态文明生活方式

生态文明建设对传统生活方式的变革提出了迫切要求。在资源匮乏、环境恶化、物欲横流的当今社会，我们必须按照生态文明的要求，对不健康、不环保的生活方式进行变革，建立起与科学发展观相适应的健康、文明的生活方式。

（1）转变消费观念

消费是人类社会永恒的主题，也是人自身生存和发展的基础。在经济全球化和市场经济条件下，消费越来越成为引领生产的决定性力量。当代主流生活方式所存在的贪欲性、炫耀性、挥霍性弊端，正是造成全球资源和环境危机的深层次原因。因此，建设生态文明，转变发展方式，实现绿色发展，仅靠生产环节上的节能减排是不够的，还必须转变公众的消费观念，使每个公众都能认识到，消费不仅是个人的小事情，而且是事关自身生存和社会公平正义的大事。要在全社会形成合理消费、科学消费、绿色环保消费的良好氛围，引领公民消费观念的变革和生活方式的转变，使公众树立起正确的生活价值取向，自觉养成健康、科学、可持续的消费方式。这是培养生态文明生活方式的前提。

（2）倡导绿色消费

绿色消费，是以保护消费者健康权益为主旨，以保护生态环境为出发点，符合人的健康和环境保护标准的各种消费行为和消费方式的总称。国际上一些环保专家把绿色消费概括为5R，即：

节约资源，减少污染（Reduce）

绿色生活，环保选购（Reevaluate）

重复使用，多次利用（Reuse）

分类回收，循环再用（Recycle）

保护自然，万物共存（Rescue）

具体包括三层含义：

一是倡导消费者在消费时选择未被污染或有助于公众健康的绿色产品；二是在消费过程中注重对垃圾的处理，不造成环境污染；三是引导消费者转变消费观念，崇尚自然，追求健康，在追求生活舒适的同时，注重环保，节约能源和资源，实现可持续发展。

自20世纪80年代末以来，全球绿色消费运动开始被国际社会接受，成为公众广泛参与环境和生态保护的方式。绿色消费也日益被我国公众重视。中国消费者协会将2001年确定为“绿色消费主题年”，“绿色消费”观念正在逐渐改变公众的消费习惯和生活方式。据中国社会调查事务所的调查，有72%的被调查者认可“发展环保事业，开发绿色产品，对改善环境状况有益”的观点，有54%的人愿意使用绿色产品。这表明，公众正在改变传统消费观只关心个人消费、很少关心社会环境和自然资源的倾向。但从总体上看，绿色消费成为每个人的消费方式和生活习惯还任重道远。

绿色消费将环境保护与人们的衣食住行融为一体，与人们的日常生活息息相关。每个人都是绿色消费的共同参与者，也都是绿色消费的共同受益者。倡导绿色消费，要从我做起，从现在做起，从日常生活的各个环节做起。比如，在平时消费中避免使用危害到消费者和他人健康的商品；在生产、使用和丢弃时，造成大量资源消耗的商品；因过度包装，超过商品本身价值或过短的生命周期而造成不必要消费的商品；使用出自稀有动物或自然资源的商品；含有对动物残酷或不必要的剥夺而生产的商品等。

而在日常生活中，体现绿色消费的行为随处可见，有时甚至是举手之劳，比如：拒绝使用一次性木筷，尽量少用一次性物品；不追求过度的时尚；拒绝使用珍贵动植物制品；使用节约型水具；支持可循环使用的产品；随手关闭水龙头，一水多用；消费肉类要适度；垃圾尽量分类；多使用布袋与纸袋等。

绿色消费是既适应生态文明要求又时尚的生活方式，每个社会公众只要转变消费理念，从自身做起，就能够在全社会形成崇尚绿色消费的良好风尚。

（3）践行低碳生活

低碳，意即较低的温室气体（二氧化碳为主）排放。低碳，不仅是企业行为，也是一项符合时代潮流的生活方式。低碳生活代表着更健康、更自然、更安全的生活，同时也是一种低成本、低代价的生活方式。

目前，我国正处在工业化、现代化、城市化加速发展的时期，能源消耗快速增长，“发展”排放的高碳成为环境污染的重要源头，也是制约我国可持续发展的一大瓶颈。落实科学发展观，建设生态文明，既需要生产过程中的“节能减排”，也需要每个人践行低碳生活，降低二氧化碳排放。减少碳排放，是全社会的共同责任。

二氧化碳的排放，是人类生存和生产、生活过程中不可避免的现象，但不同的生活方式对碳的排放量有着不同的影响。如果每个公众都转变消费观念，掌握低碳环保常知，践行低碳生活方式，碳排放就能得到合理的控制，人类生存环境就能得到改善。

低碳生活是一种生活态度、生活理念，而不是能力问题，每个人都能做到。只要我们身体力行，从日常生活中看似普通的每一件事做起，就能够养成低碳生活习惯，达到减少碳排放的目的。

一是节约用电。提倡使用节能灯具，室内光线亮度足够时不开灯，做到人走灯灭，杜绝长明灯；冰箱内存放食物的量以占容积的 60% 为宜，食品之间保留 10 毫米以上的空隙，尽量减少冰箱开门次数；空调启动瞬间电流较大，频繁开关相当费电，且易损坏压缩机；在同样长的洗涤时间里，使用强档比弱档省电，且可延长洗衣机的寿命；计算机、打印机、复印机、电视机等设备不使用时及时关机；少乘电梯，多爬楼梯，既节约资源，又有利于身体健康。

二是节约用水。尽量使用节水器具，杜绝自来水跑、漏现象；洗涤蔬菜盘碗时不要把水龙头开到最大；衣服攒够一桶再洗；洗干净同样一辆车，用桶盛水擦洗只是用水龙头冲洗用水量的 1/8；把马桶水箱里的浮球调低 2 厘米，一年可以节省 4 立方水。

三是绿色出行。外出尽量骑自行车或乘公共交通工具，少用私家车，以减少油气消耗，减少废气排放。确需开车出行，要及时检查轮胎气压，防止气压过低或过足而增加油耗；要学习驾驭经验，掌握省油技巧；减轻后备箱存放物品重量，避免浪费汽油资源。

四是衣着餐饮尽量符合低碳要求。衣料多选棉质、亚麻质，少穿或不穿皮草；洗衣时用温水或凉水，不用热水，衣服洗净后不烘干，自然晾干；尽量减少肉食量，肉食是排碳量极大的产品；若非必要，尽量购买本地、当季产品；在外就餐，按需点菜，提倡“光盘”，剩余饭菜“打包”带走。

推进生态精神文明建设，是一项长期的历史任务。只要全社会高度重视生态文明建设，并形成合力，每个公民都真正树立生态文明理念，自觉践行生态文明生产生活方式，生态精神文明建设就一定能不断迈上新台阶。

第七章　美丽中国：推进生态和谐社会建设

生态和谐社会是一种高级的社会形态，是生态和谐与社会和谐二者的结合与统一。生态和谐社会建设关系人与自然的和谐相处，关系社会民众的身体健康和民生福祉，关系社会的公平正义与和谐稳定，是美丽中国建设的应有之义。

一、政府与生态和谐社会建设

生态和谐社会建设，就政府而言，就是要通过生态文明建设解决生态环境领域影响公平正义与社会和谐稳定的问题，就是要通过深化政府行政体制改革，健全和完善涉及自然资源保护、环境保护、生态建设的政府体制机制，推动政府职能向生态文明制度创建、生态产品供给、生态公平正义维护转变。同时，也要把生态文明的理念融入传统的社会建设领域，加强传统社会建设部门的各个方面和全过程的生态和谐化。

（一）政府推进生态和谐社会建设的总体思路

政府推进生态和谐社会建设的总体思路：以保障和改善民生为重点，以全面深化改革为动力，以社会参与为主要途径。

1. 以保证和改善民生为重点

生态和谐社会建设，是通过生态文明建设促进社会和谐稳定的重要保证。一是必须从维护最广大人民生态利益的高度，加快健全生态环境领域基本公共服务体系，重视、加强和创新涉及生态环境领域的社会管理工作。二是必须以保障和改善生态环境领域的民生基础设施为重点，不断满足人民群众日益增长的生态环境质量需求。要通过生态文明建设多谋民生之利，多解民生之忧，解决好人民最关心最直接最现实的生态利益问题，努力让人民喝上更干净的水、呼吸清洁新鲜的空气、吃上卫生、安全的食品，享有良好的居住和生活环境。要坚持以增进人民福祉为目的，牢牢把握生态和谐社会建设的历史使命，通过生态和谐社会建设让人民能更好地享受发展成果，享受天蓝、地绿、水净的美好生活；切实增加生态产品的生产能力，提高人居环境的舒适度，不断增加群众幸福感。

2. 以全面深化改革为动力

生态和谐社会建设，必须加快政府生态环境管理体制改革与社会体制改革的协同推进。一是加快政府生态环境管理与社会管理的职能整合和政府行动的协同配合。二是加快中国特色社会主义社会管理体系与生态环境管理体系的整合与完善，要在党委的统一领导下、统一各级政府和政府机构协同负责和整体推进生态和谐社会建设的能力。三是政府要通过法治保障和体制机制建设在生态文明建设领域和传统社会建设与社会管理领域推动社会协同和公众参与，加快形成政府主导、覆盖城乡、可持续的生态环境基本公共服务体系，加快形成政社分开、权责明确、依法自治的现代社会组织体制，加快形成源头治理、动态管理、应急处置相结合的生态领域社会管理机制。

3. 以社会参与为主要途径

生态和谐社会建设，要坚持维护人民群众利益为重要目标，着力解决人民群众关心的突出环境问题，提高环保领域的政府公信力和执政水平，不断增强广大人民群众对改善环境的信心和参与热情；坚持依靠人民群众的方针，鼓励公众参与环境保护，充分发挥人民群众的创造力和主动性，推动环境管理和决策公开透明，建立健全公众参与的体制和机制，使公众真正成为环境拨付的重要力量；坚持维护社会公平正义的基本准则，切实维护公民环境权益，加强环保法制、体制、机制建设，及时化解环境问题引起的各类社会矛盾和纠纷，建立和完善生态补偿和污染损害赔偿机制，强化民事和司法救济途径，体现环境公平，切实维护人民群众的合法环境权益。

总之，“要运用统筹兼顾的方法，处理好（资源节约）环境保护与社会（和谐）进步的关系，坚持以环境补偿促进社会公平、以生态平衡推进社会和谐，以环境文化丰富精神文明，努力建设以人与自然和谐为重要内容的生态良好、生活富裕的文明社会。”①

（二）政府推进生态和谐社会建设的重点领域

政府推进生态和谐社会建设的重点举措，一是生态文明教育要从娃娃抓起；二是要统筹推进城乡绿色社会保障体系建设；三是要贯彻落实国家环境与健康行动计划；四是要建立社会稳定风险评估机制。

1. 生态文明教育要从娃娃抓起

现代生态环保意识和可持续发展理念是现代人才素质的基本方面，也是时代赋予学校教育的重要责任与使命。生态文明教育要从娃娃抓起，要把生态文明的理念、节约和环保的意识贯穿于学前教育、中小学教育和高等教育与终身教育的全过程，贯穿于学校教育办学的各个方面，营造学校教育内容、教学设施、教学办公的节能化、低碳化、循环化，贯穿于办学、教学和学习的各个方面和全过程。学校要通过各种方式引导学生学习绿色科技知识、开展绿色环保实践活动和环保知识竞争与创新行动。政府教育行政部门与环保行政部门要协同推进创新绿色幼儿园、绿色校园和绿色大学计划，研究制定不同教育阶段的生态文明教育的目标、内容和考核办法，并培训相应的师资力量。

同时，要通过政策引导，鼓励和促进生态环保领域人才的培养，鼓励和促进生态环保专业人才充分就业，对生态环保企业、社会组织和政府机构人才实施相应的收入补贴。

2. 统筹推进城乡绿色社会保障体系建设

十八大报告强调，要通过“绿色发展、循环发展、低碳发展，形成节约资源和保护环境的空间格局、产业结构、生产方式、生活方式，从源头上扭转生态环境恶化趋势，为人民创造良好生产生活环境”。

生态文明建设实践中社会经济结构的调整与优化，生态环境规制政策的加强，一方面将大大缓解生态环境压力，另一方面可能引发各种社会矛盾和社会经济问题，特别是对一部分群众和一些特定区域的群众的生产、生活造成暂时的困难，为此，必须构建城乡一体化的绿色保障体系，形成环境治理的社会经济“安

---

① 全国干部培训教材编审指导委员会：《生态文明建设与可持续发展》，人民出版社、党建读物出版社 2011 年版，第 107—108 页。

全网”和“减震器”，确保结构调整、生态环境移民和环境政策的有效推进与实施。

在充分考虑政府需求、居民意愿与区域产业发展要求的前提下，需要统筹推进包括生态补偿体系、绿色技术推广服务体系、绿色资金保障体系、环境移民的绿色服务体系在内的城乡一体化绿色社会保障体系建设。[①] 从而充分保证生态主体功能区、环境脆弱区、自然保护区和为生态环境保护作出牺牲区域的居民或弱势群体共同享有社会经济发展的成果。

3. 贯彻落实《国家环境与健康行动计划》

十八大报告强调:“坚持预防为主、综合治理，以解决损害群众健康突出环境问题为重点，强化水、大气、土壤等污染防治。”可见，加强污染防治，是生态和谐社会建设的重要举措。

针对我国环境与健康领域存在的突出问题，借鉴国外相关经验，国家特制订了《国家环境与健康行动计划》(2007—2015)(以下简称“计划”)。各级政府如何贯彻落实这一行动计划，仍然任重道远，以下具体工作亟待加强。

第一，要建立健全环境与健康法律法规标准体系。一是制订完善环境与健康相关法律法规的总体方案。围绕强化环境污染的法律责任，完善环境污染损害赔偿的法律依据，研究环境污染损害程度鉴定、赔偿程序、范围和法律援助的具体实施办法。环境影响评价要着重把环境对健康的影响作为完善评价办法的重要内容。加强饮用水安全、环境影响健康、室内污染和应急管理保障法研究。二是制订环境与健康重点领域急需的基础标准。

第二，形成环境与健康监测网络。开展实时、系统的环境污染及其健康危害监测，及时有效地分析环境因素导致的健康影响和危害结果，掌握环境污染与健康影响发展趋势，为国家制定有效的干预对策和措施提供科学依据。一是要建立饮水安全与健康监测网络；二是要建立空气污染与健康监测网络；三是要建立土壤环境与健康监测网络；四是要建立极端天气气候事件与健康监测网络；四是要建立公共场所卫生和特定场所生物安全监测网络。

第三，加强环境与健康风险预警和突发事件应急处置工作。有效实施风险评估、风险预警和突发事件应急处置，提高风险预测和突发事件应急处置能力，避免或降低严重的环境与健康危害。一是开展环境与健康风险评估工作；二是加强环境与健康风险预警工作；三是加强环境与健康突发事件应急处置能力建设，

① 柯高峰等:《洱海流域绿色保障体系之路怎么走？》,《环境保护》2010 年第 21 期。

切实维护受害人生命健康权益。

第四，建立国家环境与健康信息共享与服务系统，完善环境与健康技术支撑建设，加强社会宣传和教育工作，积极开展国内和国际交流，学习新技术与新方法，不断提高我国环境与健康工作水平。

第五，建立保障机制。环境与健康工作是涉及生态和谐社会建设一项系统工程，也一项“打基础、管长远”的工作，需要多部门广泛参与、多学科积极支持、多方面协调配合，在立法、制定政策和执行层面采取切实有效的措施，提高环境保护和健康保护两方面成效。一是要将环境与健康列入政府优先工作领域。二是要设立国家环境与健康组织机构。三是要建立环境与健康工作协调机制，建立国家环境与健康工作领导小组例会制度、国家环境与健康工作秘书机构工作制度、部门间协调地方工作制度以及考核与责任追究制度，保证国家环境与健康工作全面有效落实。①

总之，推进生态和谐社会建设，要“坚持贯彻落实科学发展观，按照构建社会主义和谐社会基本要求，解决与人民群众利益密切相关的突出问题，加强社会风险和污染损害健康风险的防控，提高处置与服务的能力和水平，保护人民群众身体健康和生命安全，促进发展、环境、健康的和谐统一，为经济社会可持续发展提供有力保障。”②推进生态和谐社会建设，“要贯彻预防为主的政策与理念，切实提高环境与健康的监测与防范水平，实现源头控制；注重推动城乡一体化发展，逐步推进公共服务均等化，突出有效治理；以改善居民环境与健康为重点，完善环境与健康工作的法律、管理和科技支撑，全面建立环境与健康工作协作机制，有效实现环境因素与健康影响监测的整合以及监测信息共享；完善环境与健康风险评估和风险预测、预警工作，实现环境污染突发公共事件的多部门协同应急处置。”③

4. 建立和完善社会稳定风险评估机制

“十二五”规划纲要提出，“建立重大工程项目建设和重大政策制定的社会稳定风险评估机制”。这是推进生态和谐社会建设的一项重要制度措施。社会稳定风险评估工作一般说来，大体可分为六个程序。一是责任部门先期自行评估。决策作出部门、政策提出部门、项目报审部门（单位）、改革牵头部门、工作实

---

①《国家环境与健康行动计划》（2007—2015）。

②《国家环境与健康行动计划》（2007—2015）。

③《国家环境与健康行动计划》（2007—2015）。

施部门是社会稳定风险评估工作的直接责任部门，应在提出决策和开展工作之前对决策事项的合法性、合理性、科学性以及安全性、适时性等先期自行组织评估。二是主管部门进行审查。责任部门自行评估后形成《自评报告》，送主管部门审定。主管部门可邀请维稳、法制等有关部门以及重大事项直接责任部门参与评估。三是主管部门确定实施意见。主管部门根据评估情况，将重大事项涉及的相关情况形成《综合评估报告》。该报告应对评估事项提出实施、部分实施、调整实施、暂缓实施、不实施等意见。四是维稳部门进行备案。主管部门综合评估完成后，在将评估意见反馈责任部门之前应把评估报告送同级党委维护稳定工作领导小组备案。五是责任部门落实措施。在重大事项出台实施后，责任主体根据分析评估情况，严格落实化解不稳定因素、维护稳定的具体措施，有针对性地做好相关工作。六是维稳部门和主管部门进行跟踪督导。重大事项实施过程中，主管部门应指定监管部门全程跟踪了解，及时掌握动态信息，确保各项工作措施落实到位。

四川省在实践中总结出五方面重大事项、五项重点评估内容、五步工作法、五种责任追究措施、五条监督渠道的社会稳定风险评估“五个五工程”科学评估体系。

五方面重大事项为：事关广大人民群众切身利益的重大决策；关系群众利益调整的重要政策；被国家、省、市、县（区）确定为重点工程的重大项目；涉及范围广的重大改革措施；关系环境污染、行政性收费调整等社会敏感问题。

五项重点评估内容包括：一是合法性，重大事项是否符合党的政策和国家法律、法规，政策调整、利益调节的对象和范围是否界定准确，调整、调节的政策、法律依据是否充足；二是合理性，是否适应大多数群众的利益需求，是否得到大多数群众的理解和支持；三是前提条件，是否经过严格的审查报批程序和周密的可行性研究论证，时机是否成熟；四是环保问题，是否可能产生环境污染，是否具备相关部门的环保鉴定；五是社会治安方面，是否可能引发较大的不稳定事件，是否制定相应的应急处置预案。①

“五步工作法”具体为②：

（1）确定评估对象，全面掌握情况。对拟定的每个重大事项，都要由其责

---

① 刘裕谷等：《各地积极建立完善重大事项社会稳定风险评估机制》，《人民日报》2010 年 7 月 14 日。

② 刘裕谷等：《各地积极建立完善重大事项社会稳定风险评估机制》，《人民日报》2010 年 7 月 14 日。

任部门通过收集相关文件资料、问卷调查、民意测验等方式，掌握评估对象基本情况，并形成评估报告。

（2）搞好初审，评估风险。对评估事项实施后可能出现的不稳定因素作出评估预测，由党委政研部门、政府法制部门提出初审意见，连同决策建议、政策草案、项目报告、改革方案一并报送有决定权的机构审定。

（3）集体会审，作出决定。根据评估报告和初审意见，党委、政府或有权作出决定的机构召开会议，并邀请人大、政协和社会各界代表参加，对重大事项社会稳定风险程度进行集体会审，作出实施、暂缓实施、暂不实施的决定。

（4）反馈情况，落实维稳措施。对重大事项作出稳定风险评估决定的党委、政府或有关机构，及时将决定反馈重大事项的责任部门，并对有关社会稳定工作提出明确要求，落实维稳措施。

（5）调控风险，抓好督促协调。各级维稳办负责抓好本地社会稳定风险评估与化解工作的督促协调，监督有关责任部门根据风险评估决定调控风险，有针对性地做好群众工作，严防涉稳重大事件的发生。

四川还用五种责任追究措施促进落实：检查述职、一票否决、组织处理、纪律处分、追究刑事责任。

建立和完善社会稳定风险评估机制，对于进一步提高各级党委和政府依法决策、科学决策、民主决策水平，正确处理人民内部矛盾，从源头上预防和减少不稳定因素，把各种矛盾纠纷化解在基层、解决在萌芽状态，具有极其重要的作用。①

二、社会组织与生态和谐社会建设

党的十八大三中全会提出：要激发社会组织活力。这对于确保我国社会组织建设和发展的正确方向，引导社会组织健康有序发展，在全面建成小康社会中发挥更加积极的作用具有重要意义。

环保社会组织是社会组织和生态和谐社会建设中的一支重要的力量。环保社会组织是以人与环境的和谐发展为宗旨，从事各类环境保护活动，为社会提供环境公益服务的非营利性社会组织，包括环保社团、环保基金会、环保民办非企

---

① 刘裕谷等：《各地积极建立完善重大事项社会稳定风险评估机制》，《人民日报》2010 年 7 月 14 日。

业单位等多种类型。它们肩负着创新社会发展、参与公共服务、化解社会矛盾的责任，同时也接受社会伦理与公民价值观的洗礼；在促进社会主义民主政治、搭建政府与公众之间的桥梁等方面发挥着积极的作用，尤其在沟通、咨询、社会服务、社会调剂等方面发挥越来越有效的功能，通过社会互济互助活动，实现社会资源的有效整合和利用。①

（一）社会组织在生态和谐社会建设中的作用

近年来，环保社会组织通过与各级环保部门合作或自发在社会上开展了大量以保护环境、维护公众环境权益为目标的环保活动，在提升公众的环保意识、促进公众的环保参与、改善公众的环保行为、开展环境维权与法律援助、参与环保政策的制定与实施、监督企业的环境行为、促进环境保护的国际交流与合作等方面发挥了重要作用，已成为连接政府、企业与公众之间的桥梁与纽带，构建和谐社会，推动环保事业发展的重要力量。

1. 保护生态环境

保护生态环境，是环保组织的先天职能。近年来，中华环境保护基金会通过广泛动员企业和社会力量，先后栽植生态林超过 20 万株，在青藏高原生态脆弱地区试种牧草 5000 亩。以中国青少年发展基金会、中国绿化基金会、民间组织“绿色生命”等为代表的社会组织，通过开“展保护母亲河”、“绿色公民行动计划”、“百万植树防沙”等项目的实施，在内蒙古沙化区域、黄河沿岸及城镇绿化空白等地植树造林、美化环境，防沙治沙，有效地防止了水土流失和生态进一步恶化。同时，它们也为生物多样性保护和为保护大熊猫、华南虎、野生红豆杉等珍稀物种作出重要贡献。环保 NGO 组织“绿色江河”，连续多年在青藏高原开展了冰川雪线退化调查和长江源头生态保护站建设，通过警示教育和动员社会公众参与，为应对气候变化、保护长江冰川遗迹，保护长江源头生态环境，缓解母亲河源头的生态压力做出了积极努力；同时它们还通过对在阻止野生生物制品贸易工作中做出突出成绩的人员进行资助和奖励，鼓励专业机构阻断国际野生生物制品贸易通道，一定程度上遏止了对野生生物的杀戮。

---

① 环保部：《关于培育引导环保社会组织有序发展的指导意见》，环境保护部文件，环发［2010］141 号。

2. 决策咨询服务

我国环保非政府组织在协助、参与政府对重大环保法规、政策制定前期的调研论证，促进政府部门信息公开，参与公共决策等发挥了拾遗补缺的作用。环保组织发源于公众，汇集了许多专家、学者的参与，能够协助和参与政府对重大环保政策方针制定前开展调研论证，使政策更能反映公众对环境的要求，适应社会发展的需要。在《环境保护法》修改的过程中，环保社会组织对其中涉及信息公开和公众参与及公益诉讼主体等方面的内容提出了有价值的建议，促进了立法过程的民主化。以公众环境研究中心为代表的环保社会组织，通过对各类公开发表的环境信息、数据的整理分析，定期发布污染企业违规排放信息的“中国水污染地图”和城市环境信息公开结果的评价，督促企业改变环境违规行为，促进政府推进环境信息公开的进程等。另外，在我国重大工程项目的建设立项过程中，环保社会组织通过对项目环评工作的关注和参与听证等，促使有关部门对工程立项的环境影响做出了更科学的评价和审批。

3. 直接参与社会建设

我国大部分的环保组织都组织或参与了面向社会开展的多种形式的公益项目和活动，走进社区、走进学校、走进农村，围绕应对气候变化和节能减排、垃圾分类、环保扶贫、饮水安全等方面开展培训、资助和工程示范等项目。这些活动对建设环境友好型、资源节约型社会、呵护自然环境起到了积极的作用。

在城市，许多环保社团按照保护环境的要求，组织“节能减排”、“垃圾分类”进社区、进学校的活动，把专业知识、操作方法、工具设施带进了这些地方，并通过培训形成机制。有效地引导公众、学生的环保行为。

在农村，北京地球村环境中心以灾区重建为契机，在四川彭州等市县实施“乐和家园”项目，围绕乡村的生态建设，在打造乡村生态民居、发展乡村生态经济、完善村民参与机制、实施乡村环境管理等，探索中国生态文明乡村的可持续发展模式已经形成了样板，并开展推广工作。

4. 宣传教育

环保组织在生态文化建设中的作用主要表现在：第一，开展环保宣传教育，提高公众环保意识。环境宣传教育是环保民间组织长期开展的工作，90% 以上的组织都开展过环境保护宣传。其宣传对象覆盖广泛，包括不同年龄段和身份的人群。同时，其宣传内容也不断拓展。这些宣传活动通过灵活多样的宣传方式，在传播环保知识和理念、提高公众环保意识的同时，也在一定程度上引导着公众的环保行为。第二，通过各种环保公益活动的开展，培养公众参与环保的自觉意识和志愿服务精神。

总之，不同于政府制定政策与实施行政行为的全局性，也不同于企业遵循社会行为的利益性，环保民间组织的非政府组织性质，决定了其实施环保行为，促进文明提升的方式的灵活性、自主性和多样性。作为中国民间建设生态文明的积极力量，环保社会组织在这一事业中发挥作用的途径十分丰富。①

（二）政府要促进社会组织自身建设

随着我国政府职能转变和可持续发展战略的实施，社会组织发展较快，在社会经济和推进环境保护事业发展中的积极作用不断增强。与此同时，社会组织的发育还不够成熟，组织能力弱小，不能满足我国构建和谐社会、推进生态文明建设的需要。②因此，需要加强社会组织的自身发展与建设。

根据环保部《关于培育引导环保社会组织有序发展的指导意见》，我国环保社会组织发展的总体目标是：积极培育与扶持环保社会组织健康、有序发展，促进各级环保部门与环保社会组织的良性互动，发挥环保社会组织在环境保护事业中的作用。力争在"十二五"时期，逐步引导在全国范围内形成与"两型"社会建设、生态文明建设以及可持续发展战略相适应的定位准确、功能全面、作用显著的环保社会组织体系，促进环境保护事业与社会经济协调发展。③

我国环保社会组织发展的总体目标是：一是坚持积极扶持，加快发展。准确把握环保社会组织在建设"两型"社会与生态文明建设中的功能定位，为环保社会组织的生存发展和发挥作用提供空间；改革创新环保社会组织培育发展的机制，制定有利于扶持引导环保社会组织发展的配套措施。二是加强沟通，深化合作。加强环保部门与环保社会组织之间的沟通与合作，构建经常性的沟通交流平台，形成积极互动、相互支持、密切配合的局面。三是坚持依法管理，规范引导。进一步解放思想，坚持培育发展与规范引导并重，在培育中规范，在规范中引导，在引导中发展。严格依法行政，在法治框架下对环保社会组织的行为进行

---

① 李伟：《我国民间组织与建设美丽中国》，人民网—中国共产党新闻网 2013 年 7 月 30 日。http://theory.people.com.cn/n/2013/0730/c40531-22380189.html。

② 环保部：《关于培育引导环保社会组织有序发展的指导意见》，环境保护部文件，环发［2010］141 号。

③ 环保部：《关于培育引导环保社会组织有序发展的指导意见》，环境保护部文件，环发［2010］141 号。

指导和规范，增强对公众的影响力。①

当前我国社会组织在能力建设、自律意识以及国际交流与合作等方面要加强自身建设。同时政府也要加大促进社会组织自身建设的扶持措施。

首先，社会组织要制定人才培养教育发展规划，可以“通过环保宣教中心或委托大专院校、培训中介机构对环保社会组织的负责人或骨干进行相关法律法规、环保专业技能、组织与项目管理等方面的知识培训，定期组织环保社会组织到企业、社区进行学习考察，并为环保社会组织自身的学习培训活动提供宣传资料、活动场所或其他形式的帮助，提高环保社会组织的政策、业务水平和参与环境保护事业的能力。②

其次，要“加强对环保社会组织的规范引导，促进环保社会组织的自律。各级环保部门要加强环保社会组织的思想政治建设，建立各项管理制度和工作机制，指导其树立诚信意识，养成良好的职业道德，促进环保社会组织规范运作，在推进环境保护事业发展进程中发挥积极作用。环保社会组织与境外非政府组织开展合作项目，要根据相关规定报外事部门审批。

最后，促进环保社会组织的国际交流与合作。环保部门要积极为环保社会组织开展国际交流与合作进行政策指导、提供信息、搭建平台。鼓励环保社会组织积极开展国际交往，通过国际民间环境交流合作的渠道宣传中国政府的环境政策和工作成效，努力维护中国的环境形象。③

（三）政府要处理好与社会组织的关系

制定培育扶持环保社会组织的发展规划。坚持政府扶持、社会参与、民间自愿的方针，推动环保社会组织健康、有序发展。地方各级环保部门应根据本地实际制定利于促进环保组织发展的规划，鼓励环保社会组织积极开展相关活动，参与环境保护。

转变思想观念，拓展环保社会组织的活动与发展空间。各级环保部门要解放思想，高度重视环保社会组织的发展和管理，进一步转变思想观念，努力为环

---

① 环保部:《关于培育引导环保社会组织有序发展的指导意见》，环境保护部文件，环发［2010］141号。

② 环保部:《关于培育引导环保社会组织有序发展的指导意见》，环境保护部文件，环发［2010］141号。

③ 环保部:《关于培育引导环保社会组织有序发展的指导意见》，环境保护部文件，环发［2010］141号。

保社会组织的公益活动提供力所能及的支持。

建立政府与环保社会组织之间的沟通、协调与合作机制。拓展环保社会组织的参与渠道，建立环保部门与环保社会组织之间定期的沟通、协调与合作机制。各级环保部门在制定政策、进行行政处罚和行政许可时，应通过各种形式听取环保社会组织的意见与建议，自觉接受环保社会组织的咨询和监督。

表彰典型，广泛宣传。各级环保部门应注意了解当地环保社会组织的活动情况，总结评估环保社会组织开展工作的成效与经验，对优秀的环保社会组织与个人及时进行奖励或表彰。①

三、社会公众与生态和谐社会建设

生态和谐社会建设既要促进人与自然的和谐共生，也要促进人与人、人与社会的和谐。因为人与自然之间的关系是否和谐，也将影响人与人关系、人与社会关系的和谐。我国当前公众参与还处于起步阶段，还不能适应构建生态和谐社会的进程和需求，公众参与的责任意识、权利意识和公众参与的机制建设都需要不断加强。

（一）树立人人共建共享的责任意识

生态和谐社会建设需要人人参与，主要有两方面的内涵：一方面，公众是作为责任主体参与生态和谐创新，套用一句中国古话，生态和谐社会建设，人人有责，需要人人参与。另一方面，公众作为权利主体，通过参与生态和谐社会建设维护自己合法的社会权益和生态环境权益。

每一位社会成员都要意识到，维护社会和谐、节约资源、保护环境是大家共同的社会责任和义务。因此，社会公众、家庭和社区要从源头上，从日常的家庭生活、社区生活类中形成良好的生活方式和消费方式，从一点一滴中、一言一行中保护环境、节约资源、维护社会和谐，促进人与自然的和谐。

面对严重的环境污染，很多人心里都不免会有这样那样的想法，有的人埋怨企业，有的人埋怨政府，这些都是可以理解的。但是大家往往忽略了这样一个

---

① 环保部:《关于培育引导环保社会组织有序发展的指导意见》，环境保护部文件，环发［2010］141号。

事实：我们每个人既是良好生态的享有者，同时也是环境污染的制造者。看一看下面的事实就不难发现，环境污染其实人人都有份儿。

先看看我们的居家生活。随着我们生活条件好转，各种各样的消费品也日益增多，一方面满足了我们吃喝拉撒睡的需求，另一方面也在产生大量的生活垃圾。据统计，全国 2/3 城市都处于垃圾包围之中，垃圾围城成为一种顽疾。这些堆积如山的垃圾严重污染土壤和地下水，释放大量有害气体，给我们的生存环境带来严重危害，被称为潜伏在城市里的巨型“炸弹”。

再看看我们的出行。现在很多人习惯出门就开私家车，觉得这样既方便又体面。殊不知方便舒适之处，也是污染加重之时。如果大家都能够做到少开车，多坐公共交通工具，就可以大大减少汽车尾气的排放，降低对空气的污染。

最后来看看在工作中造成的污染。很多办公场所，即使大白天光线充足，也依然灯火通明；下班后空调照转，电脑照开，耗电多少没人在意。除此之外，废旧纸张、废弃电脑等对环境的影响也不容小视。

众人拾柴火焰高。扭转环境恶化的趋势，是政府和企业的责任，更需要全社会“同呼吸、共奋斗”，需要每一个人从自身做起，从小事做起。能不能自觉做到垃圾分类、不随意丢弃？能不能少开一天车，自觉做到绿色出行？能不能实行无纸化办公，自觉做到少用一张纸？能不能出门关灯关空调，自觉做到少用一度电？……我们相信，每个人的一小步，都是迈向生态和谐的一大步。①

（二）维护公众参与的各项权利

社会公众是生态和谐社会的建设者，也是受益者，当然也是生态和谐社会的政策参与者。政府通过构建公众参与机制，既有利于促进公众与政府之间的良性互动，增强公众对政府的满意度，也有利于增强公众参与生态和谐社会建设的积极性、主动性和主人翁精神，培育和激发社会公众知情、参与、监督的需求与活力，形成人人为我、我为人人的良好局面，形成生态和谐人人共建设共享的和谐社会氛围。这也是政府推进生态和谐社会建设的重要途径和手段，因此，需要通过制度建设保障社会公众对与社会建设和生态文明建设领域事务的知情权、监督权和参与权。

以环境保护为例，“环境恶化首先受害的便是社会公众，因为公众对环境问

① 中共中央宣传部理论司：《理论热点面对面 2013：理想看　齐心办》，学习出版社、人民出版社 2013 年版，第 45—47 页。

题有着更加切身和直接的感受，他们往往能更及时有效地发现环保工作中的各类问题，并作出最直接和激烈的反应。当这种参与变得广泛和深入时，就会形成一种社会力量来实现对政府环保工作的有效监督，才能在最大范围里避免‘市场失灵’和‘政府失灵’的现象。”①

公众知情权是实现公众有效参与环境事务的必备前提。没有这一点，就失去了公众参与的起码支撑。要让老百姓知道我们的环境状况究竟怎么样，要让老百姓知道排污企业的排污情况。

公众监督权包括对违法排污、超标排污、恶意排污的监督，对破坏生态环境行为的监督，监督的方式也有许多，包括举报、通过媒体曝光等。比如，实行对环境污染举报人进行奖励的制度。这也是运用激励的方式推动公众行使环境监督权。

公众参与权的内容较为丰富，比如在建设项目环评过程中，公众可以提出意见，可以参加项目听证会、论证会等；在环境立法工作中，草案提出后一般通过网上公示等方式征求公众意见；在政府大的决策前，一旦涉及可能对环境造成影响的政策出台，都会通过一定方式征求公众的意见和建议。

总体而言，公众参与，既是生态和谐社会建设的重要机制、手段和途径，也是我国基层民主建设的重要方面，涉及物质文明、政治文明和精神文明建设的各个方面和全过程。

（三）完善公众参与制度

提升公众参与的效能，促进公众的全面参与和科学参与，促进公众参与形式的多样化是完善公众参与制度的主要内容。

1. 提升公众参与的效能

提升公众参与政策制定的效能。一是要进一步提升公众的参与意愿和参与能力，通过对公众民主意识、法治精神的教育，提升公众参与的主动性；遵循公共利益目标，为公众参与政策制定提供保障和服务，通过对公众的积极回应提高公众参与的效能；二是要推进与扶持公众组织化建设，深化改革社会组织的登记管理制度，增强公众以组织为依托，形成对公共政策的理性参与和深度影响；三是为保障不同利益群体享有平等的参与权利，需要对农民、农民工、失业者等相

---

① 王志明:《环评公众参与不能只看上去很美》,《晶报》2013 年 8 月 29 日。

对弱势的群体，搭建更便于进行利益诉求表达的制度平台。①

2. 促进公众的全面参与

要实施全过程公众参与，即从建设项目立项、环评、施工建设、试生产、竣工验收到正式投入生产运营的全过程实施公众参与。西南欠发达地区可以在学习借鉴发达省份先进做法基础上，结合当地地域特色、民族风俗、文化特点，适时出台针对这一地区关于公众参与建设项目环境保护工作的指导意见，具体规定公众参与的程序和规则，使公众参与真正具有区域代表性和可操作性，使公众意见及时得到解释和答复，保证公众意见调查的完整性和有效性。

3. 促进公众的科学参与

针对不同社会阶层采取多样的方式，推动深入参与，使调查群体均匀分布。在选择公众参与对象时，要考虑到各方面的影响因素，包括单位、专家、个人等。如在环境影响范围内受到直接或间接影响的单位（包括居委会、村委会等基层组织），环境影响范围内与建设项目有关的社会团体，如工会、妇联等。专家方面包括环境问题专家、社会问题专家、经济学家、公共卫生专家、熟悉建设项目所属行业的技术和管理专家等。个人主要是一些不同年龄、民族、党派，并具有不同受教育水平、职业的群众。在选择参与对象时，需要特别关注弱势群体。同时，民间组织 NGO 的参与力量也不容忽视。完善公众参与调查的内容设计，重视反馈信息的合理处理。在公众参与调查设计中，需要充分考虑当地公众的数量和特点，如民族宗教、文化背景、管理体制，以及对环境知识的了解程度等。在执行公众参与调查过程中，需要准确表述调查内容，尤其是对技术性、专业性信息要用通俗易懂的语言表达，使大众易于理解。同时，要加强调查者的组织能力、沟通技巧，提高讲解水平和对特殊方法的掌握程度。在西南地区开展调查工作时，一定要充分考虑当地民风习俗、文化习惯。最后，要认真对待公众反馈的意见。对公众意见应进行综合、全面整理和分析，有针对性地吸取或采纳公众提出的合理、建议性意见，研究和制定出相应的解决对策，并采取污染防治措施。对公众意见所作处理的说明，不仅要报送审查组织，还应向公众公开，以便公众监督。

4. 促进公众参与形式的多样化

广开渠道，采用多种参与形式。要鼓励公众参与，首先要有环境信息的公

---

① 战建华：《公众参与政策制定的路径选择》，《大众日报》2013 年 9 月 2 日。

开。信息公开、信息交流是公众参与的基础和核心。要解决信息不对称问题，只有让公众及时、准确了解项目概况，以及拟建项目有利、不利的环境影响，公众参与才能有效开展。公众参与的方式应是灵活多样的，可依据建设项目规模以及影响程度、范围来确定。除常见的发放问卷调查，还可以采用召开专家咨询会、座谈会、公众意见论证会、听证会、环境信息发布会，使用电话热线、电子信箱等多种形式来征询公众意见及建议。在西南少数民族边远山区，还可以采取一些特殊的信息公开方式，如召开部族家族集会等。①

优化公众参与政策制定的渠道。这主要应该做好两个层面的工作。一是进一步健全现有的听证会制度，充分发挥其最大效力。可逐渐扩大听证会的适用范围，保证听证会成为政策制定过程中的常态流程；优化听证程序及规则，切实实现听证的公开和透明化运作；完善听证会代表的遴选机制，保证参与者的广泛代表性和实质性参与；明确听证会功能定位，建立回应和公示制度来保障公众参与作用落实到位。二是要进一步拓宽公众参与渠道，可以借鉴西方国家比较成熟有效的民意调查、政策研讨等方式，保证公众的利益诉求能够及时畅通地反映到决策体制之内；完善公众接待日、政府热线、信访、恳谈会等现有参与平台，整合、优化公众利益表达的渠道结构，引导公众在政策制定过程中发挥更有效的作用。

建构网络化的参与平台。网络技术的发展突破了传统媒体信息传播的时空限制，既可以把公众的利益诉求快速传递给政府，也可以建构公众与政府对话交流的平台，为公众参与政策制定带来了革命性的变化。网络化背景下完善公众参与，首先可以借助网络平台推进政务公开，为公众参与政策过程提供足够的信息。真实、及时、便捷的信息是决定公众有效参与和深度参与的前提条件。在这个意义上，应该深入推进电子政府建设，加快政务信息的公开程度，降低公众获取信息的成本，把凡是可以在网上公开的文件、规定和可以在网上办理的政务、公务全部实现网络化。其次要借助网络信息平台拓宽公众政策参与的机会和渠道。在这方面，网络的开放性、及时性和平等表达的特性，有助于公众快速获取政策信息，增强平等、独立参与的意愿。他们可以通过民意调查、网络投票等方式快速表达利益诉求，影响政府决策。②

---

① 程为:《全面推进建设项目环保公众参与》,《中国环境报》2012 年 8 月 15 日。

② 战建华:《公众参与政策制定的路径选择》,《大众日报》2013 年 9 月 2 日。

第八章　美丽中国：实施天蓝战略

党的第十八次全国代表大会，把生态文明建设纳入中国特色社会主义事业五位一体总体布局，提出大力推进生态文明建设，努力建设美丽中国，实现中华民族永续发展。蓝天白云是人们对美丽中国最朴素的理解，治理大气污染是生态文明建设的重要任务。大气环境质量能否改善，成为衡量生态文明建设成效的一个重要指标。人民群众在解决温饱之后，对环境质量的要求更加迫切，呼吸清洁空气、享有蓝天白云、感受温暖阳光越来越成为人们的新期待。应该说党和政府一直把大气污染治理作为一项民生工程长抓不懈取得了巨大的成就，因为大气污染的治理具有历史积累性，不可能一蹴而就需要长期的努力，既然我们已经在行进的路上，完全可以相信明天一定会有蓝天白云，呼吸新鲜和干净的空气不在奢望。

一、国家大气环境现状评估

空气是人类生存的基本条件，空气质量与人民群众的幸福指数息息相关。近年来，经过各地区、各部门共同努力，大力削减污染物排放总量，颁布新环境空气质量标准，建立区域联防联控新机制，使我国部分城市环境空气质量有所改善。但总体的大气环境形势依然严峻，煤烟型污染尚未得到控制，以细颗粒物（PM2.5）为特征污染物的区域性大气环境问题日益突出。2013 年年初，我国北方地区长时间、大范围、反复出现雾霾天气，许多城市空气质量急剧下降，严重威胁人们正常生产生活。大气污染影响社会和谐稳定，制约经济持续健康发展。看民生、纳民意，需要加快治理。

（一）大气污染与经济发展呈现非对称性

一个人一天要呼吸 2 万多次，每天至少要与环境交换 1 万多升气体。空气与人类关系极为重要，人类与其说是生存在地球上，不如说是生活在大气的海洋中。空气是生命存在与活动必需的基本要素，人不可须臾离开空气。30 多年快速的工业化和城市化发展使得多种大气污染问题集中出现，表现为大气氧化性增强，多种污染物在大气中发生复杂作用产生二次污染物，并随气象条件长距离传输，造成跨省市污染、环境恶化趋势向区域蔓延现象。大气环境成为影响我国经济社会发展可持续发展的制约因素，随着我国经济的高速发展成为世界第二大经济体，但民众越来越感觉到环境的恶化。2013 年年初影响中国大部分地区的雾霾天气，对国人的影响远非对身体健康的担忧，更重要的是对未来经济的忧虑。空气的雾霾可以在大风吹拂下消散，但雾霾给民众心理带来的影响却是难以依靠大风来驱散。

中国大气环境与经济发展非对称性关系的影响主要体现在以下几个方面。

第一，民众对美好生活的期待与经济发展之间呈现出非对称性。空气是人类生存的基本条件，空气质量与人民群众的幸福指数息息相关。经过改革开放 30 多年的发展，我国已经成为世界第二大经济体，到 2013 年中国的 GDP 总量达到 568845 亿元，人均 GDP 折合成美元为 6767 美元，处于中等收入向高收入跨越发展的转型时期。从经济总体发展水平来看，我过经济成就举世瞩目，但在中国经济成就辉煌的同时，民众感觉到是环境的质量的下降。曾几何时流传的牛郎织女人间神话，世外桃源的美好，好像在中国都已经消失，呼吸清洁的空气和喝上干净的水都已经成为奢侈，民众生活的幸福指数与被大气环境的污染影响带来的负面影响越来越大。

第二，“倒 U 曲线”与底线赛跑同时出现。Grossman 和 Krueger（1991）在分析北美自由贸易协定对环境影响时利用简单的回归模型对人均 GDP 与环境污染之间的关系进行了实证分析，发现两者之间存在一个倒“U”形的曲线关系，即随着人均 GDP 水平的提高，污染水平随之上升，但当人均 GDP 上升到某个程度时，污染会达到峰值，随后，污染会随着人均 GDP 的上升而呈下降趋势，这个拐点大约在 4000—5000 美元（1985 年的美元价格）之间。Richmond（2006）对 36 个国家，包括 20 个发达国家和 16 个发展中国家的 1973—1997 年间的面板数据进行分析，结果表明，发达国家收入与人均能源利用和二氧化碳排放之间存在 EKC 拐点，但发展中国家两者之间则不存在 EKC 拐点。按照“倒 U 曲线”的理论，中国经济发展的水平应该是处于环境逐渐改善的区间，但目前我国的大气环境并没有出现改善的拐点，甚至出现了向底线赛跑的情况，在很多的地方出现了大气环境的持续恶化，大气环境污染恶化的事件层出不穷，部分地方甚至因大气污染恶化而出现了严重的群体性事件，遏制大气环境恶化刻不容缓，不仅关系到民众共享经济社会发展成果的最终目标，还关系到我们党和国家执政的基础。

第三，经济发展的赶超与环境保护的滞后并行。为了迅速实现民族振兴，实现经济发展的“赶超”，改革开放以来，投资一直是拉动我国经济增长的三驾马车之一，但长期依靠投资驱动的经济增长方式带来的后果不容忽视，主要表现在支撑经济增长的基础正在削弱，经济发展成本上升，资源环境的约束日益收紧，投资驱动经济增长使我国资源环境面临日益严峻的挑战，可持续发展受到影响。推动清洁生产，实现环境的保护是推动我国技术进步和产业结构转型升级的重要动力。加快发展方式转变，走创新驱动、内生增长道路是实现经济持续发展的必由之路，而大气污染和环境治理，能通过技术创新促转型、以转型促发展，切实提高经济发展的质量和效益，抓住经济社会发展中的主要矛盾和关键环节，加快做出前瞻性、战略性和全局性战略布局。但遗憾的是，受传统经济发展思维的影响，我国并没有利用技术创新在经济发展的赶超与环境的保护之间形成均衡，导致大气环境污染的问题越来越严重。

大气环境对我国实现发展目标和促进科学发展的影响日益明显，能否突破大气环境的负面影响，必须在正确科学评估我国大气污染的现实基础上，理顺大气污染治理思路，形成可行的思路和发展对策。

（二）我国大气环境污染的现状

经济的发展给我国带来巨大的大气环境压力，总体来看，我国的大气环境现状有以下几个特点。

第一，我国大气污染与能源消耗结构有关，废气排放总量巨大并且上升速度很快。研究显示，中国当前的能源消费结构和规模造成了国内严重的空气污染和环境的破坏，大多数这类空气质量问题直接与能源消费有关。根据《中华人民共和国气候变化初始国家信息通报》，1994 年中国温室气体排放总量为 40.6 亿吨二氧化碳当量（扣除碳汇后的净排放量为 36.5 亿吨二氧化碳当量），其中二氧化碳排放量为 30.7 亿吨，甲烷为 7.3 亿吨二氧化碳当量，氧化亚氮为 2.6 亿吨二氧化碳当量。据中国有关专家初步估算，2004 年中国温室气体排放总量约为 61 亿吨二氧化碳当量（扣除碳汇后的净排放量约为 56 亿吨二氧化碳当量），其中二氧化碳排放量约为50.7亿吨，甲烷约为7.2亿吨二氧化碳当量，氧化亚氮约为3.3亿吨二氧化碳当量。从1994年到2004年，中国温室气体排放总量的年均增长率约为4%，二氧化碳排放量在温室气体排放总量所占的比重由1994年的76%上升到2004年的83%。我国大气污染与我国能源消耗中以煤炭为主有很大的关系，特别是火力发电的排放物影响巨大。2011年，纳入重点调查统计范围的独立火电企业1828家，共排放了全国工业二氧化硫的40.6%，工业氮氧化物的60.2%，因此能源消耗结构对我国的大气污染影响巨大，改善空气质量，改善大气环境必须从能源消耗结构的改善的入手。

第二，中国大气污染来源和地区具有多样性。我国大气污染源主要是二氧化硫、氮氧化物、烟（粉尘）排放。不同地区的不同行业对大气污染的影响不一样，使我国的大气污染具有来源多样和地区多样的特征。这不仅造成了大气污染治理的难度，也造成了国家大气政策协调的难度。

根据国家2012年环境公报数据显示，2011年全国二氧化硫排放量2217.9万吨，其中工业二氧化硫排放量2017.2万吨，占全国二氧化硫排放总量的91.0%；生活二氧化硫排放量200.4万吨，占全国二氧化硫排放总量的9.0%；集中式污染治理设施二氧化硫排放量0.3万吨。全国不同省份的二氧化硫排放量不均衡，二氧化硫排放量超过100万吨的省份依次为山东、河北、内蒙古、山西、河南、辽宁、贵州和江苏，8个省份的二氧化硫排放量占全国排放量的48.3%。各地区中，山东工业二氧化硫排放量最大，贵州生活二氧化硫排放量最大，浙江集中式污染治理设施二氧化硫排放量最大。不同行业的二氧化硫排放差别巨大，2011年调查统计的41个工业行业中，二氧化硫排放量位于前3位的行业依次为电力、热力生产和供应行业、黑色金属冶炼及压延加工业、非金属矿物制品业，3个行业共排放二氧化硫1354.3万吨，占重点调查统计工业企业二氧化硫排放总量的71.4%。

2011年全国氮氧化物排放量2404.3万吨，其中工业氮氧化物排放量1729.7万吨，占全国氮氧化物排放总量的71.9%；生活氮氧化物排放量36.6万吨，占全国氮氧化物排放总量的1.5%；机动车氮氧化物排放量637.6万吨，占全国氮氧化物排放总量的26.5%；集中式污染治理设施氮氧化物排放量0.3万吨。我国的氮氧化物排放地区存在很大的差异，氮氧化物排放量超过100万吨的省份依次为河北、山东、河南、江苏、内蒙古、广东、山西和辽宁，8个省份氮氧化物排放量占全国氮氧化物排放量的49.7%。工业氮氧化物排放量最大的是山东，生活氮氧化物排放量最大的是黑龙江，机动车氮氧化物排放量最大的是河北，集中式污染治理设施氮氧化物排放量最大的是江苏。在排放产业中，氮氧化物排放量位于前3位的行业依次为电力、热力生产和供应业、非金属矿物制品业、黑色金属冶炼及压延加工业，3 个行业共排放氮氧化物 1471.3 万吨，占重点调查统计企业氮氧化物排放总量的 88.6%。

2011 年全国烟（粉）尘排放量 1278.8 万吨，其中工业烟（粉）尘排放量 1100.9 万吨，占全国烟（粉）尘排放总量的 86.1%；生活烟尘排放量 114.8 万吨，占全国烟（粉）尘排放总量的 9.0%；机动车颗粒物排放量 62.9 万吨，占全国烟（粉）尘排放总量的 4.9%；集中式污染治理设施烟（粉）尘排放量 0.2 万吨。烟（粉）尘排放量超过 50 万吨的省份依次为河北、山西、山东、内蒙古、辽宁、河南、黑龙江、新疆和江苏，9 个省份烟尘排放量占全国烟（粉）尘排放量的 55.1%。各地区中，河北工业烟（粉）尘排放量最大，黑龙江生活烟（粉）尘排放量最大，河北机动车颗粒物排放量最大，安徽集中式污染治理设施烟（粉）尘排放量最大。在调查统计的 41 个工业行业中，烟（粉）尘排放量位于前 3 位的行业依次为非金属矿物制品业、电力、热力生产和供应业、黑色金属冶炼及压延加工业，3 个行业共排放烟（粉）尘 700.9 万吨，占重点调查统计企业烟（粉）尘排放量的 68.2%。

第三，大气污染地区相对集中，形成污染“叠加”，加大治理的难度。受到能源消耗和产业结构的影响，目前我国大气污染呈现出明显的地区分布特色。根据 2013 年亚洲开发银行和清华大学发布《中华人民共和国国家环境分析》报告，中国 500 个大型城市中，只有不到 1% 达到世界卫生组织空气质量标准，而全世界大气污染最严重的 10 个城市中有 7 个在中国，太原、北京、乌鲁木齐、兰州、重庆、石家庄、济南、石家庄名列全球前 10 名，并集中在华北和西北地区。目前，京津冀、长三角、珠三角地区，以及辽宁中部、山东、武汉及其周边、长株潭、成渝、海峡西岸、山西中北部、陕西关中、甘宁、新疆乌鲁木齐城市群，包括 117 个地级及以上城市，是我国大气污染最为严重的区域。主要大气污染物排放负荷巨大，2010 年单位面积二氧化硫、氮氧化物及烟粉尘排放强度是全国平均水平的 2.4—3.6 倍，单位面积二氧化硫、氮氧化物排放强度更达到美国平均水平的 3.7—8.8 倍，而大气环境污染严重地区都是我国经济发达的地区。

（三）大气污染制约经济的可持续发展①

中国作为一个经济大国的崛起，从国内、地区乃至全球层面，都对能源消

① 本节内容根据作者自己发表成果改编：见段世德《“两型社会”建设与武汉新区发展的国际化战略思考》，《郑州航空工业管理学院学报》2008 年第 5 期。

费和环境产生了重大影响。中国目前已成为全球第三大的能源生产国、第二大的能源消费国，2002 年，中国能源消耗占全球能源消耗的 10%，预测到 2025 年占全球能源消耗的 15%。中国是全球最大的煤炭生产国，占全球煤炭产量的 28%；作为煤炭消费大国，目前占全球煤炭消费总量的 26%，此外，中国目前还是全球第三大的石油消费大国。中国能源消费规模与结构反映在二氧化碳排放物上，形成巨大的环境压力，中国目前占全球矿物燃料碳化物排放量的 13%（仅次于美国），预测到 2020 年这个比例升至 17%。（见表 8—1）中国能源的消费和二氧化碳排放规模与中国经济在世界经济中的所占的份额严重失衡。

表 8—1　全球能源消费与二氧化碳排放物的比例

全球能源消费						
	1990 年	**2000 年**	**2001 年**	**2010 年**	**2015 年**	**2020 年**
中国	7.7	9.3	9.8	11.6	12.7	13.7
其他发展中国家	17.9	24.3	24.6	25.7	26.5	27.2
东欧 / 前苏联	21.9	13.1	13.2	12.5	12.4	12.4
工业发达国家	52.5	53.4	52.4	50.2	48.4	46.7
总和	100.0	100.0	100.0	100.0	100.0	100.0
二氧化碳排放物						
	1990 年	2000 年	2001 年	2010 年	2015 年	2020 年
中国	10.5	12.2	12.8	14.7	15.9	17.0
其他发展中国家	18.3	25.0	25.4	26.4	27.1	27.7
东欧 / 前苏联	22.7	13.1	13.2	12.3	12.0	11.9
工业发达国家	48.5	49.7	48.7	46.7	45.0	43.4
总和	100.0	100.0	100.0	100.0	100.0	100.0

资料来源：国际能源署《国际能源展望 2004》。

大气污染使中国经济发展面临巨大的压力。因为大气污染的负面影响往往具有长期性、累积性、非线性，其后果具有灾难性、不可逆性，因而受到了国际社会的广泛关注，减缓气候变化，防止全球变暖已成为国际社会的共识。1972 年，联合国环境规划署成立，表明国际社会开始关注环境问题；1987 年布伦特委员会报告首次提出"可持续发展"的观点，将环境与生存问题联系起来；1990 年 IPCC 发表第一份全球气候变化评估报告，开始气候变化的影响进行评估和预测；1992 年，联合国环境与发展大会在巴西里约热内卢召开，178 国代表团，118 国领导人（106 国元首或政府首脑）参加会议，会后签署《联合国气候变化框架公约》（UNFCCC）；1997 年 12 月在京都召开的第三次 UNFCCC 缔约方会议上签署了《京都议定书》，在防范全球气候变暖的道路上寻求全球共同合作面对挑战，依靠国际协调实现整个人类发展的持续；2007 年 12 月 15 日，在印度尼西亚的巴厘岛召开联合国气候变化大会，确定 2009 年以后旨在减缓全球气候变暖的路线图。

但美国等发达国家以执行《京都议定书》成本过高，尤其是中国以发展中国家身份没有承担二氧化碳减排责任为由拒绝执行，拉中国为美国政策垫背；欧盟也要求强制中国减排，否则会采取贸易手段制约中国产品进口，中国作为世界上仅次于美国的第二大温室气体排放国，在气候变化问题上正面临越来越大的国际舆论压力；国际能源机构近期更预测，中国可能在今年取代美国，成为世界第一大温室气体排放国。该机构专家表示，如果中国经济未来 25 年持续强劲增长，中国的二氧化碳排放量将在 2030 年达到其他所有工业化国家总和的两倍。中国经济面临的国际环境与气候的约束将成为未来中国发展主要压力。

欧洲和美国等发达国家利用自身经济结构上和技术上的优势，以应对全球气候变暖为名对中国施加压力，并对中国在全球气候变化应对中提出的“统一但有区别”的原则进行挑战，提出明确的减排计划，并对不同的国家的大气污染排放形成量化指标，这对当前中国的大气环境的问题形成严峻的挑战。大气污染问题国际化的趋势已经表明经济发展模式不再是简单的一国内政问题，通过对排放量的规定，已经初步实现对一国发展权的国际软约束，未来在环境和气候变化问题上的大国博弈对不同发展模式经济产生影响，资源节约和环境友好的发展模式将在环境气候约束的条件下获得更大的发展空间。若该计划最终得以实施，则以二氧化碳高排放为特征的中国经济发展空间形成制约，并对中国经济发展的总量在国际社会形成硬约束，是我国难以真正实现对中等收入陷阱的跨越。

二、国家天蓝战略与策略

“十二五”时期是我国经济体制、社会体制改革的攻坚期，也是环境管理由污染控制转向质量改善目标的过渡期和敏感期。由于大气具有流动性，依靠单个城市各自为政的控制管理方式已不能适应区域空气质量管理的要求，需要打破行政区划限制，统筹协调不同的利益主体，包括不同行政区及不同部门，建立以区域为单元的一体化控制模式，迫切需要机构、机制以及政策措施的创新，建立具有中国特色的国家蓝天战略与策略。

（一）凝聚共识形成治理思路

环境保护是全社会共同支持、共同参与、共同享有的事业。大气污染成因复杂、来源广泛，涉及生产生活的各个领域各个方面，其防治需要全社会同心同勠力、共同行动。正如李克强总理强调的，“既然同呼吸，就要共奋斗，大家都尽一把力”。要实现国家蓝天战略需要在全社会范围内凝聚共识，主要从以下几个方面来推进。

第一，凝聚社会环保共识，坚定治理信念。建立治理大气污染必胜的信心，树立打持久战和攻坚战的信念。我国大气污染治理刻不容缓，改革开放三十多年的快速发展实现了发达国家两百多年才能实现的发展成果，发达国家上百年间逐步出现的资源环境矛盾，尤其是大气污染在短期内形成巨大压力。面对当前严峻的形势，我们要坚定治理大气污染必胜的信心和信念，相信我们在取得巨大经济发展成就的同时，也一定能取得治理大气污染的成就。国内外经验表明，大气污染可治可控。如美国通过实施清洁空气法、一系列减排计划、调整产业结构和能源结构、提高排放标准等措施，从1980年到2010年国内生产总值增加127%，大气污染物排放量下降67%，PM2.5浓度大幅降低，环境空气质量显著改善。但是，美国治理大气污染也经历了较长时间，时至今日洛杉矶等地区还在为达标而努力，说明大气污染治理的艰巨性和长期性。我国的情况更加复杂、任务更加艰巨，大气污染是长期积累形成的问题，解决起来需要一个过程，不积跬步无以至千里，只有走好每一步才能取得成功。我们要充分认识改善大气环境质量的艰巨性、复杂性和长期性，做好打持久战的思想准备。同时又必须拿出时不我待只争朝夕的劲头，抓紧行动有所作为，积小胜为大胜，尽快改善环境质量，以蓝天白云装扮美丽中国。因此，面对我国当前大气污染和治理的形式，既要有坚定的信心，又要有长期作战和攻坚作战的准备，只要脚踏实地一定能取得最终胜利。

第二，寻找大气污染问题产生的根本所在，对症下药。大气污染与发展方式、产业结构和能源结构密切相关，脱离我国当前的经济发展方式来简单寻求解决问题的方法和思路，都是治标不治本的做法，既不能巩固大气污染治理的成效，也不能形成蓝天白云永驻的长效机制。针对我国高消耗、高污染、低产出、低效益的粗放工业模式和产业结构重型化特征，需要降低单位产品的污染物排放强度高。因此，解决大气污染问题，要在转变经济发展方式上下工夫，使我国经济发展告别粗放的发展模式，将科技创新和内生驱动发展落到实处。一方面，调整优化产业结构，严控高耗能高污染行业新增产能、加快淘汰落后产能、清理整顿违规产能、积极化解过剩产能，减少生产过程中的大气污染问题；另一方面，加快调整能源结构，控制煤炭消费总量、发展清洁能源、推进煤炭清洁利用，尤其是要注重科技创新，发展和使用绿色清洁能源，减少能源使用过程中的大气污染问题，从源头上治理大气的污染。因此，从这个意义上讲，改善大气环境质量，不仅是环境保护的一大进步，而且是经济发展方式的一大转折。对有害气体的排放方面，需要从点源、面源到移动源的综合施治，在淘汰燃煤小锅炉、脱硫脱硝除尘设施改造、综合整治烟尘、治理餐饮油烟等方面做大量工作，尤其是针对当前烟尘排放问题，要加大对机动车尾气排放的治理，要科学调控城市机动车保有量，大力淘汰黄标车，加快车用燃油低硫化步伐，深化机动车污染治理，提高我国汽车排放的标准。特别是针对我国不同地区的经济结构和能源消耗的差异，应该采取奖惩结合的不同激励政策，为大气治理建立其有效的政策保障体制。

第三，制度创新，建立起大气污染防控的长效机制。我国当前的大气污染问题的产生，与大气环境长期作为公共物品的认识有关，公共用地的悲剧的发生使得大气污染的治理的难度加大，出现污染者和治理者的收益激励不明显的问题。要改变我国当前的这一被动局面，需要围绕大气污染的治理建立起有效的激励约束机制，让保护者得收益获补偿，污染者多付出代价，维护环境保护的公平正义，调动全社会保护环境积极性、主动性和创造性的重要保障。同时要充分发挥市场机制的作用，发挥市场的引导功能，围绕废气的排放建立起环境交易制度，对能效、排污强度达到"领跑者"标准的先进企业给予鼓励，严格限制环境违法企业贷款和上市融资，引导银行加大对大气污染防治项目的信贷支持。完善价格税收体系，适时提高排污收费标准，实施阶梯式电价，深化资源性产品价格改革，建立更好地反映市场供求关系、资源稀缺程度和环境损害成本的价格形成机制。抓紧修订《环境保护法》、《大气污染防治法》等法律法规，健全生态环境保护责任追究和环境损害赔偿制度，着力解决责任不落实、公众环境权益保护力度不够、环境违法行为惩处不力等问题。强化环境信息公开制度，及时公布环境空气质量状况，主动公布建设项目环境影响评价等信息，对涉及群众利益的建设项目，充分听取群众意见。通过在全社会范围内进一步宣传，提升全体公民的大气环保意识，借助激励机制的形成，在全社会范围内形成的大气环境保护的长效体制机制。

第四，明确责任主体，落实行动。考虑到大气的流动性，必须考虑大气污染的跨地域和跨行政区划的特征，在大气污染治理中，必须明确治理的责任主体，形成政府统领、企业施治、公众参与的合力。地方各级政府对辖区内大气环境质量负总责，要根据国家总体部署，确定本地区大气污染防治工作的重点任务，完善相关政策措施，确保任务到位、项目到位、资金到位。企业是大气污染治理的责任主体，要采用先进的生产工艺和治理技术，主动公开污染物排放状况、治理设施运行情况等环境信息，自觉履行责任，接受社会监督。环境保护最终还要落实到每个人的行为，组织开展大气污染防治宣传教育，普及大气污染防治知识，引导公众合理适度消费和绿色低碳消费，鼓励购买能效标志产品和环境标志产品，倡导绿色出行，从点滴做起、从小事做起，通过各种方式为改善环境空气质量尽力量。

只有在全社会范围内形成了大气的治理共识，凝聚社会各种力量，才能推动大气污染治理工作的展开，只有全社会意识到大家同呼吸，才能在大气污染治理上共命运，只有大家共同努力，我们才能共同拥有蓝天白云。

（二）内外联动推动污染治理

联合国环境规划署认为，“可持续发展是既满足当代人的需求，又不对后代人满足其自身需求的能力构成危害的发展。”① 自该理念在1989年提出以后，在世界范围内引起巨大反响并逐步形成共识，并逐渐形成了环境保护的合作机制，在强调国家发展权的同时也注重代际发展的权力，不能利用下代人的发展机会来满足当代人的发展需要，要为子孙后代留下机会。经济要增长，但增长动力不是来源能源高消耗的粗放模式，而是以技术进步为基本特征的内生增长。走清洁生产和文明消费的经济发展模式，强调经济活动与环境保护的良性互动，将污染的排放控制在环境可自我降解的范围内，不能形成污染的增量。随着可持续发展的观念逐渐深入人心，加强大气污染治理具有越来越广泛的社会群众基础。

中国作为一个具有科学和谐发展传统的国家，在发展思路和模式上注重吸收世界先进思想。中国推出的以可持续发展为核心的《中国21世纪议程》，就是吸收联合国1992年环境与发展会议精神，结合中国实际的再发展，结合中国的现实与需要，推出了大批与可持续发展有关的项目，并在全国各地建立生态产业区，还进行发展循环经济的实验，武汉市的青山区作为试点城区之一，推出了一系列具有创新型的做法，丰富了可持续发展的内涵和做法，以负责任的态度积极参与各项全球性环境和气候保护公约，承担与自身实力相匹配的责任。尽管我国与发达国家在大气污染治理和全球气候变化的认识还存在一定的分歧，但在改

---

① 钱易、唐孝严:《环境保护与可持续发展》，高等教育出版社2000年版，第137页。

善空气质量的目标方面有着一致性。我国的大气污染治理具有内外联动的特征，大气污染治理有着更加广泛的基础。我国大气污染治理的特征包括：

第一，注重大气污染治理的全球协同。充分利用全球大气污染治理的倒逼机制，形成了自我约束的发展机制，推动国内的大气污染治理，推动我国的大气污染治理工作的进展。首先是对全球气候治理相关文件进行把握，结合中国的实际来执行，在2005年生效的全球大气污染治理文件基础是1997年签署《京都议定书》。《议定书》明确规定了发达国家和发展中国家在节能减排上的责任和义务，并对发达国家在2008年到2012年的减排做出明确的规定，考虑到不同国家国情的差异，创造性提出了三种灵活减排模式，即排放贸易机制（ET）、清洁发展机制（CDM）和联合履行机制（JI），形成可以借助国际减排市场交易来缓解国内产业短期形成的减排压力。《议定书》把温室气体排放权这种公共物品通过国际条约进行了约束和定价，使其商品化，在一定程度上改变了环境公共产品的属性，实现排放权的交易和内部化。为了适应全球大气污染治理的趋势，我国结合自身的发展，推动清洁生产机制，推进了国内的大气污染治理工作，形成了大气污染治理的国际协同机制，参考国际通行的做法和中国的实际，以节能减排为目标，推进大气污染治理的市场交易机制建设，使我国的大气污染治理取得了积极进展和成果。

第二，分阶段循序渐进。应对全球气候变化，不仅关系到当代中国人的福祉，更关系到子孙后代的幸福，中国政府本着对人民和子孙负责的态度，积极进行大气环境治理，循序渐进一步一个脚印地推进。（1）中国政府成立国家应变气候变化小组，成立专门的领导组织，集中并协调国家力量来应对气候变化的挑战，并成为发展中国家中最早通过国家总体战略来应对大气污染的国家。在国家应对气候变化小组的领导下，协调相关立法和政策制定部门，系统制定了系列的与大气污染治理有关的行动方案和法律法规。（2）针对中国的大气污染现状，从保护人民生命健康出发，制定《中国应对气候变化国家方案》，明确了中国大气污染治理的基本思路和方法，并明确了努力的方向。结合治理大气污染的现实需要，中国政府发表了《中国应对气候变化的政策与行动》白皮书，围绕大气治理制定产业政策和专项规划，改变产业发展过程中的“高投入、高能耗、高排放、低效率”发展模式，结合产业机构调整，将部分能耗高，产量过剩行业进行产能调整，关闭大批小企业、小作坊，从源头治理污染。结合应对金融危机的需要，将政府投资刺激经济的4万亿投入资金中，共拿出5800亿元用于大气污染治理，建立以国家政策和资金为引导核心的治理模式，通过制度安排确保方案的落实与到位。（3）明确能源结构优化方式和落实的时间表。通过制定《可再生能源中长期发展规划》，明确加大核能、太阳能地热能等新能源的开放，重视传统石油、煤炭等能源的高效利用方面的技术突破，要求在农村和边远地区加大生物质能源的使用，从能源使用的源头控制大气污染。明确提出2010年可再生能源在能源消费中的比重达到10%，2020年达到15%左右，确定到2020年中国单位GDP的二氧化碳排放要比2005年下降40%—45%。“中国积极实施应对气候变化，努力减缓温室气体排放和降低能耗，2006—2008年，中国单位国内生产总值能耗强度累计下降10.1%，节能约2.9亿吨标准煤，相当于减少二氧化碳排放6.7亿吨。”①

第三，借助全球气候环保意识的勃兴，提升全民大气污染治理的自觉性。世界对于大气污染治理的重要性认识要早于国内，这一方面与我国的经济发展水平有关，另一方面也与国内的研究相对世界滞后有密切的关系。随着全球气候环保意识的兴起，国人开始关注环保，关注大气污染，对环保的认识逐渐由强制性认识转变为自觉意识。此外，大气污染具有外部性，任何国家和地区都难在大气污染面前独善其身。加强同其他国家联系，共同应对大气污染的威胁，成为所有国家的共同选择，也为我国利用国外先进清洁生产技术来进行国内大气污染治理提供了契机，尤其是能从欧美等发达国家引进先进技术，为改造国内的生产创造条件，为我国的大气污染治理获得更多技术来源。

因此，充分利用全球气候环保意识的勃兴，结合我国当前的经济发展模式和水平，利用世界先进环保技术提高我国大气污染治理水平，提升我国大气污染治理创造良好的环境，提升中国大气污染治理的全球意义，彰显中国负责任大国的世界形象。

（三）规划先行标本兼治

大气污染治理是一项艰巨的任务，需要结合中国的产业结构、污染地域和污染来源制订具有针对性的治理规划，在制订合理规划的基础上形成长效机制，实现标本兼治的目标。具体要做好以下几点。

第一，制定中国控制质量标准，并以达标为核心制订大气污染治理规划，制定国家行动路线图。以国家制定的《环境空气质量标准》（GB3095-2012）为基准，提高监测数据统计的有效性要求，提出了部分重金属参考浓度限值，精心

---

① 国家发展与改革委员会:《中国应对气候变化的政策好行动——2009年度报告》，2009年11月。

组织、周密部署，按照空气质量新标准“三步走”实施方案的要求，即2012年在京津冀、长三角、珠三角等重点区域以及直辖市和省会城市开展监测。2013年在113个环境保护重点城市和国家环保模范城市开展监测，2015年在所有地级以上城市开展监测，实施空气质量新标准监测工作，并实施向社会公布大气环境质量，提升社会对大气污染治理的知情权和参与权。在国家相关部门的组织和领导下，制订具体的行动规划，全国统一行动。规划的目标指标体系以质量改善为核心，针对我国当前的大气污染地区现状，提出明确的目标要求，特别是针对大气的主要污染来源，二氧化硫、氮氧化合物和烟尘排放要有明确的数量限制；针对国内不同的地区的污染特点，特别是京津冀、长三角、珠三角等地区复合型污染严重的特点，结合本地的产业和污染源产生的特点，结合区域内发展形成协同治理，并有明确的时间安排，并运用先进的CMAQ空气质量模型，对多种污染物协同减排的空气质量改善效果进行了分析，确保了重点区域空气质量改善目标的可达性。

第二，各地大气污染治理方案要具有针对性，要依据污染源进行治理，结合地方特点制定差别化的行动方案。一是严格控制高污染高耗能项目建设。重点区域禁止新、改、扩建除“上大压小”和热电联产以外的燃煤电厂，禁止新建除热电联产以外的煤电、钢铁、建材、焦化、有色、石化、化工等行业中的高污染项目。二是实施特别排放限值。涉及重点控制火电、钢铁、石化、水泥、有色、化工六大重污染行业以及燃煤工业锅炉的新建项目，火电、钢铁、石化行业以及燃煤工业锅炉的现有项目。三是实行新源污染物排放倍量削减替代。要求把污染物排放总量作为环评审批的前置条件，新建增加二氧化硫、氮氧化物、工业烟粉尘、VOCs排放的项目，实行区域内现役源污染物排放倍量削减替代，实现增产减污。四是结合能源消耗特点和污染源的产生，推行煤炭消费总量控制试点，要求重点区域各地根据国家能源消费总量控制目标，研究制定煤炭消费总量中长期控制目标，严格控制区域煤炭消费总量。尤其是在大气污染严重的京津冀、长三角、珠三角区域与山东城市群积极开展煤炭消费总量控制试点，努力降低区域煤炭消费总量。五是加快淘汰分散燃煤小锅炉，推行“一区一热源”，建设和完善热网工程，发展“热—电—冷”三联供；要求拆除热网覆盖范围内的全部分散燃煤锅炉，同时城市建成区、地级及以上城市市辖区还要逐步淘汰10蒸吨/时以下燃煤锅炉。六是强化多种污染物、多种污染源协同治理。在实施二氧化硫、氮氧化物总量控制的基础上，切实加强工业烟粉尘及石化、有机化工、油品储运、表面涂装、溶剂使用等五类重点行业VOCs的治理；在控制工业点源污染的基础上，突出抓好燃煤小锅炉、工地扬尘、餐饮油烟等面源污染以及机动车等移动源的治理。同时提高火电、钢铁、水泥等行业及燃煤锅炉的治理力度，要求按照最新的排放标准，实施治理设施升级改造，大幅度削减各种污染物的排放量。七是开展城市达标管理。环境空气质量标准的实施，导致众多城市长期面临空气质量超标的局面，亟须开展城市空气质量达标管理工作。对于不达标的城市，制订限期达标规划，采取更加严格的污染治理措施，按期实现达标，逐步改善重点区域空气质量。

第三，创新大气治理体制机制，形成大气治理的合力。由于大气具有流动性，依靠单个城市各自为政的控制管理方式已不能适应区域空气质量管理的要求，需要打破行政区划限制，统筹协调不同的利益主体，包括不同行政区及不同部门，建立以区域为单元的一体化控制模式。（1）建立起统一的区域大气污染联防联控协调工作机制，充分认识到大气污染治理的联合联动，尤其是重视区域性的大气污染联席会议制度，对区域内的大气污染治理进行统一协调安排，改变以往大气污染治理孤军作战的被动局面，形成区域治理机制；（2）考虑到大气污染具有流动性，加强区域大气环境联合执法监管至关重要，发挥区域大气联合执法在区域环境保护过程中的督察职能，通过对区域内大气污染进行统一治理和监管执法，不给大气污染留下治理死角；（3）建立重大项目环境影响评估会商机制，任何重大项目的新建首先要进行环境评估，并广泛征求公众和相邻城市意见，避免决策的盲目性；（4）建立环境信息共享机制，对区域内的大气污染进行信息共享，确保联防联治落到实处，并形成区域大气污染预警应急机制，开展区域大气环境质量预报，建立区域重污染天气应急预案，构建区域、省、市联动一体的应急响应体系。大气污染治理需要进行体制机制创新，因此，要在有限的时期内取得成效，必须大胆创新才能取得最终成功。

第四，加强大气污染监控能力建设。受各地区经济发展水平和意识的影响，我国目前还没有形成全国统一的大气污染监测体系，监测能力的薄弱不仅约束了大气污染治理能力的建设，也不利于区域之间大气环境治理效果的比较，影响了大气污染治理绩效的考评，影响了地方政府大气治理的积极性和主动性。要加强大气污染治理能力建设，要加强全国和各地区的大气污染监测能力建设，便于摸清大气污染的现实情况。建立统一的由城市和区域空气质量监测点位共同组成的区域空气质量监测体系，为城市和区域空气质量管理工作提供支撑；加强重点污染源监控能力建设，全面加强国控、省控重点污染源在线监测能力建设；推进机动车排污监控能力建设，推进机动车污染监控机构标准化建设，建成省级和市级机动车排污监控机构；强化污染物排放统计与环境质量管理能力建设，开展挥发性有机物与非道路移动源排放摸底调查。

第五，加强大气污染治理政策和法规保障。加强组织领导，明确地方人民政府是重点区域大气污染防治规划实施的责任主体，制定本地区大气污染防治实施方案，并将规划目标和各项任务分解落实到城市和企业；严格考核评估，环境保护部会同国务院有关部门制定考核办法，每年对重点区域大气污染防治规划实施情况进行评估考核，在规划期末，组织开展规划终期评估，考核评估结果向国务院报告，作为地方各级人民政府领导班子和领导干部综合考核评价的重要依据，并向社会公开；加大资金投入，建立政府、企业、社会多元化投资机制，拓宽融资渠道，采取"以奖代补"、"以奖促防"、"以奖促治"等方式，加快地方各级政府与企业大气污染防治的进程；完善法规标准，加快环境保护法、大气污染防治法等法律法规的修订工作，尽快填补重点行业排放标准的空白，加快制定重点行业技术政策与规范；强化科技支撑，加大对区域大气污染防治科技研发的支持力度，加快治污先进实用技术的研发、示范与推广；加强宣传教育，开展广泛的环境宣传教育活动，不断增强公众参与环境保护的能力，提升环保人员业务能力水平，加强舆论督导。

大气污染治理是一项系统性工程，需要社会各方面共同努力才能达到治理的目标，只有结合我国的国情，制定具有针对性的治理方案，才能最终实现治理的目标。

三、国家天蓝行动典型案例

大气污染治理是一项长期而艰苦的工作，需要我们借鉴国内外成功的经验来进行，通过学习国内外成功的做法，探索一条具有中国特色的大气污染治理道路。

（一）依法治理大气污染的典范——20 世纪 60、70 年代的美国

美国在南北战争后加速了工业化的进程，并利用 19 世纪末期第二次工业革命的最新成果，实现了工业化进程的加速。在 1894 年美国的工业生产总值超过英国，成为世界上经济实力最强的国家。伴随实力增长的是美国的环境污染，美国环境污染体现在两个方面，一是在西部大开发过程中巨大资源破坏，二是受到技术水平的限制，在重化工业发展的影响下，美国向大自然中排放了巨量废气、废水，严重影响了生态环境。部分受过教育的人士在功利主义思想的影响下，开

始关注环境保护，环保意识开始勃兴，提出了合理利用资源和保护环境的观念。第二次世界大战以后，美国经济持续繁荣，但环保技术并没有取得根本性突破。环境污染不仅关系到生活质量，更关系到人类的生存。1936年的洛杉矶光化学烟雾事件造成巨大灾难，使全美国的环保意识进一步上升，治理大气污染成为了社会的共识，并形成了相对稳定和具有延续性的大气污染治理政策体系。美国的大气污染治理具有系统性和独特性。

1. 以法律奠定大气污染治理的基础

美国空气污染治理政策形成于1960—1970年时期，联邦政府颁布了10余项环境立法，内容涉及环境的各方各面。60年代环境方面的主要立法包括：1960年《多重利用与可持续生产法》（MultipleUse-Sustained Yield Act），1963年《清洁空气法》（Clean Air Act），1964年《荒野法》（Wilderness Act），1964年《分类与多重利用法》（Classification and Multiple Use Act），1964年《公共土地法审查委员会法》（Public Land Law Review Commission Act），1965年《水质法》（Water Quality Act），1965年《固体废弃物处置法》（Solid Waste Disposal Act），1965年《机动车污染控制法》（Motor Vehicle Pollution Control Act），1967年《空气质量法》（Air Quality Act），1968年《天然与风景河流法》（Wild and Scenic Rivers Act）以及1968年《安全饮用水法》（Safe Drinking Water Act）。

在美国大气污染治理中最重要的法律包括三部。

（1）1963年《清洁空气法》。

这部法律的主要内容包括：第一，提高、强化并加速治理空气污染的各项计划。为达成这一目标，美国国会将在三年内为州和地方机构划拨9000万美元，用于研究和开发空气污染控制计划；第二，成立联邦健康教育福利部（Department of Health, Education and Welfare, HEW）专门负责处理跨州空气污染问题，并成为大气污染治理的常设机构，在州和地方机构提出申请后处理州内或地方内部空气污染问题，确保大气污染治理落实。根据该法的要求，健康教育福利部部长在召开会议时，相关州机构与地方机构代表要出席会议，相关工业或团体也可以参与听取会议意见。在会议结束时，如果健康福利部部长认为这些计划提高公众健康福利并不充分，就可以提出其他具体计划，在必要的情况下，联邦法院会对其进行强制执行。第三，1963年《清洁空气法》承认了机动车对空气污染的影响。该法鼓励为固定污染源与机动车污染源制定排放标准，并授权联邦政府采取措施减少因高硫煤燃烧而造成的跨州空气污染。

该法与1955年《清洁空气法》相比具有重大的创新特点。首先，拨款数额上有所加大，足以体现联邦政府对空气污染问题的重视有所加深。其次，该法扩大了联邦政府在管制空气污染问题上的权力范围。该法不但授权健康教育福利部部长制定空气污染条例的权力，还允许其在必要情况下为州和地方机构提出具体控制空气污染计划。最后，1963 年《清洁空气法》强调了机动车对空气污染问题的重大影响。在 1963 年《清洁空气法》之前，联邦政府就已经意识到机动车作为移动污染源的重要性，1962 年《空气污染控制法》修正案也提出对机动车污染进行研究，但只有 1963 年法明文指出“鼓励”联邦对机动车和固定污染源制定污染物排放标准。机动车作为一种移动污染源对空气污染的影响得到正式承认。1963 年的《清洁空气法》表明美国联邦政府开始介入大气治理，大气不再仅仅是公共物品，公共用地的悲剧在一定程度得以避免。

（2）1965 年《机动车空气污染控制法》。

机动车废气排放造成的污染在 60 年代开始得到专家确认。1963 年《清洁空气法》明确要求健康教育福利部对机动车污染排放进行研究。经过一年多的探索，终于在 1965 年通过了《机动车空气污染控制法》（Motor Vehicle Air Pollution Act of 1965）。该法的主要内容包括四个方面。第一，健康教育福利部部长（HEW）应适当考虑技术与经济因素，为各类机动车或机动车大动机规定切合实际的标准，防止或控制空气污染。第二，健康教育福利部通过试验、研究等手段检测机动车或发动机后，如果认为符合标准，有权向制造商发放合格证书。第三，希望出口到美国的机动车或发动机如果违反该法要求，不得引进。

1965 年《机动车空气污染控制法》出台，最重要的意义在于该法已经明确表示出空气污染控制立法联邦化的趋势。在制定尾气排放标准时，法案精确地使用了“联邦地”一词（federally），这在以往的法案中是从未有过的。该法案的另一个意义就是联邦政府开始全面研究机动车尾气排放对全国空气质量的影响，在日后逐渐找到了引发空气污染的另一个凶手，即光化学物质（photochemical matters）。这对联邦统一治理全国空气污染问题有重要意义。

（3）1967 年《空气质量法》。

越来越多的公众已经认识到空气污染问题的复杂性和重要性，各类机构在开发管制方法上也取得不小的进步，“使人们相信联邦应在颁布空气污染立法上走得更远”。1966 年 11 月纽约市再次发生逆温现象，造成约 169 人死亡。在公众的巨大压力下，美国颁布了 1967 年《空气质量法》，并在 1970 年和 1977 年进行过修订和完善，其主要内容包括：

第一，在全国建立州内与跨州空气质量控制区（Air Quality Control Regions, AQCRs），并以地区（region）为准开发与实施空气质量标准（Ambient Air Quality Standards）。如果该地区为跨州区域，所涉州就要为自己管辖的那部分区域制定空气质量标准。在制定空气质量标准时，州要负主要责任。

第二，联邦要对设立全国统一固定污染源排放标准的必要性及所能带来的效果进行调查研究。在机动车污染控制方面，该法指出要设立全国统一的联邦标准，并要对燃料添加剂进行登记。

第三，联邦政府要加大研发空气污染治理问题活动的力度。这些研发包括针对管制空气污染支出的全面经济性研究；空气污染治理领域人力与培训需要方面的调查；以及管制喷气式飞机与传统型号飞机造成空气污染问题的可行性研究等。同时联邦政府要加大拨款力度，支持州与地方机构的空气污染治理活动，并要为跨州空气质量计划提供财政援助。

第四，要建立起一个由 15 人组成的空气质量顾问委员会（fifteen-member Presidential Air Quality Advisory Board），为总统提供必要的帮助及提供相关信息。国会授权联邦解决跨州空气污染问题，在州提出要求时联邦也可以介入解决州内空气污染问题。

1967 年《空气质量法》最重要的部分，它几乎涵盖了空气污染问题的所有方面，是国家系统管理空气污染治理问题的蓝本。其积极作用包括四个方面。

第一，1967 年法在以往立法的基础上，指出了固定污染源与移动污染源的重要性，第一次将两者放在了同样重要的位置。而且，该法根据以往的研究与实践经验，总结了治理空气污染的一些方法和措施。

第二，联邦在治理空气污染问题上的权力和责任范围不断扩大和深化。这具体表现在三个方面：在制定治理空气污染的计划研发上，联邦政府机构不仅要对空气污染源问题进行研究，还要对其需要的人力问题以及经济效益进行研究；在制定机动车排放标准上，联邦政府最终得到国会授权，可以采取全国统一的机动车排放标准；在治理跨州空气污染问题上，联邦可以在健康教育福利部部长做出州治理行动不充分这一决定后，参与跨州地区空气质量标准的研发与制定。

第三，跨州空气污染问题受到重视。一直以来，跨州空气污染问题都是各级政府制定空气污染控制立法时争论的话题。由于地跨多个州，在空气质量标准制定的松紧度上各州争论不下。1967 年法首次表明，在治理这类地区时，各州要分别制定本州范围内地区的空气质量标准，在特定的情况下，联邦可以接替州，负责制定跨州地区的空气质量标准。

2. 美国空气污染治理的经验

美国 20 世纪 60—70 年代的大气污染治理的经验主要有以下几点。

第一，美国通过立法治理大气污染法的历史表明，科技、经济、法律和社会这四个因素在大气污染治理过程中作用至关重要，是治理大气污染的基础，环境立法治理大气污染需要结合时代的发展，滞后和超前的治理模式和思路都难以实现，因此，大气污染治理具有历史阶段性的特征，不可能毕其功于一役，要结合社会经济发展不断制定和完善法律，同时，结合技术进步对大气治理的标准进行修订。

第二，大气保护必须成为政府重要的职能。美国空气污染治理法律的历史表明，从宪政体制看，空气污染必须建立在国家统一领导，同时保障地方积极性的情况下，才能得到有效治理。

第三，发展经济的同时必须保护环境。经济发展和环境保护之间应当是一种平衡关系。在一定时期内，经济发展的地位高于环境保护，达到一定条件后，环境将取得与经济同样重要的地位。如果放弃治理污染，将会使国家、集体和个人的利益受到严重破坏，因此，对于不能降低污染给他人造成的损害，污染者必须赔偿。严重事件中，行政机关必须承担经济、行政或刑事责任。

（二）集中治理——奥运期间的北京

为了让 2008 年北京奥运会的大气环保标准达到国际奥委会的要求，北京市集中对大气污染进行整理，具体措施如下。

一是持续进行大气污染治理。“截止到 2006 年，全市已累计实施了 14 个阶段，近 300 项大气污染控制措施，在控制煤烟型方面，北京市积极改善能源结构，累计改造了 25000 台煤炉。”① 在周边 6 省的配合下，对火电脱硫技术进行更新和改进，在周边省份的协作下改善了环境。

二是加大机动车污染控制。“2006 年，北京市更新淘汰了 1.5 万辆出租车和 3000 余辆公交车，累计更新淘汰 5 万辆老旧出租车、近 1 万辆老旧公交车。同时北京市有 4000 辆天然气公交车投入运营。”②

三是加快经济结构调整和增长方式转变，加大工业污染治理。“北京市将积极发展高新技术产业、现代服务业，加快对传统产业的技术改造和产品升级，坚决淘汰资源和能源消耗高、污染物排放量大的生产工艺和设备，加快市区污染企业的搬迁调整。2006 年 5 月，首钢 2 号焦炉停产，7 月，北京炼焦化学厂全面停

---

① 王豫：《奥运决战年大气污染防治是重点》，《光明日报》2007 年 2 月 9 日。

② 王豫：《奥运决战年大气污染防治是重点》，《光明日报》2007 年 2 月 9 日。

产，高井、国华、京能、京丰、华能五大燃煤电厂，按照奥运倒排期的要求，加快了脱硫、脱氮和除尘的深度治理工程。”①

四是严格工地管理，控制扬尘污染。为了举办一届没有沙尘暴的奥运会，北京加大扬尘污染的治理力度，重点治理延庆康庄、昌平南口和永定河、潮白河、大沙河两岸五大风口沙尘。通过植树造林和增加植被覆盖，减少了空气中的沙尘污染。

自 1998 年申奥成功到 2008 年举办奥运会，北京市大手笔加强城市环境整治，累计投入 1400 多亿元环保资金，先后进行了 14 个阶段的大气环境治理。在防治煤烟型污染、机动车污染、工业污染、扬尘污染和保护生态等方面，连续实施了 200 多项治理措施，使北京的污染治理、环境建设和管理提高到了一个崭新的水平。统计表明，北京市空气质量优良天数的比例由 2000 年的 48.4% 提高到 2007 年的 67.4%，奥运会期间空气环境质量达到了国家二级标准和世界卫生组织（WHO）指导值的要求。通过举办奥运会，北京市环境质量实现了质的飞跃，完全达到了举办绿色奥运的目标。在北京举行的《北京 2008 年奥林匹克运动会环境审查报告》发布仪式上，联合国助理秘书长、联合国环境规划署（UN－EP）副执行主任沙发尔·卡卡海尔，对北京 2008 年奥运会的努力赞赏有加，并认为“北京奥运会将给世界体育运动与环境保护树立一个新里程碑和新标准”。②联合国副秘书长兼 UNEP 执行主任阿奇姆·施泰纳在书面声明中表示“根据北京奥运会和残奥会的初步环境评分卡显示，此次奥运会符合绿色奥运会的标准。北京市政府和中国政府在此方面投入的 120 多亿美元似乎很有成效。但是，如果全国各地的政府都能吸取这其中的经验教训，使奥运会能留下一笔丰富的遗产给整个国家的话，这笔投资似乎更加用得其所。”③

北京奥运期间大气污染治理的经验是：

第一，提前科学规划。环境质量改善是个渐进的过程，科学的污染控制措施需要系统的规划。北京于 1998 年开始实施空气污染治理长远规划，2001 年 7 月 13 日获得奥运会的举办权后，进一步完善和细化了城市环境改善的长远规划，到奥运会前共发布实施了 14 个阶段的空气环境改善计划，不但保障了奥运会期间的环境要求，也为促进北京环境质量的长期持续改善奠定了坚实基础。

第二，开展系统科学研究。北京在过去开展环境治理研究的基础上，充分

① 王豫：《奥运决战年大气污染防治是重点》，《光明日报》2007 年 2 月 9 日。
② 黄勇：《北京奥运环保得高分》，《中国环境报》2007 年 10 月 26 日。
③ 黄勇：《北京奥运环保得高分》，《中国环境报》2007 年 10 月 26 日。

利用清华、北大、中科院等全国顶级科研机构的技术力量，共投入5800万元开展奥运环境质量保障专题研究，完成《北京市空气质量达标战略研究》、《北京与周边地区大气污染物输送、转化及北京市空气质量目标研究》、《北京市奥运期间大气污染控制特别行动研究》和《北京奥运会空气质量保障措施研究》等研究工作，并聘请国内外专家组成顾问团队，为政府决策提供了强有力的技术支持。

第三，明确具体目标并制定保障方案。北京市根据我国空气质量二级标准和世界卫生组织（WHO）有关标准的要求，明确奥运会期间二氧化硫、一氧化碳、二氧化氮及悬浮颗粒物这四项污染物要达到国家空气质量二级标准和WHO指导值的空气质量目标。为实现这一目标，北京市研究制定了《北京2008年奥运空气质量保障方案》，经国务院批准后由各相关省、市、自治区组织实施。

第四，执行更严的环保地方标准。北京为强化污染减排，制定并逐步实施了一系列比国家标准严得多的地方排放标准，使得污染治理效果大大提高。如在北京《大气污染物综合排放标准》中，工业锅炉二氧化硫排放标准仅为50毫克/立方米（广州执行最严的国标为400毫克/立方米，也相当于北京的8倍），加油站强制油气回收，干洗店、家具店、汽修厂等挥发性有机物（VOC）强制治理，工业企业燃煤脱硫脱硝、扬尘控制，车用成品油供应要符合更高标准的地方标准，销售和注册的车辆执行国Ⅳ标准等等。

第五，加强环保能力建设。在环保硬件能力建设上，北京市投入上亿元，建设了先进的环境监控指挥中心，完善了空气监测、预测预报、机动车排气遥测（全市购置了22套遥测车辆）、机动车排气欧Ⅲ、欧Ⅳ实验室（投资超过1亿元）、重点源在线监测等手段和装备。在环保队伍建设上，北京市为强化环保执法，扩编环保执法队伍，仅机动车污染监管执法人员就从原来的100多人增加到800多人，并重新穿着执法制服。

第六，实行区域联防联治。由于环境污染具有明显的区域性特征，因此整治环境污染需要区域的联合行动。北京奥运空气质量保障与天津、河北、山西、内蒙古、山东等周边省市自治区形成了大区域联防联治的良好格局，通过6省区市的联动，奥运前的重点污染治理措施已按照计划全面完成，奥运期间的临时控制措施进展顺利，确保了奥运会期间空气质量良好。

第七，各部门和全社会协调行动。改善环境质量的工作涉及方方面面，是一项复杂的系统工程。北京通过市政府统一领导下的工作协调领导小组即北京市环境保护委员会，强化了环保、交通、城建、公安、市政、工商等部门的协调行动，确保各项控制工作落到了实处。

第九章　美丽中国：实施地绿战略

人类曾生存于森林中，对于森林有很深的感情，绿色总能给人以放松和愉悦。由于对土地的需要和对绿色环境的需求，在人类发展史中，不断上演着绿化和反绿化的曲目。

我国幅员辽阔人口众多，战乱、人口爆炸式增长下的粮食需求、工业化、城镇化等诸多因素，绿色植被大量消散，造成了历史积淀下的绿化欠账。由于观念落后，城镇化过程中城镇的繁荣和农村的凋敝均指向了一个重要的问题——绿化不足。

美丽中国的建设离不开绿化，地绿战略已被放在极其重要的位置。正是由于绿化的重要性日益凸显，我国在绿化方面也在积极作为，这种作为应立足于国情作出战略规划和策略谋划，也应参考各地的先进经验和先进做法。

一、国家生态绿化现状评估

我国生态绿化情况在近五年取得巨大进展，工作成效明显，但人多绿地少、部分地方生态恶化的局面也同时存在，下一步需继续努力开展生态绿化工作。

（一）森林资源现状

根据《第七次全国森林资源清查主要结果（2004—2008年）》。[①] 港、澳、

① 中国林业网：《第七次全国森林资源清查主要结果（2004—2008年）》，2010年1月28日，见 http://www.forestry.gov.cn//portal/main/s/65/content-326341.html。

台地区不计在内，在我国，森林面积共有 29.00 亿亩，占总面积的 20.15%，林地面积共有 45.57 亿亩，占总面积的 36.66%，天然林面积共有 17.95 亿亩，占总面积的 12.47%，人工林面积共有 9.25 亿亩，占总面积的 6.43%。在我国全域范围内，森林面积共有 29.32 亿亩，森林覆盖率为 20.36%。

在国家越来越重视森林资源的这一历史时期，随着造林、护林、激发体制机制活力等工作的开展，在第六次全国森林资源清查和第七次全国森林资源清查的五年间，港、澳、台地区不计在内，我国的森林数量与质量情况均有进一步的改善。

数量上，森林、天然林和人工林面积均有增加，森林面积由之前的 25.92 亿亩增加为 29.00 亿亩，较之前增加了 11.88%；天然林面积由之前的 17.36 亿亩增加为 17.95 亿亩，较之前增加了 3.40%；人工林面积由之前的 7.99 亿亩增加为 9.25 亿亩，较之前增加了 15.77%，人工林面积世界排名第一。同时，活立木、森林、天然林和人工林蓄积也均有增加，活立木总蓄积净增 11.28 亿立方米，增加到 145.54 亿立方米；森林蓄积净增 11.23 亿立方米，增加到 133.63 亿立方米；天然林蓄积净增 6.76 亿立方米，增加到 114.02 亿立方米；人工林蓄积净增 4.47 亿立方米，增加到 19.61 亿立方米。

质量上，公益林占有林地之比由之前的 36.77% 增加为 52.41%；乔木林每年的蓄积量增长速度上升 0.02 立方米 / 亩，其中存在至少两个乔木树种混交的混交林比例也增加了 9.17 个百分点。

经营主体上，为进一步增添体制机制活力，由个体经营的有林地、人工林、未成林面积比例均有增加，前者由之前的 20.69% 增加为 32.08%，后两者的占比也分别达到 59.21% 与 68.51%，这为林业的发展增添了新的原动力。

效益上，随着数量质量的进一步改善，森林、林地等生态基础在水土保持、净化大气、积累营养物质和保持生物多样性方面所产生的服务价值达到 10.01 万亿元。这种绿色生态资源所带来的财富还不仅仅是这些，逐步改善的林业资源将作为潜在因素，助力于美化身心、生态旅游、林业产品诸多方面。

根据最新的《第八次全国森林资源清查主要结果（2009—2013 年）》。① 我国森林面积 2.08 亿公顷，森林覆盖率 21.63%。活立木总蓄积 164.33 亿立方米，森林蓄积 151.37 亿立方米。天然林面积 1.22 亿公顷，蓄积 122.96 亿立方米；人工林面积 0.69 亿公顷，蓄积 24.83 亿立方米。森林面积和森林蓄积分别位居世界第 5 位和第 6 位，人工林面积仍居世界首位。

---

① 中国林业网:《第八次全国森林资源清查主要结果（2009—2013 年）》，2014 年 2 月 25 日，见 http://www.forestry.gov.cn/main/65/content-659670.html。

（二）生态绿化工作情况

我国各地区、各部门在党中央、国务院的正确领导下，认真贯彻全国造林绿化表彰动员大会精神，紧紧围绕林业“双增”目标，以改善生态和改善民生为核心任务，扎实推进国土绿化，取得显著成效。①②

1. 绿化和防治有效开展

各级领导率先垂范，社会各界义务植树活动蓬勃开展。截至2012年底，全国参加义务植树人数累计达139亿人次，义务植树640亿株。

截至2012年底，天然林资源保护工程累计完成造林1058.9万公顷；退耕还林工程共完成造林2422.2万公顷；京津风沙源治理工程累计造林729.5万公顷；三北及长江流域等重点防护林体系工程累计造林4859.6万公顷。国家重点工程造林占全部造林比重较大，如下图。

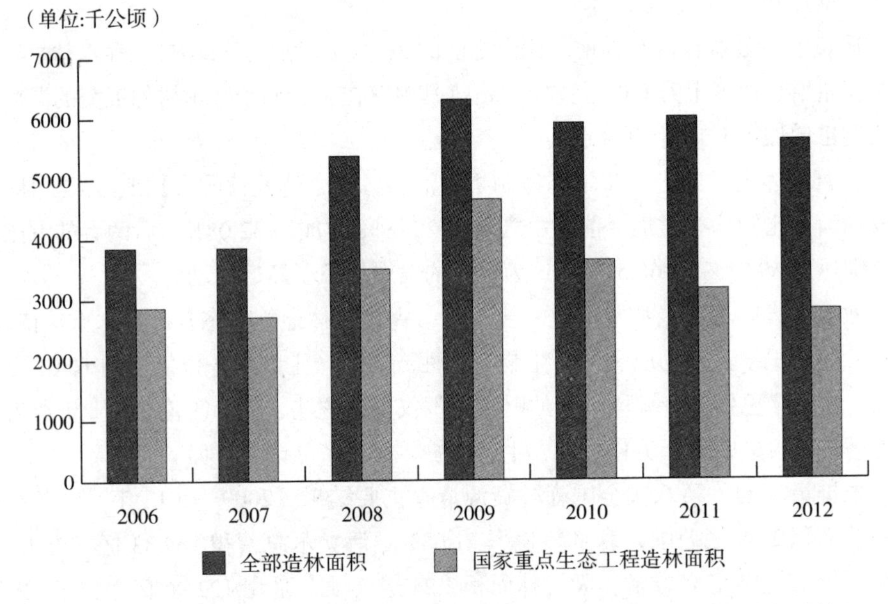

图9—1　2006—2012年国家林业重点生态工程造林与全部造林面积比较

① 杨斯阳：《2012年中国国土绿化状况公报发布》，2013年3月12日，见http://www.ce.cn/cysc/ny/zcjd/201303/12/t20130312_79916.shtml。

② 中国林业网：《2012年全国林业统计年报分析报告》，2013年5月10日，见http://www.forestry.gov.cn//uploadfile/main/2013-5/file/2013-5-10-0170dea800474abea944f4abcf57af5b.pdf。

截至2012年底，城市人均公园绿地面积11.8平方米，绿地占比达到35.3%，比上年增加0.6平方米；城市建成区绿化总面积达171.9万公顷，绿化占比达到39.2%，比上年增长10.7万公顷。

累计绿化公路220.2万公里，公路绿化率60.9%，其中，国道绿化率91.3%、省道绿化率86.4%、农村公路绿化率57.3%；已绿化铁路3.9万公里，铁路绿化率78.8%；累计绿化湖库区11.1万公顷、江河沿岸6.2万公里。

开展了省级政府防沙治沙目标责任考核评价工作。通报了“十一五”期间12个省及新疆生产建设兵团省级政府防沙治沙目标责任综合考核结果。石漠化综合治理重点县由200个增加到300个，2012年全年完成林业建设任务31.7万公顷。已批准建立38个防沙治沙综合示范区。国际履约重点领域有突破。2012年全国沙化土地综合治理153.5万公顷，截至2012年底累计治理721.6万公顷。2006至2012年造林情况如下图。

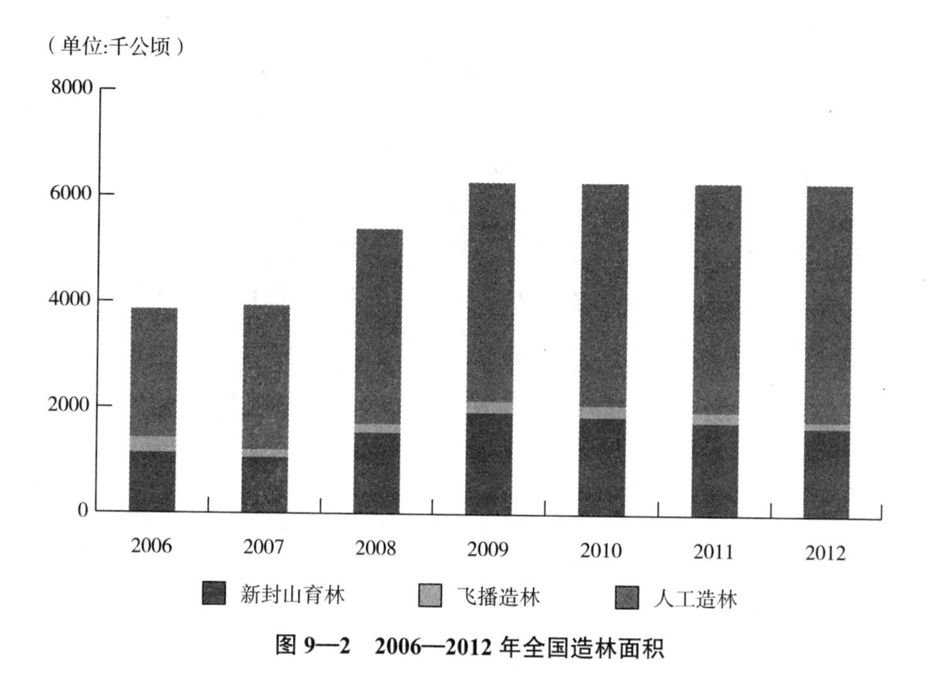

图9—2　2006—2012年全国造林面积

2. 保护和建设有效推进

2012年国务院批准了《全国湿地保护工程“十二五”实施规划》。确认国家重要湿地11处，累计39处。新批国家湿地公园试点85处，新增湿地保护面积约9万公顷，恢复湿地近2万公顷。

与非工程区相比，草原保护建设工程区草原植被盖度平均提高11个百分点，高度平均提高 43.1%。全国已累计承包草原 2.7 亿公顷，占可利用草原面积的 81%。2012 年全年完成种草改良 1000 万公顷，建设草原围栏 513.3 万公顷，实现草原禁牧面积 9333.3 万公顷。全国草原综合植被盖度达 53.8%，比上年提高了 2.8 个百分点。

2012 年全年全国完成森林抚育 824 万公顷。召开了全国森林抚育经营现场会。修订印发了森林抚育作业设计规定和森林抚育检查验收办法，完成了森林抚育规程等 5 项标准的制修订。筛选确定了 15 个全国森林经营样板基地。开展了履行《国际森林文书》示范单位建设。开展森林抚育经营技术和政策培训，培训人员 48 万人次。

森林、草原有害生物防控成效显著。2012 年全国完成林业有害生物防治面积 782.5 万公顷，成灾率控制在 4.5‰以下，无公害防治率达 85%，松材线虫病、美国白蛾等主要有害生物危害得到控制。防治草原鼠害 720 万公顷、草原虫害 508 万公顷。

森林、草原防火能力明显提升。2012 年全年共发生森林火灾 3966 起，受害面积 1.5 万公顷，伤亡 21 人，同比分别下降 28.5%、48.8% 和 76.9%，连续四年实现“三下降”，灾害损失为历年最低；发生草原火灾 110 起，受害草原面积 12.7 万公顷，草原火灾受害率控制在 0.33‰。

森林、草原执法力度不断加大。2012 年全年收缴林木 164.1 万立方米、野生动物 101 万头（只），收回林地 2416.8 公顷，挽回经济损失 14.5 亿元。各类草原违法案件结案率 97.8%。

3. 造林绿化政策机制不断完善

集体林权制度改革继续深化。全国已确权集体林地 1.8 亿公顷，占集体林地总面积的 98.6%；发证面积 1.72 亿公顷，占确权林地的 95.5%，8949 万农户拿到林权证，基本落实了农民家庭承包经营权。

政策支持力度明显加强。中央财政森林抚育、造林、林木良种补贴规模继续扩大，安排补贴资金 86.48 亿元，其中，造林补贴资金为上年度的 4.6 倍，先期支付补贴资金比例由补贴总额的 50% 提高到 70%；森林抚育补贴资金达 56.8 亿元，集体林抚育补贴对象由国家级公益林扩大到所有公益林，补贴普惠制进程加快。加大了珍贵树种培育的扶持力度。中央安排专项资金，启动实施全国木材战略储备基地示范建设。碳汇造林试点进一步推进，2012 年全年碳汇造林 6666.7 公顷。国家级公益林全部纳入森林生态效益补偿范围，中央财政补偿基金规模达 109 亿元。森林保险保费补贴试点范围扩大到 17 个省，中央财政补贴 6.8 亿元。

（三）绿化存在的问题

我国森林数量和质量均有进一步提升的必要，由于工业化发展的需求和现实的困难，林地的维护与提升存在一定难度，部分地区仍存在荒漠化和沙化的现象，极少部分地区还在进一步的恶化，在城镇化过程中，部分地方的绿化工作尚落后。

1. 森林数量与质量尚需提升

我国的森林面积与庞大的国土面积极不相称，与世界平均水平相比，我国的森林覆盖率、人均森林面积和人均森林蓄积分别占到世界平均水平的66.67%、25.00%和14.29%，意味着我国的森林占地不仅低于世界平均水平，将庞大的人口作为分母后，人均森林占有量也大大落后，特别在整体蓄积量方面。

从每公顷乔木林的蓄积量来看，只有85.88立方米，是世界平均水平的78%。我国在人工林建设上有效性极大，然而建设年限较短，所用木材大都为桉树、杨树等速成木，使得人工林中的树木不仅树龄较小，且难以发挥天然林的生态作用，现有常用桉树存在耗水、耗肥、排斥其他树种的现象，导致生物多样性的涵养能力偏差。

森林数量与质量与世界的差距，从整体角度客观反映了我国森林现状的不足，也是我国现有生态问题的诱因，如大气污染、水土流失、物种灭绝等，在森林建设与保护方面，任务仍旧艰巨。

2. 林地维护与提升存在难度

林地地位尚低，在我国现有土地利用体系中，建设用地与耕地被赋予最大权重，前者受到经济驱动，因其每单位面积能够产生巨大的经济效益，是传统耕地、林地等用地的数十、数百甚至数千倍，土地使用者与潜在买家均有将其转化为建设用地的冲动；后者因我国最严格的保护制度得以不至过快减少，实际操作中的占一补一政策，虽使耕地质量难以保证，但至少在面积上保持了耕地的整体安全水平，以保障国家粮食安全。与之相对的林地，虽也被国家严格保护，但重要性显然难以匹敌前两者，且林地的经济效益不高，受生长周期的影响，在投资者认同度上尚有差距。

林地转换的经济、制度驱动与弱势地位使其维护难度越来越大，我国正处于快速城镇化时期，大量土地在城镇化过程中被转化为建设用地，又由于我国最严格的耕地保护制度，使得大量林地在此过程中或被转为建设用地，或作为耕地占用补充（占一补一）转化为耕地，还有保护不严被转化为其他用途的情况，仅仅在 5 年间，就有 831.73 万公顷林地被转换用途。

后备资源紧缺使林地质量难以维持，提升更有难度，林地所处平原地带，大都是较好的适应耕地和建设用地的地方，宜林地要么已是林地，要么已被转化为其他效益更好的用途，尚存宜林后备资源也大都作为耕地后备资源或建设预留地，这给林地的营造带来很大难题。宜林地较多的内蒙古和西北地区，许多地方又同时存在水资源缺乏的问题，营造人工林短时间内难以改造当地脆弱的生态环境与水资源缺乏的情况。

3. 荒漠化与沙化

根据国家林业局 2011 年 1 月的《中国荒漠化和沙化状况公报》。[①] 我国土地荒漠化和沙化整体得到初步遏制，荒漠化和沙化土地面积持续减少，但局部地区仍有扩展。总体上看，我国土地荒漠化、沙化的严峻形势尚未根本改变，土地沙化仍然是当前最为严重的生态问题。

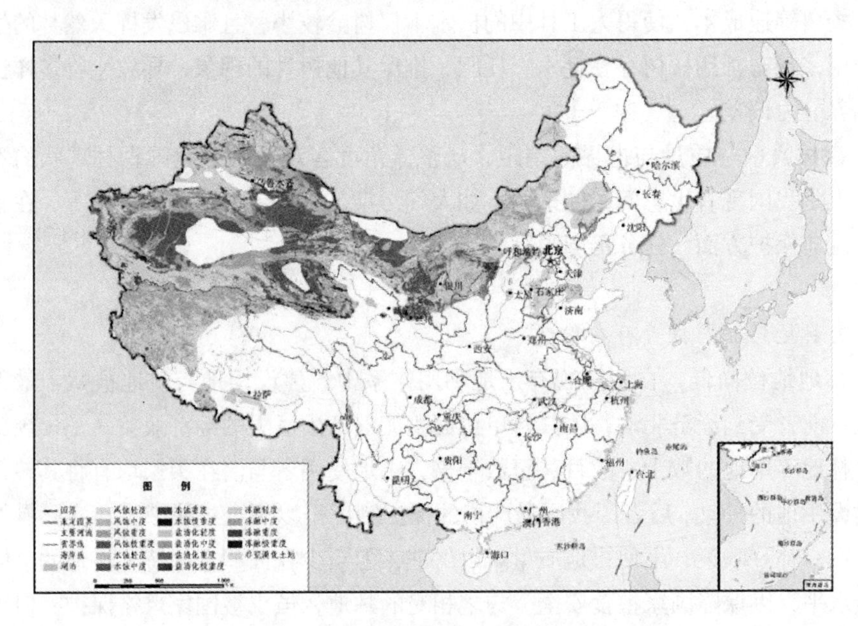

图 9—3　中国荒漠化土地现状分布图（2009）

① 中国林业网：《中国荒漠化和沙化状况公报》，2011 年 1 月 5 日，见 http://www.forestry.gov.cn//uploadfile/main/2011-1/file/2011-1-5-59315b03587b4d7793d5d9c3aae7ca86.pdf。

我国是世界上荒漠化、沙化面积最大的国家，而且还有31万平方公里具有明显沙化趋势的土地；西北、塔里木河下游等局部地区沙化土地仍在扩展；北方荒漠化地区植被总体上仍处于初步恢复阶段，自我调节能力仍较弱，稳定性仍较差，难以在短期内形成稳定的生态系统；人为活动对荒漠植被的负面影响远未消除，超载放牧、盲目开垦、滥采滥挖和不合理利用水资源等破坏植被行为依然存在；气候变化导致极端气象灾害（如持续干旱等）频繁发生，对植被建设和恢复影响甚大，土地荒漠化、沙化的危险仍然存在。

土地荒漠化、沙化仍是中华民族的心腹之患，严重威胁国家生态安全，严重制约社会经济可持续发展，是重大的民生问题。加大力度，加速荒漠化、沙化防治刻不容缓。2009年土地荒漠化、沙化状况见下面两图。

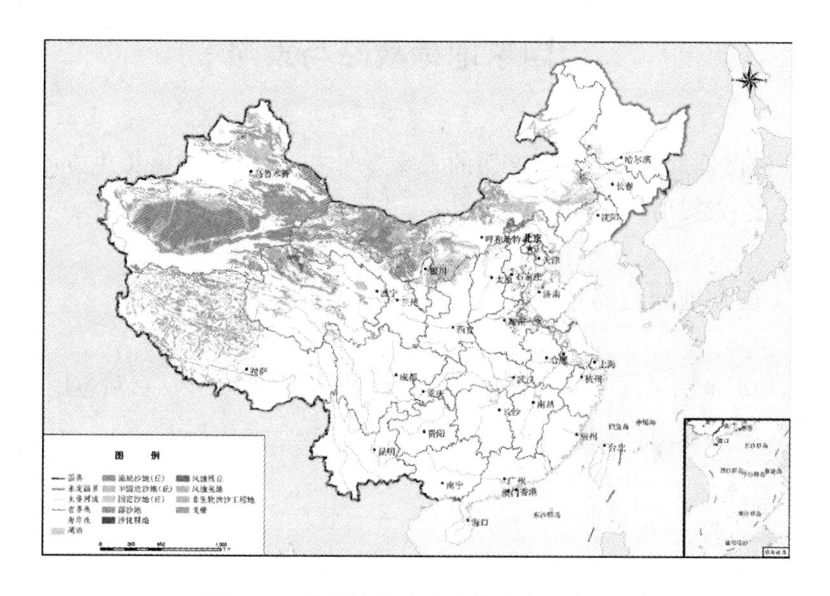

图9—4　中国沙化土地现状分布图（2009）

4. 城镇绿化落后于城镇化

改革开放中我国许多城镇得以大力发展，在城镇化存在客观问题的情况下，我国提出了新型城镇化，生态宜居是其中的一个基本特征。旧有生态宜居观念的缺乏，使得许多大城市的绿化也不尽如人意，投入、发展不均衡、行为盲目以及绿化率偏低等问题普遍存在。

地区发展不均衡是常态，在绿化方面也是如此，发达国家大城市一般优于我国大城市，大城市、特大城市内的绿化一般优于中小城镇，城市中的新城区一般优于旧城区，区域内的规范社区一般优于邻近的城中村，这些都是发展中不得不面对的差距。

政绩冲动下的行为盲目在部分区域存在，部分地方过于追求生态绿化速度，忽略了规划、成本和植物生长周期，导致资源的浪费和绿化成效打折扣，很多引入树种水土不服，很多村庄中原有的美丽景观因被盗挖遭到破坏。

生态绿化并不能直接产生经济效益，也使城镇化中绿化率偏低，政府资金有限，在绿化中的公共投入比例也不高；开发商在社区建设时也存在对规定绿化率打擦边球的现象，客户在买房时所看到的规划绿地往往会被开发商挪作他用；旧城区中，树木资源管理不严也造成仅有树木被砍伐的现象，削减了本已不多的生态景观。

二、国家地绿战略与策略

生态绿化是我国发展生态文明的主要方向之一，地绿战略提供方向指导，而地绿策略负责提出具体实施方案。

（一）国家地绿战略

我国地域范围极其广阔，全球24个时区我国就占了5个，区域范围广难以全面铺开，各区域不同条件也应尊重地方特色，针对一定的主要方向，开展地绿战略。①②

1. 战略的区域重点

《全国造林绿化规划纲要（2011—2020年）》将我国划分为“东北地区、北方干旱半干旱地区、黄土高原和太行山—燕山地区、华北与长江下游丘陵平原地区、南方山地丘陵地区、东南沿海及热带地区、西南高山峡谷地区、青藏高原地区”等8个区域，依照其“西治、东扩、北休、南用”的总体思路，分别从西部、东部、北部和南部4大区域展开。

① 参见全国绿化委员会、国家林业局:《全国造林绿化规划纲要（2011—2020年）》，2011年6月16日。

② 参见赵树丛:《中国林业发展与生态文明建设》，2013年6月19日，见 http://theory.people.com.cn/n/2013/0619/c207270-21896167.html。

（1）西部区域

我国西部区域内的许多地区社会、经济情况落后，部分属自然环境恶劣、生态环境脆弱的高原地区，如青海省。当地农民或牧民有制造粮食和放牧的需求，不当的使用方式，如开发大于25度以上的坡耕地，过度放牧等，会产生植被破坏、土地荒漠化、水土流失等问题，进一步破坏当地的生态平衡。

以保护、治理为重要目标，以严格控制、生态补偿、适当补充、综合治理作为主要手段。维护当地的原有植被，保护当地的原始森林，严格执行大于25度坡耕地的退耕还林和退耕还草，严格禁止被划入保护区的原有植被遭到破坏；在严禁的同时，对当地的贫困人口采用经济补偿的疏导方式，以补贴其退耕后的经济损失，并积极助其从事其他工作以免再次返贫；采用复垦、人工种植的方式恢复原有植被遭到破坏的地区；对土壤退化、荒漠化、沙化的区域，采取综合治理的办法，使其进入良性循环。

（2）东部区域

东部的许多地区社会、经济情况较好，特别是北京市、上海市、天津市、江苏省、浙江省以及其他省内的部分城市等，区域内多为平原，部分靠海。区域内市场经济发展程度较好，使人工林构建条件良好，经济林、种草培育和草产品加工的潜力大。

以保护、发展为重要目标，以林业促发展，以发展回馈林业。在沿海、农田、沙漠边缘等地构建防护林或防护林带，加大宜林地的林业种植，采用多树种混合种植的方式构建混合林，提高人工林的质量和存活率。积极开展林权改革，继续提高个体经营比例，以提高林业活力。积极有序开展森林城市建设，合理化树种结构，多采用本地树种，规范化程序化城市绿化维护，以提升绿化设施的生命周期。

（3）北部区域

北部的许多区域存在缺水问题，不乏过度开发、水土流失、生态脆弱区域，如过度开发的黄土高原、过度种粮的东北地区、过度放牧的内蒙古地区等，我国的大部分沙漠也集中于此，防沙治沙任务严峻，东北三省与内蒙古区域内的天然林与天然草原是十分重要的生态战略资源，其保护形势严峻。

主要采取保护、维护和适度使用的战略，逐步减少现有的采伐和放牧等经济活动，使这些经济活动处于可持续、积极有效的范围内，通过构建防护林建立北方防护屏障，减缓土壤退化和沙漠扩张的速度。通过发展经济林合理获得优质木材资源，使木材需求在经济生产中得到满足，积极导向牧民生产生活方式，在提高生活水平的同时加强文化教育和引导，以通过提高综合素质的方式防止牧民过度挥霍财物、过度使用牧草资源，对牧草资源实施可控的动态利用和轮休制，甚至禁牧。

（4）南部区域

南部的区域内大都拥有较好的气候条件，极适合林木等绿色资源生长，特别在我国的广西壮族自治区、云南省和海南省，绿色资源丰富、植物生长茂盛、色彩鲜艳、生物多样性好，部分区域内的热带雨林也是我国重要的原生态资源，如遭破坏需上百年才能恢复。部分区域多喀斯特地貌，土层薄且土壤资源十分缺乏，不当适用极易造成水土流失以及石漠化，多过度耕种导致石漠化程度不断加深的情况。

在治理生态恶化区域的同时，利用良好的气候条件，发展特色树种、特色草种培育，发展常用苗圃与热带特色苗圃种植业，发展热带特色经济林，使这些绿色资源不仅用于南部，更有余力输送到全国甚至国外。构建南部沿海绿色屏障，更好的美化富有特色的旅游环境。积极治理石漠化，坚持开展石漠化区域扶贫工作，使当地农民获得新的工作收入来源，不再陷入开垦、耕种、水土流失的恶性循环，使石漠化治理能够更长效，为林业种植提供良好的基础。

2. 战略的主要方向

战略的主要方向是我国地绿战略的关键点，在全面铺开的同时选择亟须解决的重点，能增强指导的实用性和效用性。

（1）产权明晰与改革

明确产权只是导向，其目的在于，通过明确产权，让使用者在土地运营中更注重长期效益，不会因不安全感而招致短期行为，如在作物种植时，过度施用肥料，使土壤板结、酸化或盐碱化等；在放牧过程中，过度放牧使草原退化、沙化等，造成土地利用的不可持续。仅仅明确产权，而不对产权进行分类管理，也会造成资源利用的不合理现象，这就涉及另一个问题，即明晰什么产权，怎么明晰产权的问题。

我国的土地所有权分为国有用地和集体所有土地两种类型，使用权则更为灵活，生态绿色用地也遵照这样的分配方式。所有权的全民所有或集体所有，能够保证土地法理上的全民共有性质，体现社会主义的优越性和最终财富分配导向，使用权的灵活性也能体现出社会主义土地产权的灵活性、适宜性。使用权的明晰、可交易和规则的一贯性，能够保证全民共有土地的一个个实际代理者——土地使用者，更好地行使他们的代理权（即使用权）。这种代理制，通过分割产权，将更多的自主权赋予使用人，让使用人名正言顺地处置手中的土地，无须害怕其产权因不完整、不明确、不清晰而有无偿收回的那么一天。这也是当初制定《物权法》的初衷。我国《物权法》明确规定，“因不动产或者动产被征收、征用致使用益物权消灭或者影响用益物权行使的，用益物权人有权依照本法第四十二条、第四十四条的规定获得相应补偿”。

林地与草地是重要的生态资源，同时也在经济生产中使用。前者可作为经济林，生产木材、水果、药材和油料等，在土地分类上一般被归类为园地，后者可用在放牧中，在土地分类上一般被归类为牧草地，由于两者的使用方式不太一样，采用完全的相同的使用权分配方式，并不是最合宜的。

经济林的现存产权分配方式为承包制，即使用意向者向村集体申请承包经营权，获得承包经营权后则拥有对该林地的处置权。在初期，这种承包制极大地激发了种植者积极性，很多荒山再次披上绿色的外衣。我国的《中华人民共和国农村土地承包法》也明确规定了这种承包权的可延续性和可继承性。然而，由于法制的不健全和地方执法的选择性、随意性，让使用者产生不信任感。进一步明晰林地承包经营权，使该权利可流转、继承，不可被随意剥夺。

林地的另外两种产权分配方式，分别为国有林区和国有林场，归地方政府管理，占比全国林地40%左右，相比集体所有林地而言，此两种林地在法理上有更高规格，操作时更容易束缚手脚，难以激发活力。推动国有林区和国有林场内林地按类型分而治之，公益的归公益，经营的归经营，后者中同样可引入个人或企业进行承包，并施以更严格的管制，防止国家财产蒙受损失。

草地可作为牧民放牧资源，在我国的西部、北部尚存在大量的牧草地。由于承包经营权政策执行不彻底，很多地方存在承包经营权尚未分包到户、承包年期仍旧太短、公有牧草地过度放牧、已承包牧草地过度放牧等问题，牧草地退化、沙化现象时有发生。与林地相似，应更加严格地、一以贯之地执行承包经营权政策，承包权不仅70年不变，而且可继续延长，确保可流转、继承。

与此同时，积极探索变革，试点小范围牧民承包经营权共享机制，即在小范围内，将各自各家的承包经营权合并为小范围的公有承包经营权，避免牧草地过度细分。由于放牧活动与林业种植尚不完全相同，牲畜具活跃性、移动性的特点，草地也因生长周期需要定期禁牧，若牧民在个人承包范围内放牧不科学，仍有牧草地退化、沙化的可能。这也是我国实行草地个人承包时普遍存在的问题。增加决策者配以更大范围内的草场，能够导出更为合理的利用方式。

（2）生态绿化指标考核

考核指标是干部晋升的重要参考，也是干部在任期间工作成效的数字化表现形式。考核指标包含的内容，直接或间接体现了上级对下级在工作中的期望以及工作的重点。考核指标数值并不是干部在任期间所有成绩转化为数字的分值，而是上级基于政府责任、义务视角，将其重视的成绩转化为数字的分值，这种分值虽存局限性，却不失为是一种有效的考核手段。

依据我国的发展阶段，已确立了仍旧以经济建设为中心这一核心理念。十八大报告提出，“以经济建设为中心是兴国之要，发展仍是解决我国所有问题的关键”。这一核心理念并未排斥围绕中心、服务于中心的其他各方面的建设与发展，其中就包括生态文明建设，同样是十八大报告，其中指出，“建设生态文明，是关系人民福祉、关乎民族未来的长远大计”。出于对理念的贯彻，考核指标中当然不仅仅包括经济指标，还要包括生态以及生态绿化指标。

单一的经济考核指标，或在实际操作中仅仅将 GDP 作为晋升干部的标准，会使地区发展陷于盲目的境地，以快速增加 GDP 为目标的发展极易沦为粗放式的发展模式，将其余方面的指标远远抛在脑后，致使产业尚显低端，而山已不清水已不秀。更为高质量的发展必然蕴含在降低速度的节奏中，因此需要生态绿化指标作为参照。

许多地方已在考核指标中添加了部分生态方面考量，就绿化方面而言，主要考核森林覆盖率。添加这一指标较之前已有极大进步，却稍显单薄。森林覆盖率这一静态指标很难完全衡量地方在绿化方面所做的保护、恢复和改良成效，而这种成效是一个不以发展工业为目的的生态县市的主要成绩，即一致的考核指标虽然使各县市都处在同一的、标准化的评比标准化，却恰恰忽略了各县市所必需的差异化发展路径。这种同一的考核办法必然导致各县市之间的恶性竞争，并难以顾及自身特色。如工业 A 县与生态 B 县，工业 A 县在近几年的发展中 GDP 大幅增加，其县长在发展经济的同时注重了森林的保护，森林覆盖率略有减少；生态 B 县县内有十分珍贵的矿产资源，由于不适宜发展工业，其县长出于对山清水秀的重视，在矿产开发中十分注重林地的复垦，及时处理了矿产废料，森林覆盖率略有上升。仅从指标上评比，A 县的考核分值必然更高，显然未考虑两县的差异。

因此，对于生态区域，应建立更为多样的考核办法，将保护、修复、改良等成绩都纳入考核体系中，也可考虑使用对现存生态资源进行估值的办法。

（3）城镇化中的绿化

我国正处于快速城镇化阶段，城镇人口在不断上升中，原有流动的农民工以及他们的后代也更愿意留在城镇中，尤其是大城市。在我国号召新型城镇化的背景下，应工业化产生的需求，许多地方也开始提前布局城镇化，由此，城镇化中的绿化问题便变得更加突出。①②

城镇化是在工业化的驱动下，应工业化生产、交易的集聚、信息的交流等需求，更多人愿意来到城镇中，以获得更多的机会成本、更多的生活享受等，后者必然涉及生态绿化问题。钢筋混凝土给人带来更多的是冰冷冷的感觉，植物、花草能增添城镇的色彩，让城镇更宜居，让人生活得更愉悦。

目前我国的城镇化存在忽略绿化和盲目绿化的问题，这与城镇的发达程度和财力有关。在落后地区，城镇建设本身就已捉襟见肘，为卖出更多的土地出让金，往往提高容积率甚至牺牲绿地面积，居民首先为了生计，对城镇美化、绿化等问题并不敏感。在发达地区，特别是大城市或准大城市，又存在盲目绿化的问题，在引入树种、绿化方案、绿化设计等方面，还造成资金的浪费，与国际大都市尚有一些差距，空间利用也不够，大都未能实现立体绿化，如楼顶绿化。尤其需注重的，是城镇边缘区的绿化问题，由于边缘区也处于管理边缘区、发展边缘区，居民乱搭乱盖普遍存在，混乱局面尚需重点治理。

切实立足长远科学规划，切实立足实情实施规划，切实立足实际不轻易更改规划，切实立足民众让更多的居民参与绿化，使城镇让生活更美好。

（二）国家地绿策略

过去的几十年间，我国在生态绿化方面取得了辉煌的成就，但同时也存在问题，理念的落后，使得很多绿化工作成为破坏后的修补，不得不说是某种程度上的浪费。地绿策略成功的标准，除了事后效果外，在于是否囊括了体系、体制和机制建设，是否将绿化工作视为一个整体，对每个关节执行防微杜渐，从而在整体上提高工作的成效，防止破坏后修补和修补后再破坏的局面，使我国的生态绿化工作步入正轨。③

1. 构建以民众为主体的宣传与参与体系

我国生态绿化状况的落后，首先是理念上的落后，这又与我国的社会经济发展水平息息相关。新中国一开始是大抓粮食生产，改革开放时期致力于工业

① 参见哈申格日乐：《北京城市生态环境变化与城市绿化建设研究》，博士学位论文，北京林业大学，2006 年，第 21—23 页。

② 参见马晶晶：《唐山宜居城镇生态绿化建设研究》，硕士学位论文，河北农业大学，2012 年，第 12—26 页。

③ 国家林业局：《林业发展“十二五”规划》（林规发〔2011〕194 号），2011 年 8 月 30 日。

化，在取得一系列惊人成就后，理念并未随之迅速更新，部分人虽已对目前的绿化水平颇有微词，但未能有效地转化为行动，他们中的一部分尚未认识到自身在整个绿化工作中应担当的角色，另一部分人有意识却不知道如何参与。似乎这一工作仅仅是政府的职能，民众作为纳税人缴纳税金，坐等政府大包大揽即可。另一方面，政府惯常的大包大揽也未给民众一个很好的参与渠道。

原有的山清水秀、历史沉淀下的美丽绿色资源和近几年花费大量资金建立的绿化设施，普遍上演着“公地的悲剧”。原有美丽的田园风光因疏于管理，垃圾遍地；村庄口常年屹立的“迎客松”，总是在某个不明的时间节点消失，然后突然出现在城市的某小区内；商业街上，店铺门口的大树，因阻挡了店铺的名字在几天后莫名死掉；城市中惯有的街道两旁的大树被统一撤换，通过花费大量的财政资金从其他地区引进大量外来树种，引得许多市民直呼浪费；植树节中，广大热心市民前往遥远的郊区义务植树，初衷虽好，一时热情却缺乏专业知识，栽种时错漏百出降低了存活率和美观，且由于距离过远难以维护。

提高民众对生态绿化与维护绿化环境重要性的认识，普及相关方面的专业知识，减少说教式的宣传，增加相关公益广告，采用理念植入的方式，通过电视剧、电影、微视频、微薄等现代方式传播绿色理念。采用民众宣传民众的开放式办法，建立宣传项目，吸引有意愿的民间人士、团体参与进来，让绿色概念深入人心，让人们更有意愿建绿、助绿、护绿和执行更绿色的消费。

提高绿化民众参与度，在规划、设计、执行、维护等环节，广泛引入民众参与其中。城镇、乡村的绿化规划设计，均需提前公示，大力宣传积极吸纳民众意见，并获得利益攸关方认可；城镇绿化美化过程中的资金使用，应适时在网上平台上公布，接受民众监督；纠正重种植、轻养护的倾向，更多鼓励范围内树木养护包干到志愿者，而不是现在流行的远郊义务植树，对志愿者进行定期培训，提高树木养护实效；更多鼓励民众采用捐钱方式代替原有植树方式，缓解现有植树志愿者多可供地少的局面；更多采用项目外包方式，将部分绿化维护任务交给民间团体，并提供资金支持。

2. 构建科学的生态绿化规划与执行体系

目前林业方面出台的相关规划有《林业发展“十二五”规划》、《林业产业振兴规划（2010—2012年）》、《全国林地保护利用规划纲要（2010—2020年）》、《全国林业信息化发展“十二五”规划（2011—2015年）》、《全国森林防火中长期发展规划》和《全国造林绿化规划纲要（2011—2020年）》等，其后，各省、市、县也会相应出台相关规划，如何做好同级规划的协调性、层次性，如何做好国家、省、市、县等各级规划之间的衔接，使规划能够逐步细化、具体化，便于操作。规划的制定应秉持流程科学、群众参与和一以贯之的原则，不得因个人喜好随意修改规划。

明确规划执行的主体，明确各部门的权、责、利，为确保林业规划中的手段能够切实得到执行，应将生态绿化指标纳入干部考核指标中，而不是传统的仅仅以经济为纲，仅仅考察 GDP。差异化干部考核指标，提高生态绿化指标在不宜发展工业的县市内的权重，甚至完全将是否保护和发展了绿水青山作为唯一的考核标准，以使该区域内干部能够真心实意的维护规划、执行规划，从而使规划获得实质上的权威。

3. 构建更有活力的个体经营绿化体系

从大体分类上看，生态绿化属于政府公共服务的范畴，然而个体追求利益最大化所迸发出的活力，也不可忽略。十八届三中全会《决定》指出，“紧紧围绕使市场在资源配置中起决定性作用深化经济体制改革”，“必须毫不动摇鼓励、支持、引导非公有制经济发展，激发非公有制经济活力和创造力”。

凡不属于国有的集体林业用地，应进一步明晰该地产权，使该地的使用者能够获得长期的、实质的产权，以便能够将产权进一步用作市场化用途，如抵押。在完善监管、确保土地用途不变更的条件下，鼓励林业用地产权的入股、转移、租赁等市场化运作方式，确保土地的实际运作者有意愿、有能力、有条件经营好该土地，积极帮助该运作者排忧解难，对达到一定条件的优秀的实际运作者，给予适当的物质奖励，以产生正向激励的作用。

属于国有的林业用地，也应积极引入企业组织特别是民间企业组织，剥离国有林场中不属于公共服务等范畴的职责，以招标、竞争性谈判的方式交给企业，进一步激活林场中的不活跃因子，将原有林场中的企业剥离，引进战略合作者，促使该企业能够快速适应市场化后的环境。在逐步剥离的同时，重新划定林场范围，将土地按照实际用途在市场化过程中重新确定使用者和租赁者。

4. 构建行之有效的林业发展法律体系

林业的规划、保护、发展实际工作均远远超前于林业相关法律。以《中华人民共和国森林法》为例，该法于 1984 年通过，于 1998 年被修正，该修正年期距现在已有十多年，该法的实际约束力已经大大削弱，很多违法行为难以得到现行法律条文的惩罚，大大提高了执法成本，造成很大程度上的混乱。

进一步建立健全现有林业法律体系，取消、修改已失效或部分落后的现行法律、法规、条例和办法，修改部分与《宪法》相违背的条款，建立工作人员定期学法、宣传法的长效机制，确保执行人员知法、懂法以及按照法律条文行事，确保执行人员将依法行政视为最高准则。

5. 构建分区域的林业生态补偿机制体系

在许多地方财政陷入债务危机的情况下，通过引进企业获得税收，并通过地区经济发展获得卖地收入，成为主流的两大财政来源，除此之外，保有现有的美丽环境以及发展林业，一般并不能获得大量实际性的财政收入。有此三种可能，第一种通过发展生态旅游业，获得大量门票及相关税收收入，区域内民众也因此受益，创造大量就业和财富，第二种旅游业并不发达，通过经济林种植获得收益，林业获得发展，相关税收获得较少，第三种相关产业发展均不活跃，发展受限、税收入不敷出，居民生活贫困。

在第二种、第三种情况中，亟须上级政府出台相关政策，对该区域予以一定生态补偿，确保该区域内的绿水青山，维护现有的生态绿化宝贵资源，防止因税收不足和居民贫困导致的资源不当利用以至生态破坏、环境污染。建立一定范围内各地方政府联动机制，使发达区域与生态绿化优良区域优势互补、资源共享，发达地区向不发达地区提供资金、就业岗位和先进技术，后者返之以优质的水源、空气和旅游资源。

推行区域间的碳汇交易，即通过部分区域内发展林业的办法增加碳汇，弥补其他区域内的碳排放量，以达到空间的守恒，从而使支付碳汇资金的地方获得更多的碳排放权，也使不发达区域能够获得资金补偿，达到双赢。对当地的财政和民众收益都是一定的补充。我国已成立中国绿色碳汇基金会，凡开车的车主均可通过购买“碳补偿额度”，来获得排气权，该款项则被用于林业建设和林业补贴。

6. 构建完备的林业灾害防减和预警体系

林业灾害不仅会造成人员、经济损失，还会损害我们本已削弱的生态环境，造成区域内生态绿化境况的恶化。我国人工林面积居世界首位，人工林与天然林存在一定差距，由于人工林树种较单一的特点，难以形成有免疫力的森林生态系统，对病虫害免疫力低，一旦发生危害较大。森林火灾的危害也极大，大火一般发生在天气干燥的气候中，一旦发生，速度之快、破坏之猛、范围之广使得消防队难以及时做出反应并及时扑灭。如 1987 年发生的大兴安岭地区的森林大火，整整燃烧 27 天，烧毁近 70 万公顷森林（大兴安岭的 1/19），三座城镇变成废墟，使将近六万人无家可归。

坚定执行《全国森林防火中长期发展规划》，针对野外水域两旁、泥石流潜在危险区，种植一定宽度林带防止潜在之危险。切实提高林业维护人员待遇，定期予以培训，宽严相济；将我国各地已发生林业灾害按照条件、严重程度等，分门别类汇总成资料库，供维护人员及领导研究学习。严格按照相关标准对林区进行维护，如发现问题，通过及时上报确定危险级别，并作出相应的、及时的反应，以区域划分确定责任人，如发生问题因处置不当造成严重后果的，依法追究责任人责任，按照危险级别，应急预案中的对应领导人也负有相应责任。采用航空遥感、卫星遥感等手段实时监控林区状况，特别是天然林区，建立天然林区安全状况定期汇报制度。

7. 构建积极友好的林业对外开放体系

我国属后发国家，1949 年世界上已出现众多老牌资本主义国家和重工业高度发达的苏联，大部分虽受到战争的洗礼，但底子仍在；1978 年 12 月我党召开了具历史性意义的十一届三中全会，其后改革开放全面铺开，此时，大多数老牌资本主义国家与一些新兴经济体已完成战后重建，并步入发达国家和地区的行列，前者如美国、英国、法国、德国和日本等，后者如有“亚洲四小龙”之称的韩国、新加坡、中国香港和中国台湾，这些国家和地区在工业化取得一定成就之后，开始对他们的生态绿化政策有所重视和开始纠正。我国正处于快速工业化阶段，这些国家和地区的先进经验均可供我们参考借鉴，因此，在相关的政策和做法上，均有开放汲取先进经验的必要。

采取对外开放的姿态，更多地获取先进国家和地区的先进做法、技术和资金。给予林业相关领导和技术人员更多出外交流学习机会，通过扩大眼界、学习先进经验的方式，改进现有做法，提高林业技术水平；明确我国林业在国际分工中的职、责、权，通过承担国际责任获得国际资金支持；通过广泛的国际交流，获得国外捐赠和贷款用于林业投资，确保资金使用的公开透明；通过引入战略投资者、国外企业的方式，积极获取外国企业主体在我国林业中更自由自主的投资建设，使林业建设主体进一步多元化。

与此同时，我国虽属于发展中国家，相比较而言，在大力推进改革开放之后，我国也取得了翻天覆地的变化，发展水平大大优于其他的不发达国家和发展中国家。通过对外援助、合作、投资和建设等方式，积极开拓国外资源，特别鼓励企业对外中的林业建设和投资，开拓战略性布局全球生态绿化资源以及多元化绿色资源。

三、国家地绿典型案例

我国地域范围广、区域差异大，绿化工作艰巨，同时也需指出，我国部分地域内的部分城市，在生态绿化方面具有借鉴意义。有资源型工业城市的唐山、生态资源本就良好的宜昌、经济及其发达土地资源十分宝贵的上海以及经济较为发达但发展不均的奉化市农村。

（一）唐山市主城区生态绿化

唐山市处于河北省东部，以市区内的“唐山”（旧名）而命名，该名为唐太宗李世民所赐。唐山市是北方重要的经济中心和工业中心，以重工业为主，区域内矿产资源丰富，有金、铁、煤炭和石油等重要的战略型资源，从一定程度上来说，可将其视为资源型城市。正是因其较好的地理位置和丰富的矿产资源，唐山市的第二产业在1949年后就获得巨大的发展，属于老工业基地，工业结构偏重，在经历1976年的唐山大地震之后，唐山市在蒙受巨大悲痛和损失的情况下，在国家的扶持下得以较快有序地重建，其后以重工业为主导，以资源的粗放消耗为增长模式的状态一直未有改观，那时的唐山，难以谈得上生态绿化。当时的唐山建设重点在于抗震，恰恰忽略了绿色资源的可贵，在城市建设理念上出现了偏差，这也是我们很多城市所存在的。唐山市在早期和近期的绿化工作中，取得了一些成绩。①

1. 早期绿化情况

早在2000年，河北省第九届人民代表大会常务委员会第十六次会议就通过了《唐山市城市绿化管理条例》，提出要“促进城市绿化事业的发展，保护和改善城市生态环境，加强城市绿化管理，建设整洁、优美、文明的现代化城市”，确立了绿化工作的责任主体和奖惩措施，确立了“根据《唐山市城市总体规划》，编制市区绿化规划”的科学规划原则，以及相关的因地制宜策略和注意事项等等。该条例体现了唐山市在态度上对生态绿化工作的重视。这对于一个资源型城

① 马晶晶：《唐山宜居城镇生态绿化建设研究》，硕士学位论文，河北农业大学，2012年，第12—26页。

市来说，是难能可贵的。

从实际成绩来看，在条例批准之前和之后，唐山市于“1994，1999，2003年先后3次被评为‘全国城市绿化先进城市’，2003年荣获国内第一个‘能源工业特色的园林城市’”，其后也是获奖无数，这也体现了各界对该市绿化工作努力的一种肯定。

2. 近期绿化情况

唐山市缺乏青山绿水，在快速工业化过程中，特别是在采矿作业中，青山绿水更加难以保持，这是一个不断的破坏和修复的过程，由于一些理念的落后，使得破坏时并没有考虑修复的问题，为后者的操作带来更多难度，需要更多的资金。2010年，唐山市完成了《唐山市城市绿地系统规划（2010—2020）》，依照规划，该市相继投入将近4.3亿元用于道路绿化和公共设施绿化，包括外部环线公路、新建公路、动物园和植物园等。

2010年和2011年，唐山市的绿化率分别为44.70%和46.00%，2010年还获得了全国绿化委员会的“全国绿化模范城市”称号。

2014年3月，唐山市出台了《唐山市城市道路绿化建设导则》，编制了《唐山地区常见园林树木图册》，同时，由于该市已成功获得2016年世园会（世界园艺博览会）的承办权，该市自3月底开始了南湖生态城（世园会所在地）的绿化工作。①②③

唐山市从初期的钢筋水泥遍立的城市变为绿化模范城市，其优势在于工业化过程中积累了大量的信用和资金，使其能够获取大量的财政支持用于绿化工程，这是继造城之后大手笔造绿的结果，也是在相应时代背景下满足不同需求的结果。城市绿化是一个逐步渐进、完善的过程，与很多城市相比，该市还有很多路要走，但单就资源型城市而言，已领先许多。在唐山市总体变得更加生态绿化之后，细节性的修复和完善是一个缓慢的需要耐心的过程，另一个更为重要的过程在于人的聚集，在于规划的前瞻性是否符合人口聚集的一般规律，这将是一个需要时间验证的命题。

---

① 唐山市园林局:《唐山世园会南湖生态城绿化首阶段任务完成》，2014年5月13日，见http://www.tsylj.com/news_detail/newsId=450.html。

② 唐山市园林局:《我市出台〈唐山市城市道路绿化建设导则〉》，2014年3月18日，见http://www.tsylj.com/news_detail/newsId=427.html。

③ 唐山市园林局:《〈唐山地区常见唐山地区常见园林树木图册〉编辑完成》，2014年3月20日，见http://www.tsylj.com/news_detail/newsId=424.html。

（二）宜昌市森林城市建设

宜昌市位于湖北省的西部，气候良好、自然资源丰富、山地与丘陵较多、风光秀丽，是古时很多文人墨客适宜去处，也十分宜居。该市原有的自然秀丽的风光已经打下了深厚的底子，虽在工业化过程中存在一些破坏，其后宜昌市委创建国家森林城市中累计投入资金30多亿元，在城区、农村地区和三峡库区等地实施了一系列绿化工程，形成了“江穿城、城镶山”的美丽格局，于2012年被全国绿化委员会、国家林业局组织评定为“国家森林城市”。显著改善的环境使该市更加宜居，也进一步促进了当地商业和旅游业的发展。

1. 原有优势与不足

宜昌，一座享誉盛名的水电之都，期待着进一步优化人居环境、提升城市品位，打造宜昌绿色生态名片，实现人与自然和谐发展。因此，2010年宜昌市委、市政府提出创建国家森林城市的口号，号召全市人民积极行动起来，共同营造绿色低碳家园，加快建设省域副中心城市步伐。

据市林业局副局长吕林介绍，2010年宜昌市建成区园林绿地面积3043.75公顷、绿化覆盖面积3475.39公顷、公园绿地面积860公顷、绿化覆盖率40.88%、绿地率35.56%、人均公园绿地面积10.88平方米，包括公园29个、游园36个、街旁绿地37块。按照国家森林城市评价指标，宜昌中心城区绿化部分指标已达到，规划主要以优化绿地布局，提高绿化质量为主。各县、市近几年推进林业重点工程，森林覆盖率大幅提高，城镇绿化覆盖率、绿地率、人均公共绿地等指标均有大幅提升，形成了以大绿化为基础、以公共绿地为重点、以道路绿化为网络、以小区绿化为依托、以街头绿地为点缀，特色鲜明的城市绿化格局。

宜昌市的绿化覆盖面积已经达到国家森林城市的考核标准。但是部分绿化档次不高，如树种单一，结构不理想，乡土树不够，彩色树不多，美化效果还需要进一步提升。

立体绿化空间还非常大。宜昌市立体绿化，包括屋顶、墙面和大量的施工高切坡都是开展立体绿化的良好场所，可以利用不同的立地条件，选择攀援植物及其他植物栽植并依附或者铺贴于各种构筑物及其他空间结构进行绿化。

义务植树尽责率较低。按照规定，每个适龄公民每年必须完成义务植树3—5棵或相应劳动量的绿化任务。然而，由于缺乏有效的方式和监管，一些适龄公民由于各种原因没有参加义务植树活动，有些地方或单位义务植树尽责率比较低。

要提倡节约绿化。有的绿化追求所谓“现代化档次”，在园林绿化中片面求大求“洋”，从外地购买古树名木，水土不服，成活率低，建设和管护成本也相应增加。我们提倡以最少的用地、最少的用水、最少的资金开展绿化。

2. 九大工程打造绿色宜昌

为创建国家级森林城市，宜昌市建设了九大林业生态重点工程，打造绿色宜昌，为“创森”增添强劲动力。

（1）中心城区绿化建设工程。

建设和完善城市周边、城市组团之间、城市功能分区和过渡区防护绿化隔离林带；按照500米半径内规划建设一处绿地要求，加强城市近郊森林公园建设，加快中心城区绿化乔木的补栽补植等。

（2）新农村绿色家园工程。

开展“创绿色家园、建富裕新村”活动，主要干道沿线乡镇所在地建一处以上小区公园或小游园，美化村庄和庭院。

（3）绿色通道生态景观工程。

以7大生态走廊林业生态景观建设为重点，在铁路、高速公路、省道、县道沿线按照标准建设绿化林带，对道路工程施工后的垂直坡面进行绿化治理。

（4）农田林网工程。

以枝江和当阳为重点，按标准建设农田林网和水系（沟渠）林网。

（5）三峡珍稀植物种质资源保护工程。

依托三峡植物园、后河国家级自然保护区，对珙桐、疏花水柏枝等三峡珍稀植物种质资源进行有效保护。

（6）三峡库区湿地保护与恢复工程。

加强三峡库区湿地保护与恢复，申报宜都天龙湾国家湿地公园，加强13个湿地自然保护小区建设。

（7）木本油料百亿产业工程。

按照宜昌市木本油料百亿产业建设规划，大力发展以核桃、油茶等为主的木本油料林基地，打造百亿产业。

（8）三峡地区种苗花卉工程。

加强林业花卉、种苗基地建设，重点培育具有宜昌特色的乡土绿化苗木和油茶核桃等经济苗木，适应城乡绿化和林业基地建设的需要。

（9）森林生态旅游建设工程。

加强森林资源保护，开展森林抚育，改善林种结构，提高林木质量，营造森林景观。大力发展森林旅游。

为了加快国家级森林城市创建的进程，宜昌市广大市民纷纷投入创建森林城市的活动之中。每年3月，宜昌市都将开展义务植树活动，每次活动启动后，都受到市民的广泛关注和踊跃报名。常常有市民因为报不上名而抱憾而归。

奥运林、青春林、爱情林、小记者林、中日友好纪念林……广大市民的积极参与，为宜昌“创森”活动的开展提供了重要保障。

3. 成就——天然氧吧

经过近几年的不懈努力，宜昌生态环境有了极大的提升，部分地区森林植被好、水源涵养好、空气质量好，成为天然氧吧，这不仅使当地的居民获得实惠，也吸引了许多外地的游客。

宜昌市在获得“国家森林城市”之后，并没有停止脚步。2013年2月，宜昌市开展了“绿化美化”行动，进一步巩固绿化成果，至6月，全市共完成造林1.63万公顷，义务植树905.5万株，进一步巩固了之前的成果。

（三）上海市立体绿化

上海市位于我国的东部沿海地区，处于长江入海口，是我国的直辖市之一。因其地理位置极其优越，只要对外开放即可获得巨大发展。早在1842年，上海就是不平等条约——《南京条约》的五个通商口岸之一，当时的上海在短短十几年发展之后，就已成为“东方明珠”，是当时赫赫有名的亚洲金融中心。新中国成立后，经历改革开放，上海市再度迸发光彩，仅在十几年之后，再次成为我国的标志性城市，与国际许多大都市诸如东京、首尔和香港等相比毫不逊色，上海极为开放、开明、发达的环境也吸引了我国各地以及全球各地的优秀人才前往该处，使得该处的思想理念极其先进，生态绿化工作当然更是走在前列。再加上气候适宜植物生长，水系丰富，也为绿化工作提供了良好的自然环境。上海市在早期和近期的立体绿化工作中，取得了一些成绩。①

① 杨程程:《屋顶绿化综合评价模型的建立与应用研究》，硕士学位论文，上海交通大学农业与生物学院，2012年，第46—85页。

1. 早期的立体绿化

自改革开放以来，上海市开始恢复旧有的发达景象，经济不断得到发展，居民财富也不断得到提高，外来的人才、资金、技术不断地给这个地区注入活力，便出现了两大紧迫的需求。其一，对城市美好景观环境的需求，不仅仅体现在对旧有楼房的不满，也体现在对绿化资源景观的急迫渴望，这是在财富得到增加和知识得到增长后的必然结果；其二，土地资源的需求，经济发展导致地价上涨，使得上海寸土寸金，过度增加绿化面积必然造成资源浪费、建造成本上升，从商业开发角度来看，是极其不合算的，开发商出于对成本的核算、收益率下线的控制等方面的考虑，必然倾向于减少绿地面积、增加容积率。

在两大迫切需求的挤压下，政府想到了调和两大矛盾的可选路径——立体绿化。即在不损害本就紧缺的土地资源的前提下，通过将绿地建在屋顶、墙面等地方上，缓解居民对绿色资源的需求，从而充分地利用空间，并更好地美化环境。

早在 2002 年，上海市静安区人民政府就发布了《关于上海市静安区屋顶绿化实施意见试行的通知》。该通知采用奖励原则，凡是在屋顶进行的绿化的，每平方米奖励 10 元，其后上海市绿化管理局也于当年发布了《关于组织编制屋顶绿化三年实施计划的通知》。这一举动，在全国来说，都属于领先地位，上海的屋顶绿化工作也由此得以发展。

2. 近期工作与成效

2007 年，上海市实施了《上海市绿化条例》，对新改扩建居住区、学校医院等公共设施、工业园区、交通用地和其他建设项目等的绿化比例下限进行了严格规定。

2009 年，上海市闵行区共建成绿化 30 万平方米，其中屋顶绿化达 18.82 平方米，另外还进行了檐口、围墙、停车场等地的绿化，并于当年获得“世界屋顶绿化最佳城市金奖”。这得益于闵行区的先进政策，在执行绿化的过程中，该区积极运用了科研机构的力量，对立体绿化问题进行立项研究，并以相关规划、政策规范和工作方案为指导，以宣传、开展竞赛、实施奖励等一系列激励手段，提前完成了本需三年才能完成的任务。

在迎接世博会的过程中，上海市将绿化作为重点中的重点，着重解决绿化的一系列问题，在 2009 年就印发了《迎世博绿化景观优化质量督察办法》。该办法明确地列出了督察的范围和督察的内容，不仅仅包括对绿化率的重视，更注重树木、草地的生存质量；在建绿方面，上海市在 2010 年 3 月底之前开展了 8

万多平方米的绿化工程，平均一天种50棵树，到后期平均一天种1万棵树。[①]

2010年，上海世界博览会召开，该会的主题就是“城市，让生活更美好”（Better City, Better Life），在世博场馆中，很多国家和地区的立体绿化布置都让人耳目一新，如法国、新西兰、卢森堡、新加坡和香港等，场馆内的植物覆盖率高达80%（很多为立体绿化），使得该处的温度比外围低很多，热岛效应大大削弱。也为上海市的绿化工作提供了更多的借鉴。

为使道路多一些绿化，少一些钢筋水泥，2014年，上海市将推出《上海市道路绿化导则》。主要针对中央隔离带和高架桥桥墩的绿化，最早采用这种方法的城市是南京。[②]

为使市民更多加入到立体绿化的行列中，2014年7月，上海市举办了“2014上海立体绿化体验周”的活动。具体的做法为，设置15个立体绿化的体验点，组织市民现场参观，并鼓励市民寻找自己身边的立体绿化，通过微博的方式，分享身边的先进做法，同时还有获奖的可能。

（四）宁波奉化市村庄绿化

奉化市地处浙江省东部，行政区划上属于宁波市，位于宁波市区的南面。该市临海，属亚热带季风性气候，较为适合植物生长。奉化市较好的地理位置，使其在明朝时期就开始有手工作坊，清朝末年更出现轮船公司和商贸集市。随着宁波市的大力发展，奉化市也随之发展，主导产业是轻工业，如食品、纺织和服装等，经过一段时间的不懈努力，已晋升为我国的百强县，私营经济壮大迅速，私营主体极其活跃。奉化市在村庄绿化工作中，取得了一些成绩。[③]

1. 村庄绿化成效

奉化市较为发达的经济状况，给其提供了良好的经济基础，绿化工作在省政府的号召下，也卓有成效。2003年浙江省开展了“千村示范、万村整治”工程，奉化市也因此行动起来，至2009年，已有省级绿化示范村13个。

2008年，浙江省发布了《浙江省村庄绿化技术规程（试行）》。在其规程中，

---

① 王业斐：《上海“迎世博”绿化工程预计3月底竣工》，《上海劳动报》2010年2月26日。

② 徐上：《立体绿化有看头》，《新闻晨报》2014年7月22日。

③ 胡绪海：《新农村建设中村庄绿化模式研究》，硕士学位论文，浙江农林大学林业与生物技术学院，2010年，第6—29页。

将村庄划分为山区村、半山区村、平原村、海岛村和城郊村五种类型，将村庄绿地分为公园绿地、道路绿地、河道绿地、庭院绿地、生产绿地和防护绿地等，总体目标为整洁（清洁）、美观、舒适、健康、自然；对绿化覆盖率、人均绿地、不同类型的绿地指标都作出了详细的规定，也详细讲解了设计、施工、养护等方面应注重的问题以及最后的验收方案。

也就在同年，奉化市又开展了“村村植绿”行动，采用了物质奖励的办法，对种植每株树苗者奖励 20 元。这种发动村民建设美丽家园的办法，使得该市迅速绿起来，在 356 个村中，已有 130 个村完成了绿化改造。

在绿化的手段上，村庄主要采取了因地制宜，保护和建设相结合的办法，奉化市西南部多山区及丘陵，东北部多平原，在工业化过程中，平原地区的林地等绿地破坏较大，多转化为农田或工厂，西南部的复杂地形更加难以开发，所以旧有天然绿化保存较好。总体上对西南部采取多保护少开发的策略，东北部则采取机动灵活的策略，即通过利用空闲地、闲置地和废弃地进行树木种植，提高绿化覆盖率，如在宅基地的前后种植、在水道和道路两旁种植、在小区内的空地种植等。

2. 三种类型的绿化

根据奉化市内村庄的地形和功能类型，总共可划分为三种类型的绿化模式，分别为生态型、经济型和新型社区型。

（1）生态型

山区半山区地带不适宜发展工业，而且一旦发展工业后，工业不可避免的污染必然使得该区域的原始小环境极难复原，恢复难度大且资金量要求多，该市有较广的平原地区，平原地区也多水系，从成本角度考虑也会选择在平原地区，因此山区半山区就较为落后。

通过保护和发展林业，一方面维护了该地优美的自然风光，便于之后的农家乐生态旅游，另一方面，经济林的种植也能获取一定的收入，使当地农民拥有更多可选择的就业渠道。在城市化不断推进的前提下，生态型的比较优势将会更加明显。

（2）经济型

平原地区平坦的土地和丰富的水资源，更加有利于农业生产和工业建设，通过适当规划确定农业区和工业区，将这两种区域有效隔离开来，防止工业污染农业。充分利用闲置地、空闲地和废弃地，广建林业扩大绿化，并在外围建设林地，使村在林中、林在村中，这是奉化市在绿化过程中对平原地区广泛采取的模式。

（3）新型社区型

在建设新农村的背景下，使居住更加集中化，很多村中出现了新型的连排居住地带，可称之为新型社区。这种社区与城市中的社区略有不同，这是由于村庄的大环境与城市截然不同，尚有发达程度的区别。另一方面，这种不同也体现在理念、规划体系上。奉化市的部分社区并未进行规划，在绿化上略有落后，连排的别墅蔚为壮观，但是绿化未有跟上脚步，在开展绿化工作后，主要采用了插花绿化和集中绿化两种形式，前者是指在空闲地域，如屋前、屋后、道路两旁等地方种植植物，后者是指在特定地域建设小型公园，以供居民平时的娱乐休闲。

第十章 美丽中国：实施水净战略

水是生命之源、生产之要、生态之基。我国人口超过全球的1/5，但水资源仅占全球的6%，人均水资源量不足世界人均值的30%。再加上我国目前正处于城市化和工业化的快速发展期，洪涝灾害、水资源短缺、水污染、水土流失等问题日益突出，水资源形势十分严峻，已成为制约经济社会可持续发展的主要瓶颈。

兴水利、除水害，历来是治国安邦的大事。新时期国家治水以科学发展观为指导，按照党的十八大提出的全面建设生态文明的总体要求，全面考虑水的资源功能、环境功能、生态功能，对水资源进行合理开发、优化配置、全面节约、有效保护和科学管理，统筹解决水多、水少、水脏、水浑等问题，加快实现从控制洪水向洪水管理转变，从供水管理向需水管理转变，从水资源开发利用为主向开发、保护并重转变，从局部水生态治理向全面建设水生态文明转变，推动民生水利新发展，打造秀美的河山。

一、国家水资源现状

我国疆域辽阔，国土面积达960万km^2，在气候上跨越热带、亚热带、暖温带、寒温带、寒带等不同气候带；在地形上自西向东跨青藏高原、中部山区丘陵、东部平原三级阶地；在经济社会发展水平上可分为西部、中部和东部三大发展带。受气候、地理及经济发展水平的影响，全国从东到西、从南到北，不同地区水资源的自然分布、开发利用等方面都存在着很大的差别。

20世纪80年代，为顺利开展全国水资源评价工作，水利部门编制了全国地表水资源分区，将全国划分为黑龙江、辽河、海河、黄河、淮河、长江、珠江、浙闽台诸河、西南诸河、内陆河共10个水资源一级区。2002年，为配合全国水资源综合规划的编制工作，水利部组织各流域机构和省、自治区、直辖市水行政主管部门，重新编制了全国水资源分区，全国共设定松花江、辽河、海河、黄河、淮河、长江、东南诸河、珠江、西南诸河、西北诸河共10个水资源一级区[①]（见图10—1）。

下面分别从我国水资源的数量、质量、开发利用情况及存在的危机与挑战几个方面对水资源现状予以介绍。

图10—1　全国水资源一级区示意图

（一）水资源量

1. 降水量

降水是水资源的根本性源泉。由于我国处于季风气候区域，受热带、太平洋低纬度温暖潮湿气团、西南印度洋与东北鄂霍茨克海水蒸气的影响，我国东南地区、西南地区以及东北地区降水量丰富，使我国成为世界上水资源相对比较丰富的国家之一。根据2011年中国水资源公报统计[②]，全国平均年降水深582.3mm，折合降水总量为5.51万亿m^3。

① 中华人民共和国水利部:《2007年中国水资源公报》，中国水利水电出版社2009年版。

② 中华人民共和国水利部:《2011年中国水资源公报》，中国水利水电出版社2012年版。

我国降水空间分布不均，总体呈现南多北少，东多西少的格局。南方地区（包括长江、东南诸河、珠江、西南诸河4个水资源一级区）面积占全国的36%，平均降水深为1043.5mm，降水总量3.56万亿m^3，占全国降水总量的64.6%；北方地区（包括松花江、辽河、海河、黄河、淮河、西北诸河6个水资源一级区）面积占全国的64%，平均降水深为322.3mm，降水总量1.95万亿m^3，占全国降水总量的35.4%。

在时间分布上，受季风控制的影响，全国降水呈现年际变化大，年内季节性分布不均的特点。年降水量最大值与最小值的比值，南方地区为2—3倍，局部地区可达4倍以上；北方地区为3—6倍，最大可达10倍以上。在降水的年内分配上，我国大部分地区的降水主要集中在6—9月，通常占全年降水量达60%—80%，北方局部地区可达90%以上。

2. 水资源量

我国多年平均水资源总量为2.84万亿m^3（见表10—1），约占世界淡水资源量的6%，居世界第6位，人均占有水资源量为2 173m^3，不足世界人均占有量的30%，在全球193个国家和地区中，我国人均水资源量居143位。

根据水资源划分标准，通常以人均水资源3000m^3以上为丰水，2 000—3 000m^3为轻度缺水，1 000—2 000m^3为中度缺水，500—1 000m^3为重度缺水，低于500m^3为极度缺水。按2011年中国水资源公报统计资料，全国人均水资源量为2 108m^3，已接近中度缺水的上限。且水资源量空间分布不均，北方6区水资源总量4 917.9亿m^3，占全国的21.2%；南方4区水资源总量为18 338.8亿m^3，占全国的78.8%（见图10—2）。

表10—1　全国多年平均及部分年份水资源总量

单位：亿m^3

年份	地表水资源量	不重复的地下水资源量	水资源总量
1956—2000年多年平均	27388	1024	28412
2001	26173	767	26940
2002	27243	1018	28261
2003	26251	1209	27460
2004	23126	1004	24130

续表

年份	地表水资源量	不重复的地下水资源量	水资源总量
2005	26982	1071	28053
2006	24358	972	25330
2007	24242	1013	25255
2008	26377	1057	27434
2009	23125	1055	24180
2010	29798	1109	30907
2011	22213	1043	23256

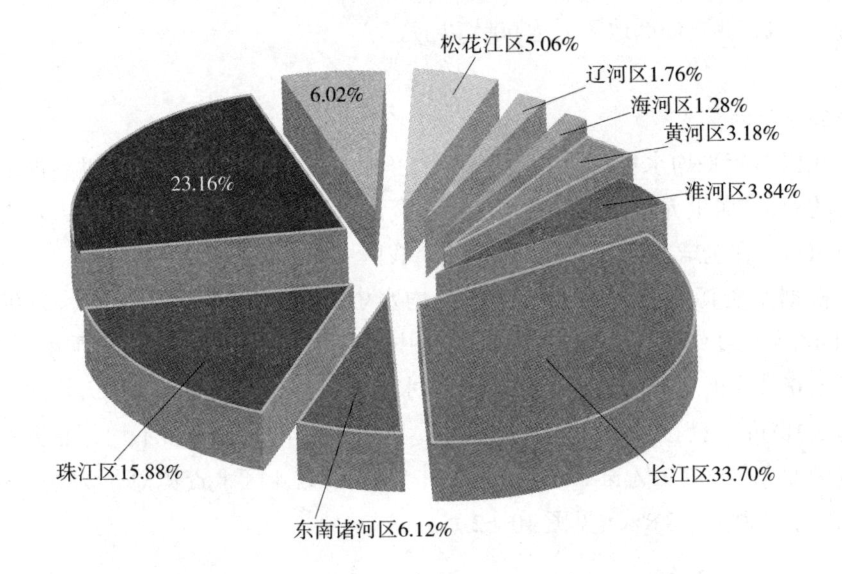

图 10—2　2011 年全国水资源一级区水资源总量分布情况

（二）水资源质量

自 20 世纪 80 年代以来，我国经历了 30 多年的工业化、城市化快速发展历程。1980—2011 年，全国工业总值增长了 11.3 倍，总人口增加了 3.6 亿，城市化率从不足 20% 提高到约 47%，城市人口已超过 6.3 亿，由此导致工业用水和城市生活用水持续增长，工业废水和城市生活污水大量增加。1980 年，全国废污水点源排放量为 315 亿吨，2001 年为 626 亿吨，2011 年达到 807 亿吨。与此同时，全国的化肥和农药用量大幅增长，分别从 1990 年的 2700 万吨、48 万吨增加到2010年的4700万吨、130万吨；农村生活污水、禽兽粪便和废物垃圾也大量增加，加之水土流失严重，形成了量多面广的面源污染物。由于点源和面源污染的不断加剧，水污染防治工作又相对薄弱，特别是面源污染的防治尤其困难。我国的水资源质量总体上不容乐观。

1. 河流

我国共有流域面积100km^{2}以上的河流5万多条，总长达43万多km。河川径流是水资源的主体，占水资源总量的96%。河流水质的好坏不仅反映自身的水环境质量状况，还对湖泊、水库等其他地表类水体及地下水质量有着重大的影响。

统计资料表明，全国近40%的河段污染相对严重，水质劣于Ⅲ类（见表10—2）。我国河流污染以有机污染为主，主要超标参数为高锰酸盐指数、化学需氧量、氨氮、五日生化需氧量等，局部地区如湘江流域等重金属污染相对严重。

表10—2　2001—2011年全国河流水质评价成果

年份	废污水排放量（亿吨）	各类水质的河长占评价河长的比例（%）			
		Ⅰ—Ⅱ	Ⅲ	Ⅳ—Ⅴ	劣Ⅴ
2001	626	28.6	32.0	23.8	15.6
2002	631	38.7	26.0	17.8	17.5
2003	680	36.4	26.2	16.7	20.7
2004	693	33.5	25.9	18.8	21.8
2005	717	33.8	27.1	17.8	21.3
2006	731	30.8	27.5	19.9	21.8
2007	750	32.3	27.2	18.8	21.7
2008	758	35.3	25.9	18.2	20.6
2009	768	35.7	23.2	21.8	19.3
2010	792	34.8	26.6	20.9	17.7
2011	807	39.2	24.0	18.6	17.2

在全国主要江河中，西北诸河、西南诸河因纳污量较少而水质最好；珠江、长江虽然污染负荷较大，但由于水量丰富、流速较快、自净能力强，水质相对较好；黄河、辽河、淮河、海河由于纳污严重而水量相对不足，水污染相对严重。如以水质劣于Ⅲ类的河长作为污染河长，对2011年全国10个水资源一级区污染河长比例由高至低排序，依次为：海河区63.8%、淮河区62.0%、辽河区51.2%、

黄河区 50.6%、松花江区 43.5%、长江区 29.6%、东南诸河区 27.1%、珠江区 26.4%、西南诸河区 4.4%、西北诸河区 4.0%。

我国河流整体污染形势严峻，特别是城市河段、河流下游段往往污染严重，水污染造成的供水危机时有发生，对城市供水造成巨大威胁，严重制约社会经济发展，河流治理及保护工作刻不容缓。

2. 湖泊

我国共有面积大于 1km^2 的湖泊 2700 多个，总面积约 9.1 万 km^2。湖泊由于水体更新周期长，纳污能力和自净能力较低，具有污染易、治理难的特点。

根据 2007 年水资源公报，我国湖泊总体污染严重，Ⅰ—Ⅲ类的水面占总评价面积的 44.2%—58.8% 左右，受污染的水面占 40% 以上；贫营养湖泊所占比例极低，不足 2.3%，富营养化湖泊所占比例高达 50%—70%（见表 10—3）。主要超标项目是高锰酸盐指数、化学需氧量、氨氮、五日生化需氧量等。

表 10—3　2006—2011 年全国湖泊水质评价成果

年份	不同水质类表湖面所占比例（%）			不同营养类型湖泊所占比例（%）		
	Ⅰ—Ⅲ	Ⅳ—Ⅴ	劣Ⅴ	贫营养	中营养	富营养
2006	49.7	15.3	35.0	2.3	39.5	58.1
2007	48.9	21.6	29.5	2.3	34.9	62.8
2008	44.2	32.5	23.3	2.3	50.0	47.7
2009	58.4	27.6	14.0	1.4	33.8	64.8
2010	58.9	27.9	13.2	1.0	33.3	65.7
2011	58.8	16.5	24.7	0.0	31.1	68.9

2011 年对“三湖”的评价表明，太湖湖体水质均劣于Ⅲ类，其中Ⅳ类、Ⅴ类、劣Ⅴ类水面积分别占评价面积的 19.1%、22.5% 和 58.4%，藻类密度较高，近几年夏季局部常有藻类水华发生，特别是 2007 年 5 月的太湖藻类水华事件严重影响了供水水质，造成了无锡市大面积缺水；滇池的污染十分严重，营养盐水平高，水质均为劣Ⅴ类，生态系统严重退化，全湖处于中度—重度富营养状态，微囊藻水华时有暴发；巢湖营养盐水平较高，透明度低，水质较差，巢湖整体上以Ⅳ—劣Ⅴ类居多，在湖区的 10 个断面中，水质为Ⅳ类的有 2 个，占 20%，为Ⅴ类水质的有 3 个，占 30%，劣于Ⅴ类水质的 5 个，占 50%，水质整体上东部好于西部，湖区藻类细胞密度高，藻密度分布空间差异显著，西部湖区高于东部湖区，夏、秋季节常有明显的藻类水华现象。

3. 水库

我国水库水质总体状况尚可。2011 年水利部对全国 471 座主要水库的水质评价结果表明，全年水质为Ⅰ—Ⅲ类的水库有 382 座，占评价水库总数的 81.1%，其中Ⅰ类水库 21 座、占 4.5%，Ⅱ类水库 203 座、占 43.1%，Ⅲ类水库 158 座、占 33.5%；此外，Ⅳ类水库 52 座，占 11.0%；Ⅴ类水库 16 座，占 3.4%；劣Ⅴ类水库 21 座，占 4.5%。对 455 座水库营养状况评价结果表明，中营养水库 324 座，占 71.2%，富营养水库 131 座，占 28.8%。主要污染项目是总磷、总氮、高锰酸盐指数、化学需氧量、五日生化需氧量。

4. 地下水

我国地下水污染形势严峻，水质堪忧。目前地下水污染呈现由点到面、由浅入深、由城市到农村的发展趋势。中国地质环境监测院的监测结果表明，全国 195 个城市中 97% 的城市地下水受到不同程度污染，40% 的城市地下水污染趋势加重；北方 17 个省会城市中 16 个污染趋势加重①。在中国北方部分地区，地下水污染已经严重危及供水安全，威胁到人民群众身体健康，给经济社会发展带来不可估量的损失。2011 年对 9 省（自治区、直辖市）内 857 眼监测井监测结果表明，水质Ⅰ—Ⅱ类的监测井占总数的 2.0%，Ⅲ类占 21.2%，Ⅳ—Ⅴ类占 76.8%。由于地下水更新速度慢，其治理的难度更大，周期更长，因此，下大力气遏制地下水的污染加重趋势势在必行、刻不容缓。

（三）水资源开发利用

1. 用水量

我国目前的用水量以工农业生产用水为主，其次是生活用水、生态环境补水。据中国水资源公报统计，2011 年全国总用水量 6107.2 亿 m^3，占水资源总量的 26.3%。其中生活用水 789.9 亿 m^3，占总用水量的 12.9%；工业用水 1461.8 亿 m^3，占总用水量的 23.9%；农业用水 3743.5 亿 m^3，占总用水量的 61.3%；生态环境补水 111.9 亿 m^3，占总用水量的 1.9%。

按水资源分区统计，南方 4 区用水量 3340.8 亿 m^3，占全国总用水量的 54.7%；北方 6 区用水量 2766.4 亿 m^3，占全国总用水量的 45.3%。

---

① 罗兰:《我国地下水污染现状与防治对策研究》,《中国地质大学学报》(社会科学版) 2008 年第 8 期。

2007年中国水资源公报统计表明，自1997年以来全国总用水量总体上缓慢增加，其中生活和工业用水持续增加，农业用水在上下波动中总体缓慢下降。生活和工业用水占总用水量的比例逐渐增加，农业用水比例则有所减少。用水量的增加和水资源污染的加重造成供需矛盾加剧，已经成为国民经济及社会发展的严重制约因素之一。

2. 用水指标

目前我国水资源利用整体效率还不高，水资源利用方式较为粗放，在生产和生活领域存在较严重的结构型、生产型和消费型浪费①。以2011年为例，当年全国人均用水量为454m^3，城镇人均生活用水量为198升／天，农村居民人均生活用水量为82升／天。万元国内生产总值用水量为129m^3，农田实际灌溉亩均用水量为415m^3，万元工业增加值用水量为78m^3。就全国范围来看，南、北方的用水效率差异明显，总的来说南方4区用水效率低于北方6区，以万元工业增加值及农田实际灌溉亩均用水量为例，南方4区比北方6区分别高出170%及45%。在水资源一级区中，西北诸河区人均用水量最高，海河区最低；万元国内生产总值用水量西北诸河区最高，海河区、淮河区、辽河区和东南诸河区较低；农田实际灌溉面积亩均用水量珠江区最高，海河区和淮河区较低；万元工业增加值用水量西南诸河区和长江区较高，海河区、黄河区、辽河区和淮河区较低。

近年来，我国在水资源利用方面取了明显的进步，突出表现在用水效率显著提高，全国万元国内生产总值用水量和万元工业增加值用水量明显下降，农田实际灌溉亩均用水量总体上缓慢下降，人均用水量基本稳定在410—450m^{3}之间。2011年与1997年比较，农田实际灌溉亩均用水量下降15.7%，万元国内生产总值用水量下降了70%，万元工业增加值用水量下降了69%。但目前我国水资源利用效率和效益与国际先进水平仍存在较大差距，以农田灌溉水利用系数为例，2012年我国首次达到0.51，仍明显低于国外先进水平的0.7—0.8，节约水资源，提高水资源利用效率及效益的空间依然很大。

（四）水危机与挑战

近30年来，中国经济社会快速发展，经济规模、总量快速增长，工业化、城镇化进程加快。造成人口与资源矛盾空前加剧，生态破坏、环境污染十分严

① 徐春晓、李云玲、孙素艳：《节水型社会建设与用水效率控制》，《中国水利》2011年。

重，形成了中国历史上最大规模的资源危机和生态赤字。在当前发展的大背景下，中国的水资源问题日趋突出，整体态势异常严峻复杂，表现为多重交织的矛盾、危机及挑战，已经成为制约国民经济持续发展，威胁人民身体健康的突出因素之一，主要表现在以下几个方面。

1. 洪涝灾害的威胁依然长期存在

我国是世界上洪涝灾害多发的国家之一，洪涝灾害历来是中华民族的心腹大患。我国历史上水患灾害频发，据统计在公元前206—1949年共发生1092次较大规模的洪涝灾害，平均约2年一次。近代水患频率有增加趋势，1950—2010年我国发生较大洪水30多次（其中特大洪水10余次），平均1.5年1次。1931年6—8月，一场百年不遇的特大水灾几乎袭击了整个神州大地，珠江、闽江、长江、淮河、黄河、松花江、嫩江泛滥，到处洪水横流，灾情遍及全国约23省。长江中下游和淮河流域是这场水灾的中心，湘、鄂、赣、浙、皖、苏、鲁、豫等8省5311万居民受灾，16662万亩农田被淹，死亡42万余人，直接经济损失22.84亿银元①。1975年淮河暴雨致水库溃坝，同年8月，淮河支流洪汝河、沙颍河地区发生大暴雨，总降水量达201亿m^3。大洪水导致板桥、石漫滩2座大型水库，竹沟、田岗两座中型水库和58座小型水库在数小时内相继垮坝溃决，57亿m^3的洪水淹没面积1.2万km^2，使驻马店地区10个县（镇）尽成泽国，受灾人数1100多万，死亡2.6万，经济损失近百亿元。1998年长江流域、松花江、嫩江全流域大洪水，全国计有29个省、自治区、直辖市遭受了不同程度的洪涝灾害，据统计，全国农田受灾面积2229万公顷，成灾面积1378万公顷，死亡4150人，倒塌房屋685万间，直接经济损失2551亿元②。

新中国成立以后，我国经过大规模的水利建设，主要江河初步形成了由堤防、水库和蓄滞洪区等工程组成的防洪工程体系，常遇洪水已初步得到控制，大洪水防御能力也显著增强，但总体上我国防洪能力仍然不能满足当前经济社会发展需求。我国主要江河的防洪能力除局部重点地区以外，绝大部分河段的防洪标准低于50年一遇；全国600余座有防洪任务的设市城市中约40%的城市防洪标准低于20年一遇；全国中小河流的防洪标准一般为10—20年一遇，有的河流还不足10年一遇。王皓在《中国水资源问题与可持续发展战略研究》中指出，洪涝灾害给国民经济带来严重损失，全国多年平均损失约占GDP的2%，这一比

① 夏明方、康沛竹：《长江在咆哮——一九三一年江淮大水灾中国减灾》，2007年。

② 中华人民共和国水利部：《中国98大洪水》，中国水利水电出版社1999年版。

例为发达国家的10—20倍。建立完善的防洪减灾体系需要较长的时间，2011年中央一号文件《中共中央国务院关于加快水利改革发展的决定》① 提出力争通过5年到10年努力，从根本上扭转水利建设明显滞后的局面。到2020年，基本建成防洪抗旱减灾体系，重点城市和防洪保护区防洪能力明显提高，抗旱能力显著增强。

2. 水资源短缺日趋突出

中国2000年以来的人均水资源量仅2037.8m³，不足全球平均量的三分之一，人均水资源处在世界的120位左右。目前我国有18个省（自治区、直辖市）人均水资源量低于联合国可持续发展委员会审议的2000m³的标准，其中有10个省（自治区、直辖市）人均低于1000m³的最低限。海河、淮河和黄河流域的人均水资源占有量仅350－750m³，属严重缺水地区②，再加上水污染和水土流失使情况更为恶化。目前全国669座城市中有400多座供水不足，110座严重缺水，年缺水量60亿m³，影响工业产值2000多亿元。农业年缺水量达300亿m³，因旱减产粮食约3000万吨，最多时高达5000万吨。干旱缺水成为中国尤其是北方地区经济社会发展的重要制约因素。

（1）资源型缺水。先天不足、后天失调，资源型缺水主要集中在中国北部及西部地区。以北方地区为例，北方地区降水较少，大部分地区降水量小于800mm，主要集中在7—9月，水资源一直比较短缺，属于先天不足。据权威统计，北方地区人口占全国的47%，耕地占65%，GDP占45%，但水资源仅占20%左右。"十年九旱"、"有河皆干"是北方地区的真实写照。随着经济社会发展，用水量已经远远超过水资源承载能力，缺水成为常态，由此引发了河流断流、湖泊萎缩、湿地退化、地面沉降和海水入侵等一系列生态、环境问题。

（2）工程型缺水。工程型缺水是指部分地区虽然水资源丰富，但由于水利设施落后，调蓄能力弱，使得水资源利用率低，抗干旱能力差而导致的缺水，主要集中在中国西南地区。西南地区虽然水资源丰富，人均占有水量高于全国水平，但由于以山区丘陵为主，特别是云南、贵州及广西部分地区，地形地质条件复杂，土层贫瘠，水低田高，河道深切，水资源开发难度大，提水成本高。再加上地方经济条件落后，资金匮乏，使得水利基础设施建设滞后，供水设施严重不

① 中共中央国务院：《中共中央国务院关于加快水利改革发展的决定》，2011年。

② 中国科学院可持续发展战略研究组：《2007中国可持续发展战略报告—水：治理与创新》，科学出版社2007年版。

足，尤其是具有调蓄能力的大中型控制性骨干工程比较缺乏，水资源调配能力差，有水留不住，供水保证率很低，一旦遭遇大旱，群众赖以生存的小水窖很难得到补充水源，易出现人畜饮水困难，抵御干旱灾害能力极弱，缺水问题长期存在。

典型的例子便是2009年10月—2010年4月西南地区（广西、重庆、四川、贵州、云南）遭受秋、冬、春三季连旱，旱情极为严重，其中云南大部、贵州西部、广西西北部均达到特大干旱等级。据国家防汛抗旱总指挥部办公室统计，至2010年4月9日，云南、贵州、广西、重庆、四川五省（自治区、直辖市）耕地受旱面积9553万亩、作物受旱7516万亩，其中重旱2464万亩，干枯1644万亩，另外，待播耕地缺水缺墒2037万亩，有2019.9万人、1348万头大牲畜因旱饮水困难①。

（3）水质性缺水。是指由于水污染造成可利用的淡水资源短缺的现象。水质性缺水主要集中在长江中下游地区及珠江三角洲等发达地区，虽然这些地区水量丰富，但由于工农业发达、人口密集，污染负荷高，大量水体因污染而无法使用。据2011年中国水资源公报统计，2011年全国废污水排放总量807亿吨，其中大于30亿吨的省份有江苏、浙江、安徽、福建、河南、湖北、湖南、广东、广西和四川10个省（自治区）。2011年对全国103个主要湖泊的2.7万km^2水面进行了水质评价表明，劣于Ⅲ类的水质水面面积占总评价面积的41.2%。严重的污染是造成水质性缺水的关键原因，如果再遇上季节性干旱，会使水质型缺水雪上加霜。

以长江中下游为例，2011年发生了新中国成立以来最严重、最大范围的干旱，湖北、湖南、江西、安徽、江苏等省发生秋、冬、春、夏四季连旱的特大干旱，范围之广、时间之长、抗灾之急，历史罕见。长江中下游河流断流，湖泊面积大幅度萎缩，如洪湖水面减少了四分之一，湖底大面积干涸开裂，尽现死鱼；东洞庭湖湿地保护区大片湖面变成“草原”；鄱阳湖水面缩减到1 326km^2，创历史同期最低，仅为2010年同期的十分之一；下游太湖水位跌至历史最低，洪泽湖接近死水位；淮河长时间断流，石臼湖干涸见底，京杭大运河因旱船舶滞留严重。截至2011年5月29日，湖北、湖南、江西、安徽、江苏5省耕地受旱面积达4535万亩，占全国受旱面积的4成，329万人因旱饮水困难，占全国的一半。

① 刘建刚、谭徐明、万金红、马建明、张念强：《2010年西南特大干旱及典型场次旱灾对比分析》，《中国水利》2011年第9期。

3. 水土流失形势严峻

中国是世界上水土流失最为严重的国家之一。由于特殊的自然地理条件，再加上我国正处在城市化、工业化、现代化进程中，长期以来对水土资源的不合理的开发利用，使得当前我国水土流失面积大、分布广、流失严重，人口、资源、环境矛盾十分突出，新的水土流失不断产生①。据统计，我国国土总面积约占全世界土地总面积的 6.8%，而水土流失面积却约占全世界水土流失面积的 14.2%，不论是山区、丘陵区、风沙区还是农村、城市、沿海地区都程度不同地存在着水土流失②。根据 2004 年水利部水土保持公报，2004 年土壤侵蚀量有 16.22 亿吨，其中尤以长江、黄河的土壤侵蚀量最多，分别达到 9.32 亿吨和 4.91 亿吨。全国绝大多数省、自治区、直辖市都存在不同程度的水土流失问题，中国约有 1/3 的耕地受到水土流失的危害，尤其以长江上游、黄河中游、东北黑土地和珠江流域石漠化地区分布的面积大，后果严重，潜在威害大③。从长远看，水土流失对国家经济社会的可持续发展、对子孙后代的生存发展空间构成了严重危胁。对国家生态安全、防洪安全、供水安全以及公共安全都产生严重影响。

4. 水体污染危害严重

我国目前水环境污染严重，触目惊心。近几年来我国废水、污水排放量以每年 18 亿 m^3 的速度增加，全国工业废水和生活污水每天的排放量近 1.64 亿 m^3，其中 80% 未经处理直接排入水域④。使得北方河流有水皆污，南方河流由于污染导致水质性缺水事件频繁发生，资源型缺水与水质型缺水并存。全国目前有 3 亿多人无法获取安全饮用水。2011 年对 634 个地表水集中式饮用水水源地评价结果表明，按全年水质合格率统计，合格率在 80% 及以上的集中式饮用水水源地有 452 个，占评价水源地总数的 71.3%，其中合格率达 100% 的水源地有 352 个，占评价总数的 55.5%，全年水质均不合格的水源地有 31 个，占评价总数的 4.9%。地下水污染问题日益突出，高达 90% 的城市地下水遭受不同程度的污染，而且呈现由点向面的扩展趋势。

① 田卫堂、胡维银、李军、高照良：《我国水土流失现状和防治对策分析》，《水土保持研究》2008 年。

② 陈雷：《深入贯彻落实党的十七大精神，为全面建设小康社会提供水利保障——在全国水利厅局长会议上的讲话》，2008 年。

③ 中华人民共和国水利部：《2004 年水利部水土保持公报》，2004 年。

④ 魏艳、阮晨蕾：《我国水环境污染现状及处理措施》，《北方环境》2012 年。

近年来水污染事故频繁发生，据不完全统计，每年的突发污染事件超过1700起，比较严重的如2004年的沱江污染事故，影响了下游成都、资阳等5个城市的工农业生产用水和人民生活，经济损失达3亿元；2005年松花江污染事件，引起了与俄罗斯的国际纠纷；2007年太湖蓝藻暴发事件，严重影响了自来水水源地水质，引发无锡饮用水供水危机，造成了一定程度的社会恐慌；2012年广西镉污染事件，2013山东潍坊地下水污染事件等等，都造成了巨大的经济财产损失，敲响了水环境危机警钟。总体看来，我国水环境恶化趋势仍在继续，治污速度赶不上污染增加的速度。因水污染造成经济损失惊人，2004年全国因水污染造成的经济损失为2862.8亿元，占当年GDP的1.71%①。

从某种意义上说水污染的严重性远超过洪涝灾害。因为洪涝灾害具有季节性、规律性强，持续时间短，再加上目前比较成熟的应对机制，其危害性逐渐降低，而水污染则具有长期性、积累性、隐蔽性，治理起来往往历时长、耗资大（水生态恢复往往需要十几年甚至几十年时间）。因此水污染不仅对当代人民的健康构成严重威胁，而且直接危及子孙后代的生存环境，造成的危害远大于洪涝灾害。

总的来说，当代中国面临的水环境问题，已经成为事关国家长远发展的全局性问题，水环境保护与经济发展、地方利益交织在一起，错综复杂。大规模的水资源短缺及水污染引发的水资源问题日益凸显，威胁着生产、生活用水，影响到社会安全与稳定。可以说中国正在以最稀缺的水资源及最脆弱的水生态环境，承载着史上最大规模的人口、生产及城市化进程。因此，当代中国面临的水资源环境压力前所未有。

随着社会经济的进一步发展尤其是工业化、信息化及城镇化进展的加快，再加上持续增长的人口压力，将使水资源短缺的矛盾进一步加剧，水资源缺乏及水生态安全问题会更加突出。到2030年我国人口预计达到16亿，我国人均水资源量将从目前的2200m^3下降到1700m^3左右②，接近国际公认的警戒线，而国民经济需水总量却要增加1400亿m^3，同时废水排放量也将增加到的850亿—1060亿吨。水资源的缺口会进一步加大，将导致生产、生活用水进一步挤占生态用水，加之排污量的进一步增加，水生态环境危机进一步加剧，甚至成为中华民族未来几十年生存与发展的关键制约因素之一。可以预见，中国在未来十几年建设全面小康社会的进程中，以及未来几十年迈向中等收入国家的道路上，水资源问

① 国家环境保护总局、国家统计局：《中国绿色国民经济核算研究报告2004》，《环境经济杂志》2006年。

② 王学渊、韩洪云、赵连阁：《浅议我国的水权界定》，《水利经济》2004年。

题将成为制约中国经济社会发展最大资源瓶颈。如何保障水资源、水环境和水生态安全，以水资源的可持续利用支撑经济社会的可持续发展，已经成为本世纪中国面临的最重大的问题之一。平衡水资源保护与经济社会发展需要更大的智慧、眼光和魄力。

二、国家治水战略与策略

中国是一个治水大国，治水历史源远流长，自禹治水以来，中华民族便开启长期与洪水旱灾斗争的历史。治水在中华文明的延续和发展历程中具有特殊的意义，中华民族谱写了许多世界水利历史上辉煌篇章，如春秋时代的管子就提出“善为国者必先除水旱之害”，汉代李冰父子修建的都江堰至今都在发挥着作用，京杭大运河的修建对于贯通古代南北水运发挥了巨大的作用等等。修工程之利，除旱涝之害，历来是治国安邦的大事。

历史上，治水的首要任务是抵御水旱灾害。新中国成立以来，在中国共产党的领导下，科学长远规划，通过建设以三峡工程、南水北调工程等一大批为代表的骨干水利工程，大大降低了水旱之害，保障了人民群众的生命财产安全及用水安全，以全球 6% 的水资源保障了全球 22% 人口的用水，支撑着世界第二大经济体高速发展。在取得前所未有成绩的同时，治水工作也因水资源短缺和水污染两大核心问题而发生了很大变化。新时期的治水被赋予了全新的内涵，面临着严峻的挑战。

汪恕诚在《资源水利——人与自然和谐相处》中指出：从 20 世纪 90 年代末开始，中国政府在寻求解决复杂水问题的对策过程中，特别是在长江洪水、黄河断流、南水北调工程实施方案的酝酿等大规模治水实践的有力推动之下，逐渐提出了新时期的治水思路，即从工程水利向资源水利，从传统水利向现代水利、可持续发展水利转变的治水新思路，在继续做好防洪抗旱、防灾减灾的同时，把解决水资源短缺和水污染放到重要的地位，以水资源的可持续利用支撑经济社会的可持续发展。防治水污染逐渐成为与防洪抗旱同等重要的大事。

中国共产党十八大首次提出了包括“生态文明建设”在内的五位一体的中国特色社会主义事业的总体布局，其中治水兴水是生态文明建设的重要组成部分。按照全面建设生态文明的总体要求，新时期的治水要在准确把握国情水情以及水利发展的阶段性特征的基础上，正确处理经济社会发展和水资源的关系，全面考虑水的资源、环境及生态功能，进行科学规划、合理开发、优化配置、全面节约、有效保护和科学管理，统筹解决目前突出的水多、水少、水脏、水浑等问题，加快实现从控制洪水向洪水管理转变，从供水管理向需水管理转变，从水资源开发利用为主向开发保护并重转变，从局部水生态治理向全面建设水生态文明转变，在更深层次、更大范围、更高水平上推动民生水利新发展，努力走出一条中国特色水利现代化道路，为经济建设打下更为坚实的水利基础，为人民群众带来更多的水利实惠，为子孙后代留下更为秀美的河山①。

（一）新时期国家治水战略重点与主要目标

总结中国治水实践，无数的事实证明：人类凌驾于自然之上，任意改造自然，无节制地向大自然索取，必然遭到大自然的猛烈报复。只有坚持人与自然的和谐相处，实现水资源的可持续利用，才能真正实现经济、社会、人口、资源、环境协调发展。

2011年，中共中央、国务院发布《关于加快水利改革发展的决定》，针对新时期治水可持续发展面临的形势与挑战，提出了“到2020年，我国基本建成防洪抗旱减灾体系、水资源合理配置和高效利用体系、水资源保护和河湖健康保障体系、有利于水利科学发展的制度体系”的新时期治水战略重点与主要目标。

1. 建立和完善防洪减灾安全体系

2011年中央1号文件要求实行兴利除害结合，防灾减灾并重，治本治标兼顾，工程措施非工程措施配合，集中力量加强防洪抗旱薄弱环节建设，提高城市防洪排涝标准，全面增强防汛抗旱减灾能力，最大程度减轻洪涝干旱灾害损失。

到2020年，基本建成防洪抗旱减灾体系，重点城市和防洪保护区防洪能力明显提高，抗旱能力显著增强，“十二五”期间基本完成重点中小河流（包括大江大河支流、独流入海河流和内陆河流）重要河段治理、全面完成小型水库除险加固和山洪灾害易发区预警预报系统建设。

2. 建立水资源合理配置和高效利用体系

合理安排生活、生产、生态用水，加快形成“四横三纵（南水北调西线、

① 陈雷：《新阶段的治水兴水之策》，《求是》2013年第2期。

中线和东线工程建成后与长江、淮河、黄河、海河相互连接）、南北调配、东西互济”的水资源战略配置格局，因地制宜建设跨流域、跨区域调水工程，大力推进节约用水和非常规水源利用。

到2020年，基本建成水资源合理配置和高效利用体系，全国年用水总量力争控制在6700亿m^3以内，城乡供水保证率显著提高，万元国内生产总值和万元工业增加值用水量明显降低，农田灌溉水有效利用系数提高到0.55以上，“十二五”期间新增农田有效灌溉面积4000万亩。

3. 建立水资源保护和河湖健康保障体系

坚持在开发中保护、在保护中开发，全面加强水功能区管理、点源面源污染控制、水土流失综合治理和水生态环境修复，使主要江河湖泊水功能区水质明显改善，城镇供水水源地水质全面达标，重点区域水土流失得到有效治理，地下水超采基本遏制。到2020年，重要江河湖泊水功能区水质明显改善，达标率提高到80%以上，城镇供水水源地水质全面达标①。

4. 建立有利于水利科学发展的制度体系

完善的制度体系是水利科学发展的基本保障，到2020年，基本建成有利于水利科学发展的制度体系，最严格的水资源管理制度基本建立，水利投入稳定增长机制进一步完善，有利于水资源节约和合理配置的水价形成机制基本建立，水利工程良性运行机制基本形成。

（二）新时期国家治水主要策略

1. 大力发展民生水利

以保障和改善民生为出发点和落脚点，大力推进水利基本公共服务均等化，着力构建保障民生、服务民生、改善民生的水利发展新格局。

加快完成重点小型水库除险加固、重点中小河流近期治理、山洪灾害防治县级非工程措施建设，扩大中小河流和大江大河支流治理范围，启动山洪灾害调查评价和重点山洪沟治理，消除威胁人民群众生命财产安全的防洪隐患。

加快农村饮水安全工程建设，全面解决农村人口饮水安全问题，积极发展

① 陈雷:《全面贯彻落实中央水利工作会议精神开创中国特色水利现代化事业新局面—在全国水利系统贯彻落实中央水利工作会议精神动员大会上的讲话》,《中国水利》2011年。

集中供水工程，提高农村自来水普及率，努力实现城乡供水一体化。建立健全蓄滞洪区管理制度，加强安全建设，完善补偿政策，积极改善蓄滞洪区群众生产生活条件。

2. 夯实水利基础

不断完善现代水利工程体系，继续推进大江大河大湖治理，重点建设一批防洪控制性枢纽工程，不断完善覆盖广泛、功能完备、工程措施与非工程措施相结合的防洪排涝减灾体系，切实筑起一道城乡防洪安全屏障。加强水资源配置工程建设，加快城乡重点水源工程、跨流域跨区域调水工程、河湖水系连通工程建设，着力构建我国"四横三纵、南北调配、东西互济、区域互补"的水资源宏观配置格局，加快形成布局合理、生态良好，引排得当、循环通畅，蓄泄兼筹、丰枯调剂，多源互补、调控自如的江河湖库水网体系，提高水资源调控水平和供水保障能力。

加快利用信息技术对水利行业进行改造提升，推动信息化与水利规划、勘测、设计、建设、管理、预报、监测等各个环节的深度融合，以水利信息化带动水利现代化。

大兴农田水利基本建设，加快实施大中型灌区续建配套工程、大中型灌排泵站更新改造工程和新增千亿斤粮食生产能力建设规划，抓好小型农田水利重点县建设，全面实施东北节水增粮行动，积极推进西北、华北规模化高效节水灌溉工作，集中力量建成一批规模化高效节水灌溉示范片区，不断增强农业综合生产能力和防灾减灾能力，提高农业用水效率和效益。

3. 实行最严格的水资源管理制度

以实行最严格的水资源管理制度为抓手和切入点，抓紧确立水资源开发利用控制、用水效率控制、水功能区限制纳污"三条红线"，建立健全水资源管理责任和考核制度，从源头上扭转水环境恶化趋势。

严格控制用水总量，进一步落实水资源论证、取水许可监督、水资源有偿使用等管理措施，制定主要江河流域水量分配和调度方案，维持河流生态流量和湖泊、水库、地下水合理水位，保障生态用水基本需求。

着重提高用水效率，抓好用水定额管理和用水计划管理，制定强制性节水标准，实施重点用水监控，全面建设节水型社会。

从严核定水域纳污容量，全面落实全国重要江河湖泊水功能区划，建立水功能区水质达标评价体系，实施入河湖排污总量动态监控。

综合运用调水引流、外源截污、河湖清淤、生物控制等措施，加强对重点生态区和水源地的保护，推进生态脆弱河湖和地区的水生态修复，逐步实现以水定需、量水而行、因水制宜、人水和谐的文明发展。深入推进水土保持生态建设，加大重点区域水土流失治理力度，加快坡耕地综合整治步伐，积极开展生态小流域建设，有效保护水土资源。积极开展水生态文明城市创建活动、农村水系和河塘清淤整治，给子孙后代留下山青、水净、河畅、湖美、岸绿的美好家园。

4. 构建水利科学发展体制机制

着力深化水利投融资体制改革，在建立健全政府主导、金融支持、社会广泛参与的水利投入稳定增长机制上取得新突破；着力深化水资源管理体制改革，在建立事权清晰、分工明确、运转协调的水资源管理机制上取得新突破；着力深化水利工程建设和管理体制改革，在建立健全市场信用体系、质量监管体系、工程安全运行保障体系上取得新突破；着力深化基层水利改革，在建立健全职能明确、布局合理、队伍精干、服务到位的基层水利服务体系上取得新突破；着力深化水价改革和水权制度建设，在建立健全反映市场供求和资源稀缺程度、兼顾效率和公平、体现生态价值和代际补偿的水资源有偿使用制度和水生态补偿制度上取得新突破。同时，要大力推进依法治水，加快完善水资源管理、河湖水域管理、节约用水、防汛抗旱、农田水利、农村水电等领域的法律制度，建立健全适合我国国情水情、科学完备、结构合理、相互衔接的水法规体系；权责明确、行为规范、监督有效的水行政执法体系；预防为主、预防与调处相结合的水事纠纷预防和调处机制。尽快完善全国、流域、区域水利规划体系，强化水利规划对涉水活动的管理、指导和约束作用。健全水利科技创新体系，加强水利基础研究和技术研发，力争在水利重点领域、关键环节和核心技术上实现新突破，依靠科技创新驱动水利发展。

三、国家水净行动典型案例

20 世纪 80 年代以来，特别是 1994 年以来，面对水污染不断加剧的严峻局面，我国政府投入不断加大，把水污染防治作为环境保护工作重点，把污染严重的“三河三湖”进行重点治理，水污染防治工作取得了较大进展。

水污染防治投入不断增加。近十几年来我国环保投资力度快速增加，投资总额占国内生产总值（GDP）的比例节节攀升。据统计，“八五”期间我国环保投资约为2000亿元，占GDP的0.8%，“九五”期间增至3600亿元，突破GDP的1%，“十五”期间达到7000多亿元，“十一五”环保投入为2.16万亿，占GDP的1.41%，其中水环境的治理投入占环保总投资33.84%。预计“十二五”期间，环保累计投入将突破5万亿人民币。

水专项等一批重大环保科研项目取得新成果。环保科研工作一直受到高度重视。近年来有关环保的重大科研项目如“973”、“863”、科技支撑项目等大量立项，特别是“水体污染控制与治理科技重大专项”（以下简称水专项）的实施，为水污染防治和水环境的治理提供了强有力的科技支撑。

水污染防治工作取得一定成效。以城市废污水集中处理为例，1996年，全国仅有城市排水管道14.2万km，污水处理厂160座，处理率约达9%；2005年，全国城市排水管道为24.1万km，污水处理厂600多座，污水集中处理率为46%；2010年，全国城市排水管道为47.8万km，污水处理厂2496多座，日处理量超过1亿m^3，年处理污水总量达350亿m^3，污水集中处理率达82%①。

水污染治理力度进一步加大。“十一五”以来，国家水污染治理除了将传统的“三江三湖”仍作为重点治理外，其他重点水域如赣江、东江、太湖、博斯腾湖、洱海、南四湖、西湖、三峡水库、丹江口水库等都逐渐纳入监控及治理范围。同时地方各级政府积极响应和行动，一大批试点示范工程上马并取得了较好的成绩，如上海市投入上百亿对苏州河治理，昆明市政府斥巨资对滇池进行整治，武汉市开展了“六湖连通工程”等等。

（一）国家水净行动典型案例

1. 滇池

滇池的污染十分严重，被国务院列为重点治理的“三湖三河”之一。滇池污染始于20世纪70年代后期，80年代污染加速，90年代富营养化日趋严重，水华暴发成为常态。滇池污染的原因一是其地处昆明市下游，地势低凹，生活污水、工业废水、农业面源污染最终进入滇池；二是滇池历史上的围湖造田，鱼类生态入侵等都对生态系统造成了严重的破坏；三是是滇池属于半封闭性湖泊，来水不足，使得水体交换缓慢、自净能力不足；四是滇池处于自然演化的老龄化阶

① 住房和城乡建设部:《中国城镇排水与污水处理状况公报2006—2010》，2012年。

段，湖面缩小，湖盆变浅，内源污染物堆积。以上因素交织在一起，使得滇池成为国内目前污染最严重的大型湖泊之一。

中央政府、云南省政府及昆明市政府对滇池治理非常重视，在经费投入上，“九五”期间滇池治理实际完成投资25.3亿元（其中国家投入4.88亿，省级投入4.6亿，昆明市及其他渠道投入15.82亿）；“十五”期间，滇池治理实际完成投资22.32亿元（其中国家投入5.82亿，省级投入2.05亿，昆明市及其他渠道投入14.45亿）；“十一五”期间，滇池治理实际完成投资171.77亿元（其中，国家投入23.36亿，省级投入54.67亿，昆明市及其他渠道投入93.74亿）。

图10—3 昆明滇池五甲塘湿地

国家相继启动了国家环境重点科技专项“滇池蓝藻水华污染控制技术研究”、国家973项目“湖泊富营养化过程与蓝藻水华暴发机理研究”，国家863项目“受纳湖湾污染负荷有效削减和生态系统重建及工程示范”，以及国家水体污染控制与治理科技重大专项“滇池流域水污染治理与富营养化综合控制技术及示范”等一大批重大科研项目。在人力投入上，国内水环境研究一流团队中科院水生所、中科院生态环境研究中心、中科院地湖所、清华大学、北京大学、南京大学、中国环境科学研究院等聚集于此，对滇池开展了水生态治理技术研究、探索与实践，包括退湖还田，恢复湖滨湿地，外源污染（点源、面源）及内源污染控制、消减，原位生态修复，水华成因机理、控制及资源化利用等研究，取得了大量研究成果。

2008年昆明市提出“治湖先治水，治水先治河，治河先治污，治污先治人，治人先治官”的新思路。同年成立了以市委、市政府主要领导任政委、指挥长的滇池流域综合治理指挥部，推行“河（段）长负责制”。35条入滇河道，由市委、市人大、市政府、市政协主要领导各担任一条河道的“河长”，河道流经区域的党政主要领导担任河的“段长”具体组织实施，对辖区水质目标和截污目标负总责，实行分段监控、分段管理、分段考核、分段问责。

2012年4月16日，《滇池流域水污染防治“十二五”规划》正式获国务院批复。以“六大工程”为主线，提出了“城镇污水处理及配套设施、饮用水源地污染防治、工业污染防治、区域水环境综合整治、畜禽养殖污染防治”五大类项目和牛栏江—滇池补水工程，总投资420.14亿元。其中，占投资比例最大的分别为城镇污水处理及配套设施与区域水环境综合整治，分别投资178.48亿、233.51亿元。

昆明市滇池管理局将在“十二五”期间推出四项滇池治理措施：一是将在滇池湖滨规划种植1万亩中山杉，因为中山杉的生长速度是水杉的3倍，且对氮、磷等营养物质吸附能力较强；二是计划在滇池污染较重地区养水葫芦10平方公里，并通过机械化采收、脱水，将水葫芦渣发酵后制成有机肥，实现水葫芦治理及资源化利用；三是加大蓝藻处理力度，基于“十一五”期间建设藻水分离站取得显著成效，采取固定式藻水分离设施与移动式采收装置相结合的方式，对滇池北岸蓝藻进行收集处置，预计每年可清除蓝藻4.2万吨，去除总氮420吨，总磷28吨；四是继续疏挖污染底泥，将从草海向外海北部区域及主要入湖口转移，疏挖将达到961万m^2。

经过近十几年的努力，滇池水质快速恶化的趋势得到遏制，水华暴发程度明显减轻，营养盐水平整体呈下降趋势，水环境质量整体保持稳定，局部水域、主要入湖河道水体景观及周边环境明显改善，流域生态系统功能开始逐渐恢复。

2. 苏州河

苏州河是上海重要的河流之一，是吴淞江在上海境内的别称。吴淞江源自江苏太湖瓜泾口，在上海外滩汇入黄浦江，全场125km，其中上海境内53.1km。苏州河从20世纪20年代开始出现黑臭现象，1928年在苏州河取水的闸北水厂被迫搬迁到军工路黄浦江取水；20世纪50—60年代，苏州河污染加重；70年代末期，苏州河终年黑臭，鱼虾绝迹。苏州河污染严重的原因主要是大量的工业废水、生活污水直接排入，以及水动力条件不利所致。

图 10—5　污染的苏州河

20 世纪 80 年代初，上海开始对苏州河治理进行研究。1988 年实施合流污水治理一期工程，时任市委书记的江泽民为奠基仪式揭幕并欣然题词："决心把苏州河治理好"。该工程 1993 年投入运行，每天截留污水 140 万 m^3。在此基础上，1996 年市政府成立了由市长徐匡迪任组长的苏州河整治领导小组，使苏州河整治走上了循序治理的良性发展轨道，提出"以治水为中心，全面规划，远近结合，突出重点，分步实施"的工作方针。1998 年启动苏州河整治工程，分三期实施，总投资约 140 亿人民币。苏州河整治一期工程，从 1998 年到 2002 年，总投资约 70 亿人民币，主要以消除苏州河干流黑臭以及与黄浦江交汇处的黑带为目标；苏州河整治二期工程从 2002 年到 2006 年，总投资约 40 亿人民币，主要以稳定水质、环境绿化建设为目标；苏州河整治三期工程：从 2006 年到 2008 年，总投资约 31.4 亿元，主要实施以改善水质、恢复水生态系统为目标。

苏州河的治理主要采取以下措施，首先建设污水处理厂进行截污，仅一、二期工程就治理污染源 3800 多个，截流污水 70 多万 m^3，并建设了石洞口污水处理厂，对截流污水进行处理，排放尾水达到国家一级标准，大大减少入河污染物；利用现有水利设施，改变苏州河水回荡的往复流为由西向东的单向流，增加苏州河水流量，加快换水周期，进而加速水质净化；利用国外先进的曝气复氧技术提高水体溶解氧浓度，加速改善水质；通过河道疏浚，结合黄浦江引水等措施，改善了虹口港水系水质；通过码头搬迁，新建垃圾中转站、粪便排放站及辅助设施6处，加强水面保洁力度，杜绝环卫作业带来的污染，改善了两岸景观。

图10—6 苏州河的治理现场①

苏州河整治的阶段成果非常明显。一期工程的实施后，2000年实现了苏州河干流消除黑臭的目标，2001年苏州河北新泾段出现了小鱼，2002年两岸建成滨河绿地10万m^2，大大改善了苏州河的水质和环境面貌。2005年二期工程完成，上下游之间水质差别逐步缩小，中心城区主要支流基本消除黑臭，市区滨河景观绿带逐步形成，绿化面积达45万m^2。目前，苏州河水质在改善中保持基本稳定，河道整洁，市容明显改观，滨河绿地、公园大幅增加，改善了生活环境，苏州河两岸正成为适合居住、休闲、观光的城市生活区。

① 朱锡培:《上海苏州河综合整治的主要经验》,《城市公用事业》2008年。

图 10—7 整治后的苏州河

3. 大东湖水网工程

严江涌、黎南在《武汉市大东湖水网连通治理工程浅析》中指出，大东湖水系位于湖北省武汉市，由东沙湖水系和北湖水系组成，主要包括有东湖、沙湖、杨春湖、严西湖、严东湖、北湖 6 个湖泊，区间还有竹子湖、青潭湖等小型湖泊。由于历史上的围湖造田、城市建设、养殖、以及长江干堤的逐步兴修，使得湖泊面积大为减少，江湖水体交换逐渐受阻。东湖被分割为水果湖、汤菱湖、筲箕湖、郭郑湖、团湖、后湖、庙湖、喻家湖等子湖，沙湖被分割为内沙湖和外沙湖。

历史上的大东湖水域，水质优良，江湖相通。在城市化和工业化进程中，由于大量工业废水和生活污水直接入湖，加上江湖联系阻断、渔业养殖、湖泊周边缺少绿化等原因，导致动植物种群大量消失，湖泊原有饮用水源地功能丧失，六大湖泊蜕变为相对“封闭”的内陆湖，整个大东湖水生态环境遭到严重破坏。目前，东湖水质不容乐观，约有一半在Ⅴ类与劣Ⅴ类之间，沙湖、北湖等湖泊为劣Ⅴ类，严西湖已由Ⅲ类降为Ⅴ类，严东湖由Ⅱ类降为Ⅲ类。与湖泊连通的排水港渠污染严重，均为劣Ⅴ类水体。在防洪排涝方面，由于湖泊调蓄功能得不到有效发挥，地区渍水现象日趋严重①。因此，十分有必要打通江河湖泊阻隔的现状，

① 刘永明、周先荣：《构建生态水网，促进人水和谐—大东湖生态水网构建工程现状分析及对策建议》，《政策》2008 年第 11 期。

从长江直接引水入湖，从而“引水变活”、“引水变清”、“引江济湖”、“引湖济湖”，优化区域水网。同时结合水体生态保护与修复措施，恢复水生生物栖息地，再现昔日风貌。

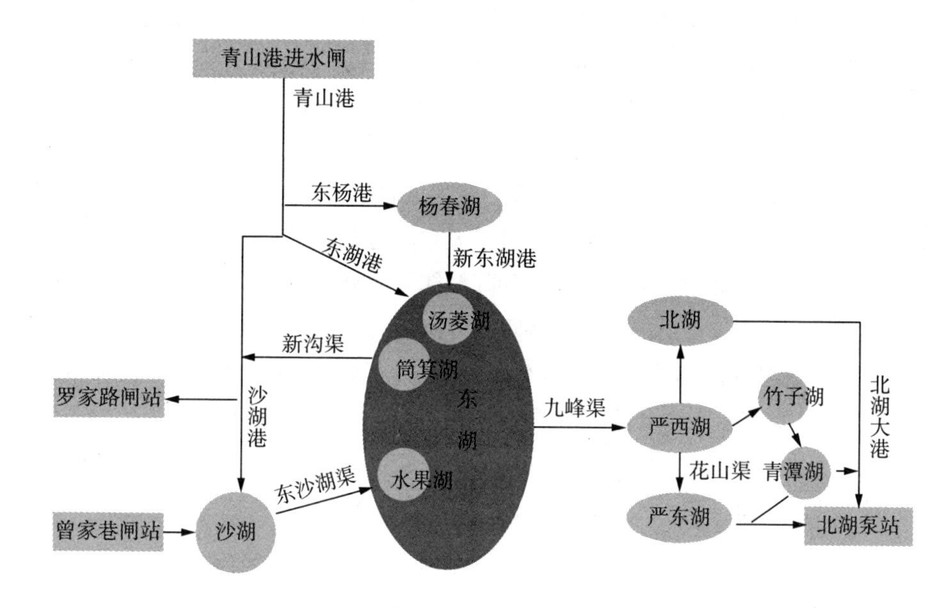

图 10—8　大东湖水网工程引水路线图

2006 年 8 月 28 日，水利部与湖北省政府联合下发了关于武汉市水生态系统保护与修复试点工作实施方案的批复，该方案的核心内容之一便是武昌“大东湖”生态水网构建工程①。2009 年 5 月 4 日，国家发改委批复《湖北省武汉市“大东湖”生态水网构建总体方案》，同年大东湖江湖连通与湖泊生态修复工程正式启动，开始进入全面建设时期。工程计划总投资 87.69 亿元，旨在对区域水系进行综合整治，打造全国最大的城市湖泊湿地群及世界一流的城市生态旅游风景区。大东湖生态水网跨武昌区、青山区、洪山区和东湖新技术开发区、东湖生态旅游风景区，区域国土面积436km^2，湖泊汇水面积376km^2，容积1.2亿$m^3$②。项目分两期实施，其中一期工程 5 年，主要是六湖截污和连通工程，其中 2009—2010 年，6 个湖泊完成截污并建设北湖、白浒山污水处理厂；2012 年，武昌地区

① 董雅洁、梅亚东:《“大东湖”生态水网构建工程对湖泊生态系统服务功能的影响》,《环境科学与管理》2007 年第 12 期。

② 张军花、项久华、丘汉明、蔡劲松:《大东湖生态水网构建工程总体构架设计》,《城市道桥与防洪》2008 年第 10 期。

东湖、沙湖等 6 个湖泊将融为一体；2011—2013 年，打通大东湖水网的连通渠，除六湖连通外，还连通一些小湖泊，武昌区域内连通的湖泊达到 10 多个。整个工程的引水线路为：主流方向为西进东出，分别为：长江→青山港闸→青山港→杨春湖→新东湖港→东湖→九峰渠→严西湖→北湖→北湖泵站→长江、长江→曾家巷闸→沙湖→东沙湖渠→东湖→九峰渠→严西湖→北湖→北湖泵站→长江；2014 年，实现 6 个湖泊水质的提档升级。2014—2019 年为生态修复期，力争恢复到东湖自然生态的原貌。

大东湖生态水网构建工程建成后，该区域将实现污水全收集、全处理，区域水生态恶化趋势基本得到控制。同时，大东湖各湖泊间、江湖间水力联系及流动性明显增加，污染物的稀释、扩散和降解能力明显增强，湖泊自净能力得到明显提升。其次，通过青山港引水闸将重建江湖生态廊道，使江湖隔绝的静水湖泊向趋于自然状态的江湖连通水系转变，有利于增强江湖生态联系，重建江湖复合生态系统①。将有力推动武汉市"江湖相济、河渠相连、水质达标、生物多样、水清岸绿、系统健康、人水和谐"的水生态保护与修复目标，进而最终实现"清水入湖、湖水变清、清水入江、健康长江"总体目标。

4. 太湖生态修复工程

太湖位于坐落于长江三角洲的南部，是我国第三大淡水湖，水面面积 2338km^2，太湖流域物华天宝，历史源远流长，文化底蕴深厚，自古以来是国家财赋重地，是著名的江南水乡，被誉为"人间天堂"。太湖流域是我国经济最发达的地区之一，虽然只占全国总面积的 0.4%，全国总人口的 3%，却创造了全国 11.6% 的 GDP 和 16.7% 的财政收入，在全国占有举足轻重的地位。

20 世纪 60 年代，太湖流域山清水秀，70 年代，伴随苏南乡镇工业的发展，河段水质开始受到影响，致使 20% 的水域受到一定程度的污染，自 80 年代开始，流域水体质量基本上每 10 年下降一个等级水平，90 年代，太湖流域跨界水体水质平均超标率为 68.87%，跨区域水体水质不断恶化，大面积蓝藻开始在太湖流域暴发。1990 年夏季，太湖第一次大面积蓝藻水华暴发，严重堵塞了水厂水口，造成其停产或半停产，直接经济损失高达 1.9 亿元。20 世纪 90 年代末到 21 世纪初，由于大量污染物排放，加上部分地区对水污染的治理和水资源的保护措施力

① 雷明军、蒋固政：《武汉大东湖水网构建工程对生物多样性影响研究》，《人民长江》2012 年第 3 期。

度不够，水体富营养化程度不断加剧[①]。2007 年 5 月底，太湖蓝藻大面积暴发，水源地遭受严重污染，引发无锡市近 200 万居民供水危机。

太湖水环境问题已经引起各级政府、党和国家领导人的高度重视，特别是无锡供水危机后国务院作出重要批示，要求加大太湖水污染治理力度。为有效地遏制太湖富营养化进程，结合不同时期太湖流域水污染特点采取了一系列政策及措施，如先后颁布太湖流域水污染防治“九五”、“十五”、“十一五”计划；1998 年启动以环保执法为主的“聚焦太湖”零点行动；根据温家宝总理提出的“以动治静、以清释污、以丰补枯、改善水质”，于 2002 年启动引江济太调水工程，至今仍在运行。研究表明，引江济太调水工程缩减了大部分湖区换水周期，减轻了太湖藻类水华，对太湖水质改善起到了积极作用；2011 年 11 月起施行《太湖流域管理条例》，以及在部分区域进行的水权交易、生态补偿等试点实践活动，都取得了一定的进展[②③]。

2008 年 4 月国务院批复了《太湖流域水环境综合治理总体方案》，要求坚持高标准、严要求，坚持以人为本、科学发展，坚持统筹规划、标本兼治，力争到 2020 年，使太湖流域污染物排放总量得到大幅削减，各项水质指标均有较大改善，富营养化趋势得到遏制并有所好转，努力恢复太湖山清水美的自然风貌，为流域经济社会发展提供切实保障，为全国河湖水环境综合治理、建设环境友好型社会提供有益经验。《方案》确定了太湖污染治理项目总投资达到 1114.98 亿元，其中江苏投入 583.73 亿元，浙江投入 470.04 亿元，上海投入 36.89 亿元，跨省市 24.32 亿元。太湖水环境综合治理主要着眼于污染物总量控制，调整产业结构与优化产业、城乡布局，强化工业点源污染治理，统筹城乡污水和垃圾处理，防治农业面源污染，加强生态修复及建设，提高太湖流域水环境容量（纳污能力），加强节水减排建设，制定严格的标准与制度，强化科技支撑作用，完善监测和执法体系。在管理体制与保障机制方面提出了九项要求：一是健全管理体制，明确责任分工；二是严格标准体系，完善相关法规；三是提升监管能力，切实强化执法；四是利用价格杠杆，完善收费制度；五是拓宽融资渠道，加大投入力度；六是引入市场手段，创新运营机制；七是加强科技攻关，推广适用技术；八是夯实前期工作，强化项目管理；九是促进公众参与，开展舆论监督。

---

① 夏舒燕：《论太湖流域水污染综合治理》，苏州大学硕士论文，2012 年。

② 黄文钰、杨桂山、许朋柱：《太湖流域“零点”行动的环境效果分析》，《湖泊科学》2002 年第 1 期。

③ 孔繁翔、胡维平、范成新、王苏民、薛滨、高俊峰、谷孝鸿、李恒鹏、黄文钰、陈开宇：《太湖流域水污染控制与生态修复的研究与战略思考》，《湖泊科学》2006 年第 3 期。

经多年治理，特别是2007年下半年至今的太湖治理，取得了较好成果。主要表现在减轻了蓝藻暴发程度，控制了太湖贡湖湖区蓝藻暴发及其对水源地的不利影响，保证了水源地安全，使自来水厂正常取水和供水。降低了水体富营养程度，使水质得到改善，2009年太湖综合达标率（以面积计）已提高到25.8%，较2006年的7.35%增加2.51倍。其中2009年TP达标率已提高到83%，较2006年增加3.85倍。同时生物多样性增加，生态环境、人居环境、旅游环境和投资环境得到改善[①]。

（二）经验与启示

1. 以科学发展观为指导，走可持续发展之路

实践证明，以牺牲环境换发展，走先污染后治理的路是行不通的。整治水环境付出的代价远远大于牺牲环境发展带来的利益。因此，必须以科学发展观为指导，牢固树立环境忧患意识，把生态环境安全作为国家战略安全来抓，坚持发展与水环境保护并重，走可持续发展之路，使经济发展水平与水资源条件、环境状况相适应，调整经济结构和产业布局，把水资源的开发利用与节约保护结合起来。对于污染严重地区，应将改善水环境作为区域社会经济发展的首要目标，果断地关停严重污染环境的小企业，加大污染治理力度。

2. 依法治水，完善水环境保护立法工作

严格的法律是水环境保护的基石及保障，依法治水，是改善我国水环境的关键所在。因此，必须制定严格的水资源及水环境保护法律，加大对违法行为的处罚力度，以达到对违法排污企业的震慑效果。同时尽快修改已有的水环境保护法律如《水法》和《水污染防治法》，理顺流域水资源保护机构的内外关系，制定流域及区域各种配套法规，如:《长江保护法》、《入河排污口管理办法》等的起草工作，使水环境保护工作法制化、制度化，做到有法可依、执法必严、违法必究。

3. 统筹规划，团结协作，科学治理

水环境治理是一项系统工程，必须坚持综合统筹、科学推进、重点突破。

---

① 朱喜:《太湖水环境治理措施和效果》,《第三届全国河道治理与生态修复技术交流研讨专刊》，2011年。

充分吸收借鉴国内外先进经验，坚持统筹推进、突出重点、多管齐下，实行经济、社会、生态、工程、法律措施并举，流域、区域并重；从专项治理向系统、区域综合治理转变，从以专业部门为主向上下配合、各级各部门协同治理转变。建议大江、大湖的治理从流域层面入手，加强流域机构职能，统一协调不同部门（水利、环保、农业、气象、疾控等）及不同省份的行动，统一规划，统一目标，统一行动，统一调度。充分依靠政府、社会、企业及广大民众，长远规划，科学决策，团结协作，执行有力，扎实推进水环境治理各项工作。

4. 坚持立足长远、脚踏实地

由于水生态系统的复杂性使得其恢复过程往往需要10—30年甚至更久的时间，这就决定了治理工作是一个长期艰巨的过程，不可能一蹴而就、立竿见影。从国内外湖泊污染治理情况来看，无论是拥有先进技术、公众环保意识较高的发达国家，还是我国经济最发达、治污投入力度最大的太湖流域，都经历了漫长的治理过程，尚难取得规划预期效果。这就要求我们必须对水环境治理的长期性、艰巨性和复杂性有足够的清醒认识，坚持长远谋划，杜绝浮躁心理。既充分借鉴国外已有先进经验，又立足中国国情，脚踏实地，首先从截污做起，不断降低水体的营养盐水平，在去除外源及内源污染的基础上，再采用合适的物理、化学、生物、生态、工程等技术进行治理。在水环境的治理上要师法自然，充分发挥生态系统自有的恢复功能。在治理效果的评价上，要重视系统结构的完整和功能的恢复，重视生态系统的健康，而不是仅仅关注表面上的东西，做到从根本上消除污染源，彻底恢复生态系统结构、功能及健康。

5. 坚持全民参与、政民互动

水环境治理既要发挥政府主导作用，又要发挥公众的主体作用，形成政府与公众的良性互动。要大力发挥政府在规划制订、资金投入、监督管理等方面的作用；通过完善参与机制，发挥市场资源配置作用，充分调动企业的积极性，发挥企业在污染治理中的重要作用，吸引社会资金进行污染治理，不断推动治污技术的革新；充分发挥媒体及公众的监督作用，引导群众和民间组织积极参与，提高广大民众的环保意识，确保公众的知情权、参与权及监督权。水环境保护涉及到千家万户、影响千秋万代，只有全民参与，打一场全民战争，才能取得彻底的胜利，建设真正的美丽中国。

6. 坚持改革创新、完善体制

推进水环境治理，必须突破传统的思维及已有手段，改革、创新治理模式。深入推进政策、融资、用地和工程建管模式等领域创新；围绕关键技术瓶颈，大力开展科研攻关，推动技术集成创新；探索建立流域生态补偿机制，促进全流域可持续发展；推进干部考核制度改革，实行水环境保护一把手负责制，干部升迁一票否决制，同时引入公众参与评价机制，形成科学严格的干部考核评价机制。

参 考 文 献

卫广来译注:《老子》,山西古籍出版社 2003 年版。

《四书五经》,线装书局 2006 年版。

曹础基:《庄子浅注》,中华书局 1982 年版。

金良年:《孟子译注》,上海古籍出版社 1995 年版。

邓球柏:《白话易经》,岳麓书社 1994 年版。

[美]芭芭拉·沃德、勒内·杜勒斯:《只有一个地球——对一个小小行星的关怀和维护》,吉林人民出版社 1997 年版。

[美]唐纳德·沃斯特:《自然的经济体系:生态思想史》,商务印书馆 1999 年版。

[美]约翰·贝拉米·福斯特:《马克思的生态学——唯物主义与自然》,高等教育出版社 2006 年版。

[美]戴维·佩珀:《生态社会主义:从深生态学到社会正义》,山东大学出版社 2012 年版。

刘增惠:《马克思主义生态思想及实践研究》,北京师范大学出版社 2010 年版。

杜秀娟:《马克思主义生态哲学思想历史发展研究》,北京师范大学出版社 2011 年版。

蒋朝君:《道教生态伦理思想研究》,东方出版社 2006 年版。

佘正荣:《中国传统生态思想的理论特质》,《孔子研究》2001 年第 5 期。

董根洪:《"十一观论"——儒家大生态主义的生态思想体系》,《浙江学刊》2011 年第 6 期。

乐爱国:《儒家生态思想初探》,《自然辩证法研究》2003 年第 12 期。

佘正荣:《老庄生态思想及其对当代的启示》,《青海社会科学》1994 年第 2 期。

佘正荣:《中国传统生态思想的理论特质》,《孔子研究》2001 年第 5 期。

毛丽娅:《〈道德经〉的生态思想及其当代启示》,《求索》2008 年第 3 期。

白才儒:《试析〈庄子〉深层生态思想》,《宗教学研究》2003 年第 4 期。

任俊华:《〈太上感应篇〉的生态伦理思想》,《学习时报》2012 年 6 月 18 日。

王恩来:《弋不射宿——孔子的生态伦理意识》,《光明日报》(理论版) 2012年6月18日。

李世雁:《哲学历程中的生态思想轨迹——从古希腊到科学革命》,《自然辩证法研究》2010年第11期。

于文杰:《怀特的生态思想》,《学海》2006年第3期。

于文杰、毛杰:《论西方生态思想演进的历史形态》,《史学月刊》2010年第11期。

朱先明、于冬云:《从〈寂静的春天〉看蕾切尔·卡森的生态思想》,《外国文学》2006年第3期。

朱炳元:《关于〈资本论〉中的生态思想》,《马克思主义研究》2009年第1期。

叶海涛、陈培永:《马克思生态思想的发展轨迹与理论视域》,《云南社会科学》2009年第4期。

杨通进:《动物权利论与生物中心论——西方环境伦理学的两大流派》,《自然辩证法研究》1993年第8期。

鲁鹏:《关于传统发展观批评的三个问题》,《山东大学学报》(哲社版)1999年第1期。

陈美球等:《试论土地伦理及其实践途径》,《中州学刊》2006年第5期。

肖显静、顾敏:《山西大学学报(哲学社会科学版)》2008年第4期。

刘耳:《西方当代环境哲学概观》,《自然辩证法研究》2000年第12期。

秦书生等:《邓小平生态思想探析》,《党政干部学刊》2013年第5期。

周彦霞、秦书生:《江泽民生态思想探析》,《学术论坛》2012年第9期。

徐宗良:《为何要构建人与自然的道德关系》,《道德与文明》2005年第6期。

吴斌:《生态文明教育是建设生态文明的基础》中国林业新闻网2013年4月13日。

侯洪、周军:《中国新闻传播中的生态传播现状及思考》,《西南民族大学学报》(人文社科版)2009年第9期。

张梅珍、张磊:《媒介融合背景下生态传播可持续发展的路径探讨》,《新闻知识》2010年第12期。

樊小贤:《用生态文明引领生活方式的变革》《理论导刊》2005年第10期。

方世南:《生态文明与现代生活方式的科学建构》《学术研究》2003年第7期。

孙文广、武儒海:《怎样理解生态文明理念》《人民日报》2013年2月1日。

中华人民共和国水利部:《2007年中国水资源公报》,中国水利水电出版社2009年版。

中华人民共和国水利部:《2011年中国水资源公报》,中国水利水电出版社2012年版。

罗兰:《我国地下水污染现状与防治对策研究》,《中国地质大学学报》(社会科学版)2008年第8期。

徐春晓、李云玲、孙素艳:《节水型社会建设与用水效率控制》,《中国水利》2011年。

夏明方、康沛竹:《长江在咆哮——一九三一年江淮大水灾中国减灾》2007年第2期。

钱刚:《中国历史大洪水》，当代中国出版社 1999 年版。

中华人民共和国水利部:《中国 98 大洪水》，中国水利水电出版社 1999 年版。

王皓:《中国水资源问题与可持续发展战略研究》，中国电力出版社 2010 年版。

《中共中央 国务院关于加快水利改革发展的决定》，人民出版社 2011 年版。

中国科学院可持续发展战略研究组:《2007 中国可持续发展战略报告—水：治理与创新》，科学出版社 2007 年版。

汪恕诚:《落实科学发展观，全面推进节水型社会建设切》，《水利经济》2004 年。

刘建刚、谭徐明、万金红、马建明、张念强:《2010 年西南特大干旱及典型场次旱灾对比分析》，《中国水利》2011 年第 9 期。

田卫堂、胡维银、李军、高照良:《我国水土流失现状和防治对策分析》，《水土保持研究》2008 年第 4 期。

陈雷:《深入贯彻落实党的十七大精神，为全面建设小康社会提供水利保障——在全国水利厅局长会议上的讲话》，2008 年。

中华人民共和国水利部:《2004 年水利部水土保持公报》，2004 年。

魏艳、阮晨蕾:《我国水环境污染现状及处理措施》，《北方环境》2012 年第 3 期。

国家环境保护总局、国家统计局:《中国绿色国民经济核算研究报告 2004》，《环境经济杂志》2006 年。

王学渊、韩洪云、赵连阁:《浅议我国的水权界定》，《水利经济》2004 年第 5 期。

汪恕诚:《资源水利——人与自然和谐相处》，中国水利水电出版社 2005 年版。

陈雷:《新阶段的治水兴水之策》，《求是》2013 年第 2 期。

陈雷:《全面贯彻落实中央水利工作会议精神开创中国特色水利现代化事业新局面——在全国水利系统贯彻落实中央水利工作会议精神动员大会上的讲话》，《中国水利》2011 年。

住房和城乡建设部:《中国城镇排水与污水处理状况公报（2006—2010）》，2012 年。

朱锡培:《上海苏州河综合整治的主要经验》，《城市公用事业》2008 年第 4 期。

严江涌、黎南:《武汉市大东湖水网连通治理工程浅析》2010 年第 11 期。

刘永明、周先荣:《构建生态水网，促进人水和谐—大东湖生态水网构建工程现状分析及对策建议》，《政策》2008 年第 11 期。

董雅洁、梅亚东:《"大东湖" 生态水网构建工程对湖泊生态系统服务功能的影响》，《环境科学与管理》2007 年第 12 期。

张军花、项久华、丘汉明、蔡劲松:《大东湖生态水网构建工程总体构架设计》，《城市道桥与防洪》2008 年第 10 期。

雷明军、蒋固政:《武汉大东湖水网构建工程对生物多样性影响研究》，《人民长江》2012 年第 3 期。

夏舒燕:《论太湖流域水污染综合治理》,《苏州大学硕士论文》2012年。

黄文钰、杨桂山、许朋柱:《太湖流域“零点”行动的环境效果分析》,《湖泊科学》2002年第1期。

孔繁翔、胡维平、范成新、王苏民、薛滨、高俊峰、谷孝鸿、李恒鹏、黄文钰、陈开宇:《太湖流域水污染控制与生态修复的研究与战略思考》,《湖泊科学》2006年第3期。

朱喜:《太湖水环境治理措施和效果》,《第三届全国河道治理与生态修复技术交流研讨专刊》2011年。

后　记

《美丽中国》是“美丽中国·生态中国丛书”(《美丽中国》、《美丽城市》、《美丽乡村》) 的首本，是集体智慧的结晶。主编陶良虎教授负责全书框架设计和统稿。全书各章执笔人分别是，总序：陶良虎，第一章：肖卫康，第二章：李铁强，第三章：高斌，第四章：陶良虎，第五章：郝国庆，第六章：刘光远，第七章：柯高峰，第八章：段世德，第九章：朱俭凯，第十章：邱光胜。

策划编辑：张文勇
责任编辑：张文勇　史　伟
封面设计：肖　辉

图书在版编目（CIP）数据

美丽中国：生态文明建设的理论与实践 / 陶良虎，刘光远，肖卫康 主编 .
（美丽中国·生态中国丛书 / 范恒山，陶良虎主编）
－北京：人民出版社，2014.12
ISBN 978－7－01－014247－0

I. ①美…　II. ①陶…②刘…③肖…　III. ①生态环境建设－研究－中国
IV. ① X321.2

中国版本图书馆 CIP 数据核字（2014）第 283248 号

美丽中国
MEILI ZHONGGUO
——生态文明建设的理论与实践

陶良虎 刘光远 肖卫康 主编

人民出版社 出版发行
（100706　北京市东城区隆福寺街 99 号）

北京汇林印务有限公司印刷　新华书店经销

2014 年 12 月第 1 版　2014 年 12 月北京第 1 次印刷
开本：710 毫米 ×1000 毫米 1/16　印张：15.75
字数：280 千字　印数：0,001－3,000 册

ISBN 978－7－01－014247－0　定价：35.00 元

邮购地址 100706　北京市东城区隆福寺街 99 号
人民东方图书销售中心　电话：（010）65250042　65289539

图书在版编目（CIP）数据